21 世纪全国本科院校土木建筑类创新型应用人才培养规划教材

工程设计软件应用

孙香红　池家祥　郑宏强　编著

内 容 简 介

本书针对高等学校土木工程专业的培养目标，根据最新 2010 版 PKPM 系列设计软件而编写。全书共分 7 章，包括 PKPM 系列软件介绍，结构平面计算机辅助设计软件——PMCAD，平面框架、排架及连续梁结构计算与施工图绘制软件——PK，结构空间有限元分析与设计软件——SATWE，复杂空间结构分析与设计软件——PMSAP，基础设计软件——JCCAD 与墙梁柱施工图设计。本书在最后给出工程设计题，以供学习者自己练习应用。

本书除主要供土木专业和工程造价专业本科生教学使用外，还可供土木工程专业的研究生、继续教育的本科生和专科生教学使用，亦可作为从事工程结构设计、研究及施工人员的参考用书。

图书在版编目(CIP)数据

工程设计软件应用/孙香红，池家祥，郑宏强编著. —北京：北京大学出版社，2012.1
(21 世纪全国本科院校土木建筑类创新型应用人才培养规划教材)
ISBN 978-7-301-19849-0

Ⅰ.①工… Ⅱ.①孙…②池…③郑… Ⅲ.①建筑设计：计算机辅助设计—应用软件—高等学校—教材 Ⅳ.①TU201.4

中国版本图书馆 CIP 数据核字(2011)第 252253 号

书　　　名：	工程设计软件应用
著作责任者：	孙香红　池家祥　郑宏强　编著
策划编辑：	吴　迪　卢　东
责任编辑：	伍大维
标准书号：	ISBN 978-7-301-19849-0/TU·0198
出　版　者：	北京大学出版社
地　　　址：	北京市海淀区成府路 205 号　100871
网　　　址：	http://www.pup.cn　http://www.pup6.cn
电　　　话：	邮购部 62752015　发行部 62750672　编辑部 62750667　出版部 62754962
电子邮箱：	pup_6@163.com
印　刷　者：	北京宏伟双华印刷有限公司
发　行　者：	北京大学出版社
经　销　者：	新华书店
	787 毫米×1092 毫米　16 开本　20.25 印张　474 千字
	2012 年 1 月第 1 版　2019 年 6 月第 3 次印刷
定　　　价：	39.00 元

未经许可，不得以任何方式复制或抄袭本书之部分或全部内容。
版权所有，侵权必究　　举报电话：010-62752024
　　　　　　　　　　　电子邮箱：fd@pup.pku.edu.cn

前　言

　　计算机已经成为工程辅助设计的有力工具，作为土木工程专业的学生不但应该掌握扎实的专业基本理论，而且应该受到工程师的基本训练。目前计算机发展非常迅速，软件更新的速度也非常快，因此，必须有相应的最新书籍与之相配套。工程设计软件应用是土木工程专业的一门主要专业课，是力学知识、混凝土结构设计以及荷载与设计方法、建筑抗震设计、地基基础设计等专业知识在结构计算机分析与设计中的综合应用。笔者针对土木工程专业培养目标的要求，编著了本书，以满足高年级学生和从事工程设计专业技术人员的需要。

　　本书重在以实例形式学习结构工程计算机辅助设计，着重培养学生独立开展工程设计的能力；重点讲授目前最流行的、最新的 2010 版工程设计应用软件——PKPM 系列软件，引导学生逐步学习，弄清工程概念，综合运用所学的理论知识进行工程设计，以达到熟练应用工程设计软件的目的，并提高其对分析结果的判断能力。每章都有教学目标和要求，除第 1 章外，每章还包含实例操作和思考题、习题，既方便教师教学，也方便学生学习。

　　本书由长安大学孙香红和池家祥负责统稿，其中第 2 章、第 5 章、第 6 章由孙香红编著；第 1 章和第 3 章由池家祥编著；第 4 章和第 7 章由长安大学工程设计研究院郑宏强编著。感谢硕士生樊燕军所做的部分工作。

　　本书被列入长安大学"十二五"规划教材，并受到 2011 年度长安大学教材建设资金资助，我们对校方给予的支持与资助表示衷心的感谢。由于笔者水平有限，难免有不当之处，敬请读者批评指正。

编著者

2011 年 10 月

目 录

第1章 PKPM 系列软件介绍 ………… 1
- 1.1 PKPM 系列软件的发展 ……… 1
- 1.2 PKPM 系列软件的特点 ……… 2
- 1.3 PKPM 系列软件的模块组成 …… 3
- 1.4 PKPM 的工作界面介绍 ……… 8
- 思考题与习题 ………………………… 9

第2章 结构平面计算机辅助设计软件——PMCAD ………… 10
- 2.1 基本功能与应用范围 ………… 11
  - 2.1.1 PMCAD 的基本功能 …… 11
  - 2.1.2 PMCAD 的应用范围 …… 13
  - 2.1.3 PMCAD 结构建模步骤 ……………………… 13
- 2.2 建筑模型与荷载输入 ………… 14
  - 2.2.1 轴线输入 ……………… 14
  - 2.2.2 网格生成 ……………… 17
  - 2.2.3 楼层定义 ……………… 18
  - 2.2.4 荷载输入 ……………… 26
  - 2.2.5 设计参数 ……………… 29
  - 2.2.6 楼层组装 ……………… 31
- 2.3 平面荷载显示校核 …………… 32
- 2.4 结构平面施工图绘制 ………… 34
  - 2.4.1 参数定义 ……………… 34
  - 2.4.2 绘图参数 ……………… 36
  - 2.4.3 楼板计算 ……………… 37
  - 2.4.4 楼板钢筋 ……………… 38
  - 2.4.5 画钢筋表 ……………… 38
  - 2.4.6 楼板剖面 ……………… 39
  - 2.4.7 图幅整理 ……………… 39
  - 2.4.8 退出 …………………… 39
- 2.5 PMCAD 的设计实例 ………… 40
  - 2.5.1 工程概况 ……………… 40
  - 2.5.2 荷载计算 ……………… 44
  - 2.5.3 结构标准层和荷载标准层的划分 ………………… 46
  - 2.5.4 截面尺寸初步估算 …… 46
  - 2.5.5 建筑模型与荷载输入 … 47
  - 2.5.6 平面荷载显示校核 …… 64
  - 2.5.7 画结构平面图 ………… 69
- 思考题与习题 ………………………… 73

第3章 平面框架、排架及连续梁结构计算与施工图绘制软件——PK ………… 74
- 3.1 基本功能和使用范围 ………… 74
  - 3.1.1 PK 的基本功能 ………… 74
  - 3.1.2 PK 的应用范围 ………… 75
- 3.2 PK 基本操作 ………………… 75
- 3.3 由 PMCAD 主菜单 4 形成 PK 文件 ……………………………… 77
- 3.4 PK 数据交互输入和计算 …… 79
- 3.5 PK 施工图绘制 ……………… 90
- 3.6 实例分析 ……………………… 90
- 思考题与习题 ………………………… 101

第4章 结构空间有限元分析与设计软件——SATWE ……… 102
- 4.1 SATWE 的程序特点、适用范围及功能介绍 ……………… 102
  - 4.1.1 SATWE 的程序特点 …… 102
  - 4.1.2 SATWE 的适用范围 …… 103
  - 4.1.3 SATWE 的功能介绍 …… 103
- 4.2 接 PM 生成 SATWE …………… 104
  - 4.2.1 分析与设计参数补充定义(必须执行) ………… 105
  - 4.2.2 特殊构件补充定义 …… 122
  - 4.2.3 特殊风荷载定义 ……… 124
  - 4.2.4 生成 SATWE 数据文件及数据检查 ……………… 125

4.3 结构内力，配筋计算 …………… 125
　4.3.1 层刚度比计算 …………… 125
　4.3.2 地震作用分析方法 ……… 126
　4.3.3 线性方程组解法 ………… 127
　4.3.4 位移输出方式 …………… 127
4.4 分析结果图形和文本显示 ……… 127
　4.4.1 图形文件输出 …………… 127
　4.4.2 文本文件输出 …………… 133
4.5 计算结果的分析、判断和调整 … 136
4.6 SATWE 的设计实例 ……………… 142
　4.6.1 SATWE 的结构 PM
　　　 建模 ……………………… 142
　4.6.2 接 PM 生成 SATWE
　　　 数据 ……………………… 145
　4.6.3 结构内力与配筋计算 …… 146
　4.6.4 设计实例的分析结果
　　　 图形和文本显示 ………… 146
思考题与习题 ……………………… 148

第 5 章 复杂空间结构分析与设计软件——PMSAP …………… 149

5.1 PMSAP 的程序特点、适用
　　范围及功能介绍 ………………… 149
　5.1.1 PMSAP 的程序特点 ……… 149
　5.1.2 PMSAP 的适用范围 ……… 150
　5.1.3 PMSAP 的功能介绍 ……… 150
5.2 PMSAP 前处理 …………………… 151
5.3 补充建模 ………………………… 152
　5.3.1 补充建模的功能介绍 …… 152
　5.3.2 基本操作 ………………… 153
5.4 接 PM 生成 PMSAP 数据 ………… 156
5.5 参数补充及修改 ………………… 156
　5.5.1 总信息 …………………… 157
　5.5.2 地震信息 ………………… 159
　5.5.3 风荷载信息 ……………… 161
　5.5.4 活荷载信息 ……………… 162
　5.5.5 地下室信息 ……………… 163
　5.5.6 计算调整信息 …………… 163
　5.5.7 设计信息 ………………… 165
　5.5.8 砌体信息及文件输出 …… 165

　5.5.9 时程参数修改 …………… 166
　5.5.10 高级参数 ………………… 168
　5.5.11 读 SATWE 参数 ………… 168
5.6 结构分析与配筋计算 …………… 169
5.7 三维结构分析后处理 …………… 169
　5.7.1 分析结果 ………………… 169
　5.7.2 设计结果 ………………… 170
　5.7.3 文本文件查看 …………… 173
　5.7.4 荷载图检 ………………… 175
5.8 PMSAP 的设计实例 ……………… 175
　5.8.1 PMSAP 设计实例的
　　　 结构 PM 建模 …………… 180
　5.8.2 PMSAP 设计实例的
　　　 补充建模 ………………… 180
　5.8.3 接 PM 生成 PMSAP
　　　 数据 ……………………… 184
　5.8.4 参数补充与修改 ………… 185
　5.8.5 PMSAP 设计实例的
　　　 结构分析与配筋计算 …… 185
　5.8.6 分析结果与图形显示 …… 185
　5.8.7 分析结果的图形显示 …… 188
思考题与习题 ……………………… 192

第 6 章 基础设计软件——JCCAD … 193

6.1 基本功能及特点 ………………… 193
　6.1.1 JCCAD 的基本功能 ……… 193
　6.1.2 JCCAD 的特点 …………… 194
6.2 JCCAD 主菜单及操作过程 ……… 195
6.3 地质资料输入 …………………… 195
　6.3.1 土参数 …………………… 196
　6.3.2 标准孔点 ………………… 197
　6.3.3 输入孔点 ………………… 198
　6.3.4 复制孔点 ………………… 198
　6.3.5 单点编辑 ………………… 198
　6.3.6 动态编辑 ………………… 198
　6.3.7 点柱状图 ………………… 200
　6.3.8 土剖面图 ………………… 202
　6.3.9 孔点剖面 ………………… 203
　6.3.10 画等高线 ………………… 203
　6.3.11 插入底图 ………………… 204

6.3.12　总结地质资料输入
　　　　步骤 …………………… 204
6.4　基础人机交互输入 ………………… 204
　　6.4.1　地质资料 …………………… 205
　　6.4.2　参数输入 …………………… 206
　　6.4.3　网格节点 …………………… 209
　　6.4.4　荷载输入 …………………… 209
　　6.4.5　上部构件 …………………… 212
　　6.4.6　柱下独基 …………………… 213
　　6.4.7　墙下条基 …………………… 216
　　6.4.8　地基梁 ……………………… 219
　　6.4.9　筏板 ………………………… 219
　　6.4.10　板带 ……………………… 220
　　6.4.11　承台桩 …………………… 220
　　6.4.12　非承台桩 ………………… 224
　　6.4.13　重心校核 ………………… 227
　　6.4.14　局部承压 ………………… 228
6.5　基础梁板弹性地基梁法计算 ……… 228
　　6.5.1　基础沉降计算 ……………… 229
　　6.5.2　弹性地基梁结构计算 ……… 233
　　6.5.3　弹性地基板内力配筋
　　　　计算 …………………… 238
　　6.5.4　弹性地基梁板结果
　　　　查询 …………………… 239
6.6　桩基承台及独基沉降计算 ………… 240
6.7　桩筏、筏板有限元计算 …………… 241
　　6.7.1　模型参数 …………………… 241
　　6.7.2　网格调整 …………………… 243
　　6.7.3　单元形成 …………………… 244
　　6.7.4　筏板布置 …………………… 244
　　6.7.5　荷载选择 …………………… 245
　　6.7.6　沉降试算 …………………… 245
　　6.7.7　计算 ………………………… 245
　　6.7.8　结果显示 …………………… 245
6.8　防水板抗浮等计算 ………………… 246
6.9　基础施工图 ………………………… 246
6.10　基础设计实例 ……………………… 247
　　6.10.1　独立基础设计实例 ……… 247
　　6.10.2　高层建筑筏板基础
　　　　设计实例 ……………… 252
思考题与习题 ……………………………… 267

第7章　墙梁柱施工图设计 ………… 268

7.1　墙梁柱施工图的基本功能 ………… 268
7.2　梁施工图设计 ……………………… 269
　　7.2.1　设计钢筋标准层 …………… 269
　　7.2.2　配筋参数介绍 ……………… 271
　　7.2.3　连续梁生成和归并 ………… 273
　　7.2.4　选配钢筋 …………………… 275
　　7.2.5　施工图生成及其处理 ……… 275
　　7.2.6　正常使用极限状态的
　　　　验算 …………………… 282
　　7.2.7　梁立、剖面施工图
　　　　设计 …………………… 284
　　7.2.8　整榀框架方式绘制
　　　　立、剖面 ……………… 286
7.3　柱施工图设计 ……………………… 286
　　7.3.1　柱平法施工图 ……………… 286
　　7.3.2　柱立、剖面施工图 ………… 291
7.4　剪力墙施工图设计 ………………… 292
7.5　施工图设计实例 …………………… 300
　　7.5.1　框架结构施工图绘制 ……… 300
　　7.5.2　高层建筑剪力墙结构
　　　　施工图绘制 …………… 304
思考题与习题 ……………………………… 307

附录　工程设计题 ……………………… 308

参考文献 ………………………………… 314

第1章
PKPM 系列软件介绍

教学目标

了解 PKPM 系列软件的发展。
熟悉 PKPM 系列软件的特点。
熟悉 PKPM 系列软件的模块组成。

教学要求

知识要点	能力要求	相关知识
PKPM 系列软件构成	熟悉 PKPM 系列软件的模块组成和特点	PKPM 系列软件主要功能

PKPM 系列软件是目前国内建筑工程应用最广泛、用户最多的一套计算机辅助设计系统。它是集建筑设计、结构设计、给排水设计、电气设计以及工程量统计、概预算及施工软件于一体的大型建筑工程综合 CAD 系统。针对建筑结构各项新规范的诞生，PKPM 系列软件也进行了较大的改版。2008 版根据工程需要和用户意见，精简合并了菜单，简化了操作，扩充了大量功能，拓展了对复杂类型结构的适用性，拓展了施工图设计的应用，使系统的整体水平有了较大幅度的提高。特别是最新的 2010 版，紧密结合国家 2010 系列新规范，对相关软件模块进行了全面改进。本章对 PKPM 系列软件的特点、模块及基本工作方式等进行介绍，使读者对 PKPM 系列软件有一个整体认识。

1.1 PKPM 系列软件的发展

在 PKPM 系列 CAD 软件开发之初，我国的建筑工程设计领域计算机应用水平还相对较落后，计算机仅用于结构分析，而 CAD 技术的应用还很少，究其原因，主要是缺乏适合我国国情的 CAD 软件。而国外的一些较好的软件不仅引进成本高，且应用效果也很不理想，能在国内普及率较高的 PC 上运行的软件几乎没有。因此，开发一套微机建筑工程 CAD 软件，对提高工程设计质量和效率、提高计算机应用水平是极为迫切的。

针对上述情况，中国建筑科学研究院经过几年的努力研制开发了 PKPM 系列 CAD 软件。该软件自 1987 年推广以来，历经了多次更新改版至最新的 2010 版，目前已经发展成为一个集建筑、结构、设备、施工管理为一体的集成系统。迄今为止，在全国的用户已超过 10000 家，而这些用户分布在各省市的各类大中小型设计院，在省部级以上设计院的普及率达到 90% 以上。引入该软件的单位、应用软件的水平和范围也逐年提高，设计质量及效益明显提高。PKPM 系列 CAD 软件已成为目前国内建筑结构设计中应用最广泛的一套 CAD 系统。

伴随着该软件投放国内市场的成功，从 1995 年起，PKPM CAD 工程部开始着手国际市场的开拓工作，并根据国际市场的需求，相应地开发了 4 种英文界面的海外版 PKPM 系列 CAD 软件。这些版本包括英国规范版、新加坡规范版、香港规范版以及中国规范的英文版本。在国际 CAD 软件市场竞争激烈的情况下，该系列软件拓展了在新加坡、马来西亚、越南、韩国、中国香港等东南亚国家和地区的市场。

PKPM 系列 CAD 软件以其雄厚的开发实力和技术优势，将越来越受到国内外建筑工程设计人员的青睐，为我国的国民经济建设带来巨大的经济效益和社会效益。

1.2　PKPM 系列软件的特点

PKPM 系列 CAD 软件，历经多年的推广应用，目前已经发展成为一个集建筑、结构、设备、概预算及施工为一体的集成系统。在结构设计中又包括了多层和高层、工业厂房和民用建筑、上部结构和各类基础在内的综合 CAD 系统，并正在向集成化和初级智能化方向发展。概括起来，它有以下几个主要的技术特点。

1. 数据共享的集成化系统

建筑设计过程一般分为方案设计、初步设计和施工图设计 3 个阶段。常规配合的专业有结构、设备(包括水、电、暖通等)。在各阶段中，各专业之间往往有大大小小的改动和调整。因此，各专业的配合需要及时、互相提供相关资料。在手工绘图时，各阶段和各专业间的不同设计成果只能分别重复制作。而利用 PKPM 系列 CAD 软件数据共享的特点，无论先进行哪个专业的设计工作，所形成的建筑物整体数据都可为其他专业所共享，从而避免了重复输入数据。此外，结构专业中各个设计模块之间也可数据共享，即各种模型原理的上部结构分析、绘图模块和各类基础设计模块共享结构布置、荷载及计算分析结果信息。这样可最大限度地利用数据资源，大大提高工作效率。

2. 直观明了的人机交互方式

该系统采用友好的界面进行人机交互输入，避免了填写烦琐的数据文件。输入时用鼠标或键盘在屏幕上对建筑物进行整体建模。该软件有详细的中文菜单引导用户操作，并提供了丰富的图形输入功能，可有效地帮助输入。实践证明，这种方式使设计人员容易掌握，而且比传统的方法可提高数十倍的效率。

3. 计算数据自动生成技术

PKPM CAD 系统具有自动传导荷载功能，实现了恒荷载、活荷载及风荷载的自动计算和传导，并可自动提取结构几何信息，自动完成结构单元划分，特别是可把剪力墙自动划分成壳单元，从而使复杂计算模式实用化。在此基础上该系统可自动生成平面框架、高层三维分析、砖混及底框砖房等多种计算方法的数据。上部结构的平面布置信息及荷载数据可自动传递给各类基础，即接力完成基础的计算和设计。在设备专业设计中该系统可从建筑模型中自动提取各种信息，完成负荷计算和线路计算。

4. 基于新方法、新规范的结构计算软件包

利用中国建筑科学研究院是规范主编单位的优势，PKPM CAD 系统能够紧跟规范的

更新而改进软件，全部结构计算及丰富成熟的施工图辅助设计完全按照国家设计规范编制，全面反映了现行规范所要求的荷载效应组合、计算表达式、计算参数取值、抗震设计新概念所要求的强柱弱梁、强剪弱弯、节点核心区、罕遇地震以及考虑扭转效应的振动耦联计算方面的内容，使其能够及时满足国内设计需要。

在计算方法方面，该系统采用了国内外最流行的各种计算方法，如平面杆系、矩形及异形楼板、薄壁杆系、高层空间有限元、高精度平面有限元、高层结构动力时程分析、梁式和板式楼梯及异形楼梯、各类基础、砖混及底框抗震分析等，有些计算方法达到了国际先进水平。

5. 智能化的施工图设计

利用 PKPM 软件，可在结构计算完毕后，进行智能化地选择钢筋，确定构造措施及节点大样，使之满足现行规范及不同设计习惯；全面的人工干预修改手段、钢筋截面归并整理、自动布图等一系列操作，使施工图设计过程自动化。设置好施工图设计方式后，系统可自动完成框架、排架、连续梁、结构平面、楼板计算配筋、节点大样、各类基础、楼梯、剪力墙等施工图绘制，并可及时提供图形编辑功能，包括标注、说明、移动、删除、修改、缩放及图层、图块管理等。

PKPM 系列 CAD 软件是根据我国国情和特点自主开发的建筑工程设计辅助软件系统，它在上述方面的技术特点，使它比国内外同类软件更具有优势，其在系统图形及图像处理技术、功能集成化等方面正在向国际领先水平看齐。

1.3 PKPM 系列软件的模块组成

新版本的 PKPM 系列软件包含了结构、特种结构、建筑、设备、钢结构、砌体结构及鉴定加固 7 个主要专业模块，如图 1.1 所示。

图 1.1　PKPM 主要模块

每个专业模块下，又包含了各自相关的若干软件。各专业模块包含软件名称及基本功能见表 1-1。

表 1-1 PKPM 系列 CAD 软件各模块名称及功能表

专业	模块名	各模块中包含软件	
结构	S-1	PMCAD	结构平面计算机辅助设计
		PK	钢筋混凝土框排架及连续梁结构计算与施工图绘制
		TAT-8	层数不超过 8 层的多层结构三维分析软件
		SATWE-8	层数不超过 8 层的多层建筑结构空间有限元分析软件
		PMSAP-8	层数不超过 8 层的复杂结构分析与设计软件
		墙梁柱施工图模块	
	S-2	TAT	高层建筑结构三维分析程序
		TAT-D	高层建筑结构动力时程分析
		FEQ	高精度平面有限元框支剪力墙计算及配筋
	S-3	SATWE	高层建筑结构空间有限元分析软件
		FEQ	高精度平面有限元框支剪力墙计算及配筋
	S-4	LTCAD	楼梯计算机辅助设计软件
		JLQ	剪力墙计算机辅助设计软件
		GJ	钢筋混凝土基本构件设计软件
	S-5	JCCAD	基础设计软件
	SLABCAD	复杂楼板分析与设计软件	
	EPDA&PUSH	弹塑性静、动力分析软件	
	PMSAP	特殊多、高层建筑结构分析与设计软件	
	STAT-S	结构工程量统计软件	
钢结构	STS	门式刚架	
		框架	
		桁架	
		支架	
		框排架	
		工具箱	
		空间结构	
		重型厂房	
特种结构	GJ	钢筋混凝土基本构件计算	
	PREC	预应力混凝土结构三维设计	
	PREC	预应力混凝土结构二维设计	
	BOX	箱形基础设计	
	SILO	筒仓结构设计	
	CHIMNEY	烟囱结构设计	

(续)

专业	模块名	各模块中包含软件
砌体结构		砌体结构辅助设计
		底框-抗震墙结构三维分析
		底框及连续梁结构二维分析
		砌体结构和混凝土构件三维计算
		配筋砌体结构三维分析
		砌体结构混凝土构件设计
建筑	APM	三维建筑设计
	APM-3D	建筑造型渲染
	SUNLIGHT	日照分析
装修	DEC	三维建筑装修设计软件
古建	GUD	古典建筑设计软件
设备	WPM	建筑给排水设计软件
	WNET	室外给排水设计软件
	HPM	建筑采暖设计软件
	HNET	室外热网设计软件
	CPM	建筑通风空调设计软件
	EPM	建筑电气设计软件
	CCHPD	管道综合碰撞检查设计软件
鉴定加固		砌体结构鉴定加固
		混凝土结构鉴定加固
		混凝土单构件加固设计
		钢结构鉴定加固
节能	HEC	采暖居住建筑节能设计软件
	CHEC	夏热冬冷地区居住建筑节能分析软件(全国标准)
	WHEC	夏热冬暖地区居住建筑节能设计软件(全国标准)
	PBEC	公共建筑节能设计软件
概预算	STAT	建筑工程、概预算图形算量与钢筋翻样、套价报表软件
施工	SG-1	建筑施工管理软件
	SG-2	建筑施工技术软件

本书从结构专业出发,重点对各软件的主要功能及其特点加以介绍。

1. 结构平面计算机辅助设计软件 PMCAD

PMCAD 是整个结构 CAD 的核心,是剪力墙高层空间三维分析和各类基础 CAD 的必备接口软件,也是建筑 CAD 与结构的必要接口。该程序通过人机交互方式输入各层平面布置和外加荷载信息后,可自动计算结构自重并形成整栋建筑的荷载数据库,而此数据可自动为框架、空间杆系薄壁柱、砖混计算提供数据文件,也可为连续次梁和楼板计算提供数据。PMCAD 也可计算现浇楼板的内力和配筋并绘出楼板配筋图,绘制出框架结构、框剪结构、剪力墙结构及砖混结构的结构平面图。

2. 钢筋混凝土框排架及连续梁结构计算与施工图绘制软件 PK

该软件采用二维内力计算模型,可进行平面框架、排架及框排架结构的内力分析和配筋计算(包括抗震验算及梁的裂缝宽度计算),并完成施工图辅助设计工作。它可接力多高层三维分析软件 TAT、SATWE、PMSAP 计算结果及砖混底框、框支梁计算结果,为用户提供 4 种方式来绘制梁、柱施工图。它还能根据规范及构造手册要求自动进行构造钢筋配置。该软件计算所需的数据文件可由 PMCAD 自动生成,也可通过交互方式直接输入。

3. 多高层建筑结构三维分析软件 TAT

TAT 程序采用三维空间薄壁杆系模型,计算速度快,硬盘要求小,适用于分析和设计结构竖向质量和刚度变化不大、剪力墙平面和竖向变化不复杂、荷载基本均匀的框架结构、框剪结构、剪力墙结构及筒体结构,它不但可以计算多种结构形式的钢筋混凝土结构,还可以计算钢结构以及钢-混凝土混合结构。

TAT 可与动力时程分析程序 TAT-D 接力运行,可进行动力时程分析,并可以根据时程分析的结果计算结构的内力和配筋;对于框支剪力墙结构或带转换层结构,可以自动与 FEQ 接力运行,其数据可以自动生成,也可以人工填表,并可指定截面配筋。TAT 所需的几何信息和荷载信息都可从 PMCAD 建立的整体模型中自动提取生成,TAT 计算完成后,可经全楼归并接力 PK 绘制梁、柱施工图,还可接力 JLQ 绘制剪力墙施工图,并可为各类基础设计软件提供设计荷载。

4. 多高层建筑结构空间有限元分析软件 SATWE

SATWE 采用空间杆单元模拟梁、柱及支撑等杆件,采用在壳元基础上凝聚而成的墙元模拟剪力墙。对楼板则给出了多种简化方式,可根据结构的具体形式高效、准确地考虑楼板刚度的影响。它可用于各种结构形式的分析、设计。当结构布置较为规则时,TAT 软件甚至 PK 软件即能满足工程精度要求,在此情况下采用相对简单的软件效率更高。然而,当结构的荷载分布有较大不均匀、存在框支剪力墙、剪力墙的布置变化较大、剪力墙的墙肢间连接复杂、有较多长而短矮的剪力墙段、楼板局部开大洞及特殊楼板等各种复杂的结构时,则应选用 SATWE 进行结构分析才能得到满意的结果。SATWE 所需的几何信息和荷载信息都可从 PMCAD 建立的整体模型中自动提取生成,SATWE 计算完成后,可经全楼归并接力墙梁柱施工图模块绘制梁、柱、墙施工图,并可为各类基础设计软件提供设计荷载。

5. 复杂多、高层建筑结构分析与设计软件 PMSAP

PMSAP 是针对多、高层混凝土结构和钢结构中所出现的各种复杂情形,如楼板开大洞、复杂剪力墙体系、厚板转换层等而开发的通用设计程序。它基于广义协调理论和子结构开发技术开发了能够任意开洞的细分墙单元和多边形楼板单元,分别由平面应力膜和弯曲板模拟面内刚度和面外刚度,可以很好地体现剪力墙和楼板的真实变形和受力状态。本程序的结构建模主要由 PMCAD 或空间建模软件 SPASCAD 来完成,计算完成后,可接力墙梁柱施工图模块、钢结构设计模块 STS、非线性分析模块 EPDA&PUSH,并可为各类基础设计软件提供设计荷载。

6. 高层建筑结构动力时程分析软件 TAT-D

TAT-D 可根据输入的地震波对高层建筑结构进行任意方向的弹性动力时程分析,并提供 4 种动力分析结果,用于二阶段抗震补充设计。本程序可与 TAT 或 SATWE 接力运行,程序提供了 29 条各类场地地震波,也可由用户自己输入特殊地震波。

7. 楼梯计算机辅助设计软件 LTCAD

LTCAD 采用交互方式布置楼梯或直接从 APM 或 PMCAD 接口读入数据,适用于单跑、双跑、多跑等各种类型楼梯的辅助设计,完成楼梯内力与配筋计算及施工图设计,对异形楼梯还有图形编辑下拉菜单。

8. 砌体结构设计软件

新版结构软件中,将与砌体结构相关的设计、计算及绘图软件模块进行整合和重组,形成一个新的软件——砌体结构辅助设计软件 QITI。程序包括六大软件子模块:砌体结构辅助设计、底框-抗震墙结构三维分析、底框及连梁结构二维分析、砌体结构和混凝土构件三维计算、配筋砌体结构三维分析和砌体结构混凝土构件设计。

9. 特种结构设计软件

该模块下包括 6 项子模块:钢筋混凝土基本构件计算 GJ、预应力混凝土结构三维设计、预应力混凝土结构二维设计、箱形基础设计 BOX(可对 3 层以内任意不规则形状的箱形基础进行结构计算和五六级人防设计计算,并可绘制出结构施工图)、筒仓结构设计 SILO、烟囱结构设计 CHIMNEY。

10. 基础(独立基础、条基、桩基、筏基)CAD 软件 JCCAD

JCCAD 可完成柱下独立基础,砖混结构墙下条形基础,正交、非正交及弧形弹性地基梁式、梁板式、墙下筏板式、柱下平板式和梁式与梁板式混合形基础及与桩有关的各种基础的结构计算和施工图设计。

11. 钢结构设计软件 STS

STS 可进行钢结构的模型输入、截面优化、结构分析和构件验算、节点设计和施工图设计。

12. 弹塑性静、动力分析软件 EPDA&PUSH

弹塑性静、动力分析实现了结构罕遇地震下结构性能的分析,软件接力 PMCAD 模型和 SATWE 等的计算结果,考虑实配钢筋,操作十分简便,计算速度快,是深化结构性能设计的实用量化工具。

本书重点选择常用的 PMCAD、PK、SATWE、PMSAP 及 JCCAD、墙梁柱施工图软件进行讲解。

1.4 PKPM 的工作界面介绍

双击桌面上的 PKPM 2010 图标，启动相应软件后，程序将屏幕划分为右侧的菜单区、上侧的下拉菜单区、下侧的命令提示区和中部的图形显示区及工具栏图标 5 个区域。图 1.2 所示的是启动 PMCAD 软件后的工作界面。

图 1.2 PKPM 的界面组成

1. 下拉菜单区

当启动不同的软件，PKPM 的下拉菜单区的组成内容也略有不同，但都包括文件、显示、工作状态管理及图素编辑等工具。

这些菜单是由名为 WORK.DGM 的文件支持的，这个文件一般安装在 PM 目录中，如果进入程序后下拉菜单无法激活，应把该文件拷入用户当前的工作目录中。单击任一主菜单，便可以得到它的一系列的子菜单。

2. 右侧屏幕菜单区

右侧屏幕菜单区是快捷菜单区，可以提供对某些命令的快速执行。右侧菜单区是由名为 WORK.MNU 的菜单文件支持的，这个文件一般安装在 PM 目录中，如果进入程序后右侧菜单区空白，应把该文件拷入用户当前的工作目录中。

3. 命令提示区

在屏幕下侧是命令提示区，一些数据、选择和命令可以由键盘在此输入，如果用户熟悉命令名，可以在"输入命令"的提示下直接键入一个命令而不必使用菜单。所有菜单内容均有与之对应的命令名，这些命令名是由名为 WORK.ALI 的文件支持的，这个文件一般安装在 PM 目录中，用户可把该文件拷入用户当前的工作目录中自行编辑以自定义简化命令。

4．图形显示区

PKPM 界面上最大的空白窗口便是绘图区，是用来建模和操作的地方。可以利用图形显示及观察命令，对视图在绘图区内进行移动和缩放等操作。

5．工具栏图标

PKPM 界面上也有与 AutoCAD 中相似的工具栏图标，它主要包括一些常用的图形编辑、显示等命令，以方便视图的编辑和观察操作。

思考题与习题

1. PKPM 系列软件包含哪些设计模块？
2. PKPM 系列软件的特点是什么？

第2章
结构平面计算机辅助设计软件——PMCAD

教学目标

了解 PMCAD 程序的基本功能和应用范围。
掌握以人机交互操作方式实现各楼面所有基本构件和荷载等信息输入的方法。
掌握采用 PMCAD 完成现浇楼板的配筋计算和绘制结构平面图等工作。
了解建筑物整体结构的数据建立的方法。

教学要求

知识要点	能力要求	相关知识
了解 PMCAD 程序的基本功能和应用范围	(1) 了解 PMCAD 程序的应用范围； (2) 熟悉软件的基本构成和各部分的基本功能	PMCAD 的功能 PMCAD 的应用
熟练进行结构整体模型的输入	掌握交互式输入建模的步骤和方法，包括轴线输入、网格生成、楼层定义、荷载输入、楼层组装等内容	模型输入概念 荷载输入概念 楼层组装概念
熟练进行荷载信息的显示与校核	能够熟练地对所有结构基本构件承担的荷载进行显示与校核工作	荷载信息显示 荷载信息校核
掌握生成平面杆系程序计算数据文件(PK)的方法	能够熟练生成平面上任意一榀框架的数据以及任意一层单跨或多跨连续梁格式的计算文件	PK 数据文件生成
掌握绘制结构平面施工图的方法	能够完成现浇楼板的配筋计算	板配筋计算 板施工图绘制

FPMCAD 是 PKPM 系列 CAD 软件的基本组成模块之一，通过 PMCAD 软件采用人机交互方式可以方便地输入各层平面布置及各层楼面的次梁、预制板、洞口、错层、挑檐等信息和外加荷载信息，并且该软件在人机交互过程中提供了随时中断、修改、复制、查询、继续操作等功能。该软件可以自动完成从楼板到次梁、从次梁到主梁、从主梁到承重的柱或墙、再从上部结构传到基础的全部计算，可方便地建立一套整体结构的数据。

由于建立了整栋建筑的数据结构，PMCAD 成为 PKPM 系列结构设计各软件的核心，它为各功能设计提供数据接口。双击桌面上的 PKPM 图标，即可启动 PKPM 主菜单，在菜单的专项分页上单击【结构】|【PMCAD】命令，即可显示 PMCAD 主菜单，如图 2.1 所示。

对于任意一项工程，均应建立该工程专用的工作子目录，名称任意，但是总字符数不应超过 20 个英文字符或 10 个中文字符，且不能有特殊字符；不同工程的数据结构，应在不同的工作子目录下运行，以防混淆。

第2章 结构平面计算机辅助设计软件——PMCAD

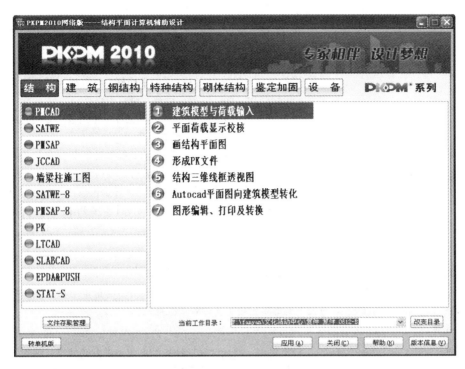

图 2.1 PMCAD 主界面

2.1 基本功能与应用范围

2.1.1 PMCAD 的基本功能

PMCAD 可实现的基本功能汇总于表 2-1 中。

表 2-1 PMCAD 基本功能

基本功能	功能说明
人机交互建立全楼结构模型	人机交互方式引导用户在屏幕上逐层布置柱、梁、墙、洞口、楼板等结构构件，快速搭起全楼的结构构架，在输入过程中伴有中文菜单及提示，便于用户反复修改
自动导算荷载建立恒、活荷载库	① 对于用户给出的楼面恒、活荷载，程序自动进行楼板到次梁、次梁到框架梁或承重墙的分析计算，所有次梁传到主梁的支座反力、各梁到梁、各梁到节点、各梁到柱传递的力均通过平面交叉梁系计算求得。 ② 自动计算次梁、主梁及承重墙的自重。 ③ 引导用户人机交互地输入或修改各房间楼面荷载、主梁荷载、次梁荷载、墙间荷载、节点荷载及柱间荷载，并方便用户使用复制、反复修改等功能

(续)

基本功能	功能说明
为各种计算模型提供计算所需数据文件	① 可指定任一轴线形成 PK 模块平面杆系计算所需的框架计算数据文件，包括结构立面、恒载、活载和风载的数据。 ② 可指定任一层平面的任一榀由次梁或主梁组成的多组连梁，形成 PK 模块按连续梁计算所需的数据文件。 ③ 为三维空间杆系薄壁柱程序 TAT 提供计算数据文件接口，程序将所有梁柱转成三维空间杆系，把剪力墙墙肢转成薄壁柱计算模型。 ④ 为空间有限元壳元计算程序 SATWE 提供数据文件接口。 ⑤ 为特殊多、高层建筑结构分析与设计程序 PMSAP 提供计算数据
为上部结构各绘图 CAD 模块提供结构构件的精确尺寸	① 如梁、柱的截面和跨度、挑梁、次梁、轴线号、偏心距，剪力墙的平面与立面模板尺寸、楼板厚度及楼梯间布置等。 ② 为基础设计 JCCAD 模块提供底层结构布置与轴线网格布置，同时提供上部结构传下来的各工况荷载
现浇钢筋混凝土楼板结构计算与配筋设计	① 计算单向、双向和异形楼板的板弯矩及配筋计算，可人工干预修改板的边界条件，可打印板弯矩图与配筋图，可人工修改板的配筋级别，可设置放大调整系数等若干配筋参数，程序根据计算结果自动选出合适的板筋级配并供设计人员审核修改。 ② 提供多种楼板钢筋的画图方式和钢筋的标注方式，随时干预洞口钢筋的长短、级配，特别是程序可以方便地拖动图面上已画好的钢筋。 ③ 提供了对于连续现浇板的计算程序，可对用户指定范围和指定方向上的连续板进行板内力的计算。 ④ 对于需要按人防设计的楼层楼板，程序可按用户输入的人防等级，考虑相应的等效荷载进行楼板的配筋计算
结构平面施工图辅助设计	除绘制楼板配筋图外，还提供了下列内容。 ① 自动绘制梁、柱、墙和门窗洞口，柱可为十多种异形柱。 ② 标注轴线，包括弧轴线。 ③ 标注尺寸，可对截面尺寸自动标注。 ④ 标注字符。 ⑤ 写中文说明。 ⑥ 画预制楼板。 ⑦ 对图面不同内容的图层管理，可对任意图层作开闭和删除操作。 ⑧ 绘制各种线形图素，任意标注字符。 ⑨ 图形的编辑、缩放、修改，如删除、拖动、复制等

注：对于没有楼层概念的复杂空间结构，如空间网架、塔架、球壳等，PMCAD 建模方式不再适用，应选用复杂空间结构建模软件 SPASCAD。

2.1.2 PMCAD 的应用范围

PMCAD 适用于任意平面形式结构模型的创建,平面网格可以正交,也可斜交成复杂体型平面,并可处理弧墙、弧梁、圆柱及各类偏心、转角等,具体应用范围见表 2-2。

表 2-2 PMCAD 应用范围

序号	项目	应用范围	序号	项目	应用范围
1	层数	≤190	12	每层柱根数	≤3000
2	结构标准层	≤190	13	每层墙数	≤2500
3	正交网格时,横向网格、纵向网格	≤100	14	每层梁根数(不包括次梁)	≤8000
				每层圈梁根数	≤8000
4	斜交网格时,网格线条数	≤5000	15	每层房间总数	≤3600
5	节点总数	≤8000	16	每层次梁总根数	≤1200
6	标准梁截面	≤300	17	每个房间周围可以容纳的梁、墙数	≤50
	标准墙截面	≤80			
7	标准柱截面	≤300	18	每节点周围不重叠的梁、墙数	≤6
8	标准墙体洞口	≤240	19	每层房间楼板开洞种类数	≤40
9	标准楼板洞口	≤80	20	每层房间预制板布置种类数	≤40
10	标准荷载定义	≤6000	21	每个房间楼板开洞数	≤7
11	标准斜杆截面	≤200	22	每个房间次梁布置数	≤16

2.1.3 PMCAD 结构建模步骤

PMCAD 建模过程一般可描述为:轴线输入──→网格生成──→构件定义──→楼层定义──→荷载定义──→楼层组装──→保存文件。主要执行两项主菜单命令。

1. 主菜单【1 建筑模型与荷载输入】

(1) 输入各层平面的轴线网格。

(2) 定义各层构件,包括柱、梁、墙、洞口、斜柱支撑、次梁、层间梁等的截面尺寸,并将这些构件布置在平面网格和节点上。

(3) 定义各结构层的主要设计参数,如楼板厚度、混凝土强度等级等。

(4) 生成房间和现浇板信息,并完成布置预制板、楼板开洞、悬挑板和楼板错层等楼面信息。

(5) 输入作用在梁、墙、柱和节点上的恒、活荷载信息。

(6) 定义各标准层上的楼面均布恒、活载,并完成荷载修改工作。

(7) 根据结构标准层、荷载标准层和各层层高进行楼层组装。

(8) 输入设计参数、材料参数、抗震信息等。
(9) 楼面荷载传导计算,生成各梁与墙及各梁之间的力。
(10) 结构自重计算及恒、活荷载向底层基础的传导计算。
(11) 模型检查。

2. 主菜单【2 平面荷载显示校核】

主要是检查交互输入和自动导算的荷载是否准确,不会对荷载结果进行修改或重写。

2.2 建筑模型与荷载输入

建筑模型的输入是工程分析的基础,也是 PMCAD 操作中最重要的一步,为此须完成轴线输入、网格生成、楼层定义、荷载输入、楼面恒活、设计参数及楼层组装等工作。双击图 2.1 中的主菜单【1 建筑模型与荷载输入】,即可进入人机交互界面,弹出的屏幕主菜单如图 2.2 所示。

图 2.2 【建筑模型与荷载输入】主菜单

2.2.1 轴线输入

【轴线输入】菜单是整个交互输入程序最为重要的一环,只有在此绘制出准确的图形才能为以后的构件布置工作打下良好的基础。单击图 2.2 中的【轴线输入】菜单,弹出绘图工具,如图 2.3 所示。利用这些绘图工具可以绘制整个建筑物的平面定位轴线,这些轴线可以是与墙、梁等长的线段,也可以是一整条建筑轴线;可以为各标准层定义不同的轴线,若复制某一标准层后,其轴线和构件布置也同时被复制,对于某层轴线也可以进行单独修改。

图 2.3 【轴线输入】绘图工具

1. 节点

用于直接绘制白色节点,供以节点定位的构件使用。绘制是单个进行的,如果需要成批输入,可以使用编辑菜单进行复制操作。

2. 两点直线

用于绘制零散的直轴线,可以使用任何方式和工具进行绘制。

3. 平行直线

适用于绘制一组平行的直轴线。首先绘制第一条轴线，以第一条轴线为基准输入复制的间距和次数，间距值的正负决定了复制的方向。以上、右为正，可以分别按不同的间距连续复制，提示区自动累计复制的总间距。

[操作步骤]：

(1) 首先绘制第一条轴线。

(2) 单击【平行直线】命令，命令行提示："输入第一点"，单击已有的第一条轴线端点。

(3) 命令行提示："输入下一点"，单击第一条轴线另一端点。

(4) 命令行提示："输入复制间距"，此时按要求输入拟绘轴线与第一条轴线间距即可。

4. 辐射线

适用于绘制一组辐射状直轴线。首先沿指定的旋转中心绘制第一条直轴线，输入复制角度和次数，角度的正负决定了复制的方向，以逆时针方向为正。可以分别按不同角度连续复制，提示区自动累计复制的总角度。

[操作步骤]：

(1) 单击【辐射线】命令，命令行提示："输入旋转中心点"，单击一已知点。

(2) 以(1)输入的点为中心，再输入两点确定一条轴线长度。

(3) 最后，命令行提示："输入复制角度增量(两轴线夹角)"，即可完成。

5. 矩形

适用于绘制一个与X、Y轴平行的闭合矩形轴线，它只需要两个对角的坐标，因此它比用【折线】命令绘制同样的轴线更快速。

6. 圆环

适用于绘制一组闭合同心圆环轴线。在确定圆心和半径后可以绘制第一个圆，输入复制间距和次数可绘制同心圆，复制间距值的正负决定了复制方向，以半径增加方向为正，可以分别按不同间距连续复制，提示区自动累计半径增减的总和。

7. 圆弧

适用于绘制一组同心圆弧轴线。按圆心起始角、终止角的次序绘出第一条弧轴线。输入复制间距的次数，复制间距值的正负表示复制方向，以半径增加方向为正，可以分别按不同间距连续复制，提示区自动累计半径增减总和。

8. 三点圆弧

适用于绘制一组同心圆弧轴线。按第一点、第二点、中间点的次序输入第一个圆弧轴线，之后输入复制间距和次数可以绘制同心圆弧。复制间距的正负表示复制方向，以半径增加方向为正，可以分别按不同间距连续复制，提示区自动累计半径增减总和。

9. 两点圆弧

适用于绘制一组同心圆弧轴线。首先点取第一点的切线方向控制点，然后点取圆弧的两个端点，其复制方式同【三点圆弧】命令。

10. 正交轴网

【正交轴网】命令是通过参数输入的方式形成平面正交的轴线网格。用户可以通过定义开间和进深完成轴网的输入。

[操作步骤]：

单击图2.3中的【正交轴网】命令，弹出对话框，如图2.4所示，按要求依次输入上下开间与左右进深的数据，可从【轴线预览】窗口中看到绘制的轴网。

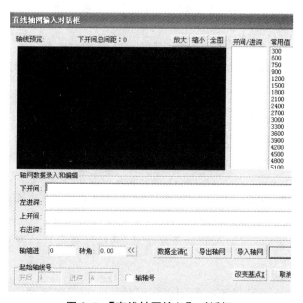

图2.4 【直线轴网输入】对话框

11. 圆弧轴网

【圆弧轴网】命令与【正交轴网】命令操作类似。单击图2.3中的【圆弧轴网】命令，弹出对话框，如图2.5所示，图中【圆弧开间角】单选按钮是指轴线展开的角度，而【进深】单选按钮是指沿半径方向的跨度。

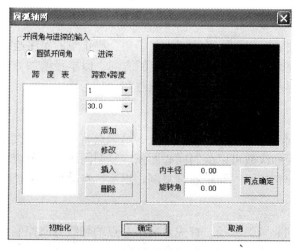

图2.5 【圆弧轴网】对话框

[操作实例]：

利用【圆弧轴网】命令绘制轴线。

(1) 选择【圆弧开间角】单选按钮，添加 3×30°；即 3 条夹角为 30°的轴线。

(2) 选择【进深】单选按钮，添加 1×5400，即输入半径为 5400 的弧。

12. 轴线命名

用于网点生成之后为轴线命名。在此输入的轴线名将在施工图中使用，而不能在本菜单中进行标注。在输入轴线中，凡在同一条直线上的线段不论其是否贯通都视为同一轴线。

[注意事项]：

轴线命名包括两种方式。

(1) 在执行本菜单时可以一一点取每根网格，为其所在的轴线命名。

(2) 对于平行的直轴线可以在按一次 Tab 键后进行成批命名，这时程序要求点取相互平行的起始轴线和终止轴线以及虽然平行但不希望命名的轴线，点取之后输入一个字母或数字后程序自动顺序地为轴线编号。

对于复杂工程，应灵活选用上述两种方法。轴线命名完成后，应该用 F5 键刷新屏幕。

13. 轴线显示

用于轴线的显示和关闭。

[注意事项]：

如果要绘制连续首尾相接的直轴线和弧形轴线，则按 Del 键可以结束一条折线，输入另一条折线或切换为切向圆弧。

2.2.2 网格生成

【网格生成】命令程序自动将绘制的定位轴线分割为网格和节点，凡是轴线相交处都会产生一个节点，轴线线段起止点也作为节点。另外也可通过相关命令对程序自动分割所产生的网格和节点进行进一步的修改。单击图 2.2 中的【网格生成】命令，弹出如图 2.6 所示的子菜单。

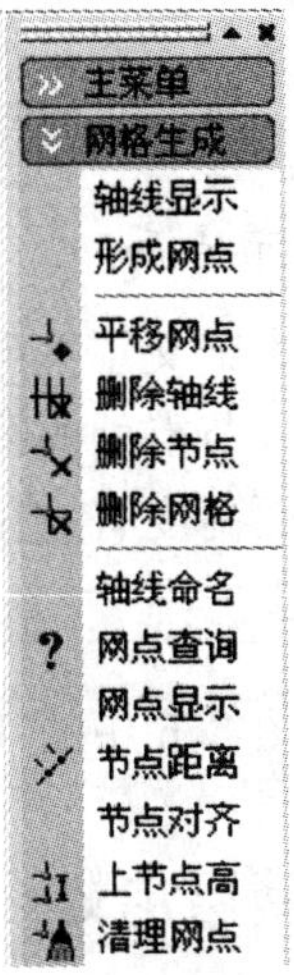

1. 轴线显示

该命令是一条开关命令，单击此命令将显示出各建筑轴线并标注各跨跨度和轴线号。

2. 形成网点

可将用户输入的几何线条转变成楼层布置需用的白色节点和红色网格线，并显示轴线与网点的总数。这项功能在输入轴线后自动执行。另外，改变轴线后原构件的布置情况不会改变。

3. 网点编辑

网点编辑包含网点删除与平移。【删除节点】命令和

图 2.6 【网格生成】子菜单

【删除网格】命令可在形成网点后对网格和节点进行删除操作，节点的删除将导致与之联系的网格也被删除。

【平移网点】命令可以在不改变构件布置的情况下对轴线、节点、间距进行调整。对于与圆弧有关的节点应使所有与该圆弧有关的节点一起移动，否则圆弧的新位置无法确定。

[注意事项]：

在删除节点过程中，若节点已被布置的墙线挡住，可单击图2.6中下拉菜单中的【填充开关】命令使墙线变为非填充状态。

4. 网点查询

通过该命令，可以方便地查询与该网点相连的构件信息。

5. 网点显示

在形成网点之后，单击图2.6中的【网点显示】命令，可在每条网格上显示网格的编号和长度(两节点的间距)，如图2.7所示，可以帮助用户了解网点生成的情况。如果文字太小，可执行显示放大功能后再执行本菜单，程序初始值设定为50mm。

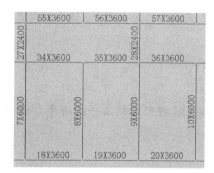

图2.7 【网点显示】的屏幕显示

6. 节点距离

【节点距离】命令是为了改善由于计算机精度有限而产生意外网格的菜单。如果有些工程规模很大或带有半径很大的圆弧轴线，【形成网点】命令会产生一些误差而引起网点混乱，此时应执行本菜单。程序要求输入一个归并间距，一般输入50mm即可，这样，凡是间距小于50mm的节点都被视为同一个节点，程序初始值设定为50mm。

7. 节点对齐

该命令用于纠正上面各层节点网格输入不准的情况。通过【节点对齐】命令可将上面各标准层的各节点与第一层的相近节点对齐，归并的距离即为上述定义的节点距离。

8. 上节点高

该命令定义了本层在层高处节点的高度，程序隐含为楼层的层高，改变上节点高，也就改变了该节点处的柱高、墙高和与之相连的梁的坡度。用该菜单可更方便地处理像坡屋顶这样屋面高度有变化的情况。

9. 清理网点

单击图2.6中的【清理网点】命令，将清除本层无用的网点和节点。

2.2.3 楼层定义

【楼层定义】命令是平面布置的核心程序。通过该菜单可以方便地输入全楼包括柱、梁(主梁和次梁)、墙、洞口、斜柱支撑等构件的截面尺寸及材料信息。单击图 2.2 中的菜单【楼层定义】，弹出如图 2.8 所示的子菜单。

1. 构件定义及布置

构件布置包括构件定义和构件布置两项工作，各种构件包括柱、主梁、墙、洞口、斜杆和次梁的布置操作基本类似，但各级子菜单输入参数不同。各类构件布置前必须先定义它的截面尺寸、材料、形状类型等信息。

1) 构件定义

构件定义可以完成各类构件包括梁、柱、墙等截面的定义工作。

构件截面列表包含工程所定义的全部同类构件截面类型；对构件的操作可通过上部按钮【新建】、【修改】、【删除】、【显示】、【清理】、【布置】、【退出】完成，图 2.9 所示为柱截面列表。

构件参数包含了定义构件的具体参数，如矩形柱须输入宽度、高度及材料类别等，如图 2.10 所示。不同的构件有不同的截面类型，比如，单击图 2.10 中的【截面类型】按钮，弹出柱的所有截面类型，如图 2.11 所示。如果定义梁截面，则包括了如图 2.12 所示的 18 种截面类型；对于墙，截面类型没有意义，均认为是矩形截面；洞口布置中没有该按钮。

构件参数输入后，程序自动将其加入标准构件表中。

图 2.8 【楼层定义】子菜单

图 2.9 【柱截面列表】对话框

图 2.10 【输入第 1 标准柱参数】对话框

[注意事项]：

(1) 如果输入的数据与前面已经定义的完全相同，则程序提示用户该截面在前面的第几类中已经输入。

(2) 这里定义的构件将控制全楼各层的布置，如某个构件尺寸改变后，已布置于各层的这种构件的尺寸会自动改变。

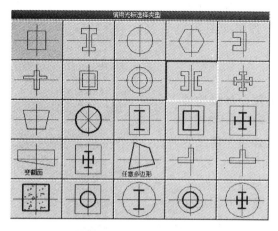

图 2.11 柱截面选择

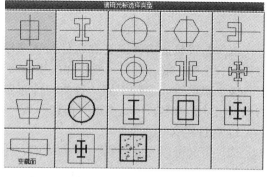

图 2.12 梁截面选择

2) 构件布置

程序对不同构件的布置有如下约定：柱布置在节点上，每节点上只能布置一根柱；梁、墙布置在网格上，两节点之间的一段网格上仅能布置一根梁或墙，梁墙长度即两节点之间的距离；洞口也布置在网格上，当在一段网格上布置多个洞口时，程序会在两洞口之间自动增加节点，如洞口跨越节点布置，则该洞口会被节点截成两个标准洞口；斜杆支撑连接在两个节点上，可定义支撑两点不同的高度。各构件布置如图 2.13 所示，包括墙、梁、柱及洞口的布置。

当布置柱、梁、墙、洞口等构件时，选取构件截面后，屏幕上会弹出偏心信息对话框，这是无模式对话框，如不修改其窗口中隐含数值则可不操作该对话框而直接在网格节点上布置构件。如果需要输入偏心信息时，应在对话框中输入相应的偏心值，该值将作为今后布置的隐含值直到下次被修改。用这种方式工作的好处是当偏心不变时，每次的布置可省略一次输入偏心的操作。

柱相对于节点可以有偏心和转角，其对话框如图 2.14 所示。柱宽边方向与 X 轴的夹角称为转角，沿柱宽方向（转角方向）的偏心称为沿轴偏心，右偏为正；沿柱高方向的偏心称为偏轴偏心，以向上（柱高方向）为正。柱沿轴线布置时，柱的方向自动取轴线的方向。

设梁或墙的偏心时，一般输入偏心的绝对值，布置梁、墙时，光标偏向网格的哪一边，梁墙也就偏向那一边。另外，包括顶标高设置选项，如图 2.15 所示。

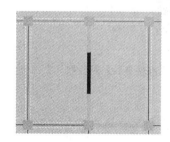

图 2.13 构件布置示意

图 2.14 【柱布置】对话框

图 2.15 【梁布置】对话框

布置洞口时，输入洞口左下节点距网格左节点距离和与层底面的距离，如图 2.16 所示。除此之外，还有中点定位方式、右端定位方式和随意定位方式，在提示输入洞口距左（下）点距离时，若键入大于 0 的数，则为左端定位；若键入 0，则该洞口在该网格线上居中布置；若键入一个小于 0 的负数（如 $-d$），程序将该洞口布置在距该网格右端为 d 的位置上。如需洞口紧贴左或右节点布置，可输入 1 或 -1（再输窗台高），如第一个数输入一个大于 0 小于 1 的小数，则洞口左端位置可由光标直接点取确定。

图 2.16 【洞口布置】对话框

在选择标准构件后，程序要求输入构件相对于网格或节点的偏心值，此时可以输入偏心值，也可在已布置了构件的图上拾取数据。此时，按一次 Tab 键出现【从图中拾取数】的提示和捕捉靶，当选中时，构件的截面和偏心为选中值并让用户加以确认。

对于上述构件布置，程序提供了 4 种方式。

（1）直接布置方式。当选择了标准构件，并输入了偏心值后程序首先进入该方式，凡是被捕捉靶套住的网格或节点，在按 Enter 键后即被插入该构件，若该处已有构件，将被当前值替换，用户可随时用 F5 键刷新屏幕，观察布置结果。

（2）沿轴线布置方式。在出现了【直接布置】的提示和捕捉靶后，按一次键盘上的 Tab 键，程序转换为【沿轴线布置】方式，此时，被捕捉靶套住的轴线上的所有节点或网格将被插入该构件。

（3）按窗口布置方式。在出现了【沿轴线布置】的提示和捕捉靶后，按一次 Tab 键，程序转换为【按窗口布置】方式，此时用光标在图中截取一窗口，窗口内的所有网格或节点将被插入该构件。

（4）按围栏布置方式。用光标选取多个点围成一个任意形状的围栏，将围栏内所有节点与网格插入构件。

[提示]：按 Tab 键，可在这 4 种布置方式间依次转换。

2. 楼板生成

单击图 2.8 中的屏幕主菜单【楼层定义】|【楼板生成】命令，弹出的子菜单如图 2.17 所示。该菜单除【布悬挑板】命令外，其他菜单的操作都是以房间为单位进行的，房间的划分和编号由程序自动生成。程序把由梁或墙围成的平面闭合体作为一个房间。不闭合的区域不能形成房间，无房间的区域内无现浇板，也不能在其上布置次梁或预制板。

1) 生成楼板

单击图 2.17 中的【生成楼板】命令，则程序以梁或墙为边界生成各房间楼板，而板的厚度为【本层信息】命令中定义的数值。

2) 楼板错层

当个别房间的楼层标高不同于该层楼层标高，出现错层

图 2.17 【楼板生成】子菜单

时，可单击此菜单，输入错层高度后，再选定需要修改的楼板。当房间标高低于楼层标高时的错层值为正。本菜单只对某一房间楼板做错层处理，使该房间楼板的支座钢筋在错层处断开，并不能对房间周围的梁做错层处理。

3) 楼板开洞

板洞的布置方式与一般构件类似，需要先进行洞口形状的定义，然后再将定义好的板洞布置到楼板上。其包括【板洞布置】、【全房间洞】、【板洞删除】子菜单。

3. 本层信息

它是每个标准层必须进行的操作。单击图 2.8 中的【本层信息】命令，弹出的对话框如图 2.18 所示，可用于输入和确认一些基本参数信息，主要包括板厚、板、剪力墙、柱、梁混凝土强度等级，板钢筋保护层厚度，梁、柱、墙钢筋类别和本标准层层高。

[注意事项]：

这里输入的本标准层层高仅用来定向观察某一轴线立面时将其作为立面高度的参考值，各层层高的数据应在【楼层组装】菜单中输入。

4. 本层修改

通过图 2.8 中的菜单【本层修改】可对已布置好的构件作删除或替换的操作，删除的方式有 4 种，即逐个用光标选择、沿轴线选取、窗口选取和任意开多边形选取。替换是指把平面上某一类型截面的构件用另一类截面替换。

5. 层编辑

单击图 2.8 中的【层编辑】命令，弹出的子菜单如图 2.19 所示。

图 2.18 【本层信息】弹出的对话框

图 2.19 【层编辑】子菜单

1) 层间编辑

【层间编辑】菜单可使操作在多个或全部标准层上同时进行，省去了来回切换到不同标准层再去执行同一菜单的麻烦，如需在第 1~20 标准层上的同一位置加一根梁，则可先在【层间编辑】菜单中定义编辑楼层 1~20，而后只需在某一层布置梁后，增加该梁的操作将自动在第 1~20 层做出，这样不但简化了操作，而且还可免除逐层操作造成的布置误差。

单击图 2.19 中的【层间编辑】菜单后，弹出的对话框如图 2.20 所示，通过该对话框可对层间编辑表进行增删操作；【全删】按钮的效果就是取消层间编辑操作。

2）层间复制

通过该菜单可将某个标准层的构件复制到指定的其他标准层中。

[注意事项]：

层间编辑与层间复制往往容易混淆。

层间复制是批量加法，即只需一次布置某一层的构件，其他层即可复制该层的布置方式。

层间编辑是批量减法，即只需对本层修改，其他层也进行了同样的修改。修改的内容即【本层修改】菜单下的三大内容，包括删除、替换和查改。

3）工程拼装

在结构层布置时可利用已经输入的楼层，把它们拼装在一起成为新的标准层，从而简化楼层布置的输入。单击图 2.19 中的【工程拼装】菜单后，弹出【选择拼装方案】对话框，如图 2.21 所示，其提供了两种拼装方案：【合并顶标高相同的楼层】和【楼层表叠加】，可以根据需要进行选择。

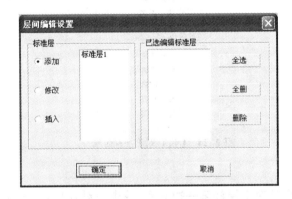

图 2.20 【层间编辑设置】对话框

图 2.21 【选择拼装方案】对话框

[注意事项]：

通过【工程拼装】功能可以方便地实现多人协作工作，如某一大底盘多塔剪力墙结构，整体模型较为复杂，此时可以采用多人分片建模方法，将整个模型分为一个大底盘整体模型和多个单塔模型，最后将几个模型组合为一个模型。

6. 截面显示

可实现显示截面的开关控制，即每点取一次开关菜单可实现显示开和关的切换。程序隐含对画在图上的构件截面开显示，对截面数据尺寸关显示。

单击图 2.8 中的菜单【截面显示】，弹出子菜单如图 2.22 所示。显示内容有构件显示和数据显示两类，构件显示是把某一类构件从图面中关掉。图 2.23 所示为【柱显示开关】对话框，显示的数据有构件的截面尺寸和偏心标高。在显示了平面构件的截面和偏心数据后，也可用下拉菜单中的打印绘图命令输出这张图，以便于数据的随时存档。

图 2.22 【截面显示】子菜单

7. 绘墙、梁线

通过图 2.8 中的菜单【绘墙线】和【绘梁线】可以把墙、梁线连同它上面的轴线一起输入，将先输入轴线再布置墙、梁的两步操作简化为一步操作。

8. 偏心对齐

单击图 2.8 中的菜单【偏心对齐】，弹出 12 项对齐操作菜单，如图 2.24 所示。可概括为三大类：柱对齐、梁对齐和墙对齐。程序根据使用者布置的具体要求自动完成偏心计算与偏心布置。

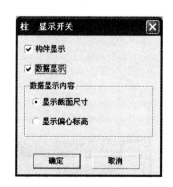

图 2.23 【柱显示开关】对话框

图 2.24 【偏心对齐】子菜单

1) 柱上下齐

当上下层柱的尺寸不一样时，可按上层柱对下层柱某一边对齐（或中心对齐）的要求自动算出上层柱的偏心并按该偏心对柱的布置进行自动修正。此时如打开【层间编辑】菜单可使从上到下各标准层的某些柱都与第一层的某边对齐。

因此设计人员在布置柱时可先省去偏心的输入，在各层布置完后再用本菜单修正各层柱偏心。

2) 梁与柱齐

可使梁与柱的某一边自动对齐，按轴线或窗口方式选择某一列梁时可使这些梁全部自动与柱对齐，这样在布置梁时就可先不必输入偏心，省去人工计算偏心的过程。

9. 楼梯布置

图 2.25 【楼梯布置】子菜单

为了适应新《建筑抗震设计规范》（GB 50011—2010）的要求，PKPM2010 版新增【楼梯布置】命令以考虑楼梯对结构整体刚度的影响。解决方案为：在 PMCAD 的模型输入中输入楼梯，可在四边形房间输入两跑或平行的三跑、四跑楼梯，程序可自动将楼梯转化成折梁，此后接力结构计算模块如 SATWE 等就包含了楼梯构件的影响。

单击图 2.8 中的菜单【楼梯布置】，弹出如图 2.25 所示的子菜单，分别为【楼梯布置】、【楼梯修改】、【楼梯删除】、【层间复制】。

楼梯建模步骤如下。

（1）单击图2.25中的【楼梯布置】菜单，选择须布置楼梯的四边形房间（目前程序只能选择四边形房间）。

（2）程序弹出如图2.26所示的对话框，对话框右上角显示楼梯的预览图，程序根据房间宽度自动计算梯板宽度初值，用户可修改楼梯定义参数，预览图与之联动。

（3）单击【确定】按钮即可完成楼梯定义与布置。

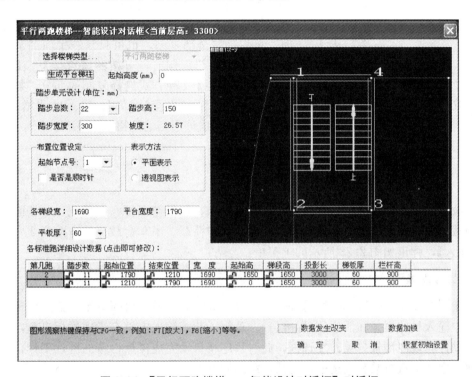

图2.26 【平行两跑楼梯——智能设计对话框】对话框

[注意事项]：

① 目前程序只能定义两跑及对折的三跑、四跑板式楼梯。

② 楼梯布置一般在进行完楼层组装后再进行，这样做程序能自动计算出踏步高度与数量，便于操作。

③ 楼梯间宜将板厚设为0，不宜全房间洞，因为考虑楼梯作用的计算模型是专门生成在LT下的，当前工作子目录的模型在计算时不会考虑楼梯，计算模型和没有楼梯布置的模型完全相同。

④ 转换楼梯后的计算模型将楼梯间处原1个房间划分为3个房间，且原有房间的板厚、恒活荷载等信息丢失。如果对这部分生成楼板，则程序将对这3个房间的板厚、恒活荷载取为本层统一的输入值，需要时用户可手工修改。

⑤ 为了解决底层楼梯嵌固问题，程序在底层梁端增加了一个支撑。

⑥ 退出PMCAD时要选择【楼梯自动转换为梁（数据在LT目录下）】复选框，这样程序才能在LT文件夹中生成模型数据。如果已经将目录指向了LT目录，则在退出PM-

CAD 时不要选择复选框。

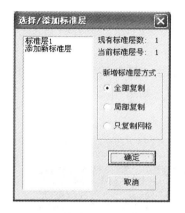

图 2.27 【选择/增加标准层】对话框

10. 换标准层

完成一个标准层平面布置后，需要对新的标准层进行输入。新标准层应在旧标准层的基础上进行，以保证上下节点网格的对应，为此应将旧标准层的全部或一部分复制成新的标准层，并在此基础上修改。

单击图 2.8 中的【换标准层】命令，弹出【选择/增加标准层】对话框，如图 2.27 所示。复制标准层时，可将一层全部复制，也可只复制平面的某一或某几部分，当局部复制时，可按照【直接】、【轴线】、【窗口】、【围栏】4 种方式选择复制的部分。复制标准层时，该层的轴线也会被复制，可对轴线增删修改，再形成网点生成该层新的网格。

2.2.4 荷载输入

荷载输入用于本标准层结构上的各类荷载输入，包括楼面恒、活荷载，非楼面传来的梁间荷载、次梁荷载、墙间荷载、节点荷载，人防荷载、吊车荷载。单击图 2.2 中的菜单【荷载输入】，弹出如图 2.28 所示的子菜单。

1. 恒活设置

单击图 2.28 中的【恒活设置】命令，弹出如图 2.29 所示【荷载定义】对话框。可以在表格中输入具体恒载和活载值（标准值）。若楼面荷载输入中没有考虑楼板自重，则可选择【自动计算现浇楼板自重】复选框，此时程序将自动完成楼板自重的统计工作；同时可选择【考虑活荷载折减】复选框进行活荷载的调整。

图 2.28 【荷载输入】子菜单

图 2.29 【荷载定义】对话框

2. 楼面荷载

1）楼面恒、活载

单击【楼面荷载】|【楼面恒载】命令，屏幕上将显示【修改恒载】对话框，如图2.30所示，窗口中默认的荷载值为5.000，即为楼层中定义的恒载值。修改对话框中的数值，然后通过选择【光标选择】或【窗口选择】或【围区选择】单选按钮方式可对绘图区所选房间的恒载值进行修改。对楼面活载采用相同的方法进行处理。

图2.30 【修改恒载】对话框

2）导荷方式

用于定义作用于楼板上恒载、活载的传导方式。单击图2.28中的【楼面荷载】|【导荷方式】命令，程序首先显示房间的布置方式，命令行提示："用光标选择目标。"选择要修改导荷方式的房间，屏幕显示如图2.31所示的3种导荷方式。

对边传导：此方式是将荷载向两对边传导，选取须布置的房间，然后指定房间受力边即完成指定。

梯形三角形传导：这是程序默认的传导方式，适用于现浇钢筋混凝土楼板且房间为矩形的情况。

周边布置：此方式将总荷载沿房间周长等分成均布荷载布置。对于非矩形房间可选用此种方式，可以指定不受力边。

图2.31 【导荷方式】选择

3）调屈服线

【调屈服线】命令主要是针对梯形、三角形导荷方式的房间，当需要对导荷方式中的屈服线角度进行特殊设定时使用。

[**操作说明**]：

单击【楼面荷载】|【调屈服线】菜单，命令行提示："用光标选择目标"。当点选某一楼板后弹出【调屈服线】对话框，如图2.32所示。可以通过修改塑性角1、2中的角度值完成对房间导荷方式的修改。程序默认的塑性角角度为45°。

3. 梁间荷载

在这里输入非楼面传来的作用在梁上的恒载和活载。

单击图2.28中的【梁间荷载】命令，弹出的子菜单如图2.33所示。

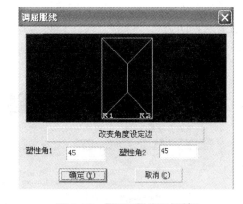

图2.32 【调屈服线】对话框

1）荷载定义与输入

单击图2.33中的【梁荷定义】命令，将弹出【荷载定义】对话框，如图2.34所示。单击【添加】按钮，弹出【梁间荷载】的7种类型，如图2.35所示。选择需要的荷载方式，然后填入荷载数值，即可完成【梁间荷载】的定义。

然后选择输入菜单，选中相应的荷载值，再在绘图区选择需布置的梁线，即可完成梁间荷载的输入。

2) 其他

恒载、活载修改：用于对某选定梁进行荷载的添加及荷载数值的修改。

恒载、活载复制：将进行了荷载布置的梁上的荷载复制到其他梁上。操作时依次选择要施加荷载的梁和被复制荷载的梁，被选中的梁呈高亮显示。

图 2.33 【梁间荷载】子菜单

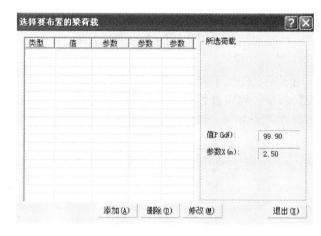

图 2.34 【梁荷定义】对话框

柱间荷载、墙间荷载、次梁荷载、墙洞荷载与梁间荷载类似，具体操作可借鉴采用，不再赘述。

4. 节点荷载

通过图 2.28 所示【节点荷载】菜单可以输入平面节点上的一些附加荷载，荷载作用点即是平面上的节点。各弯矩的正向以右手螺旋法确定。节点荷载值定义如图 2.36 所示，包括节点竖向力（-Z 向）、X、Y 向弯矩和 X、Y 向水平力等参数，特别需要强调的是：窗口中预览区域显示了各种荷载的正方向。荷载的布置方法与梁间荷载相同。

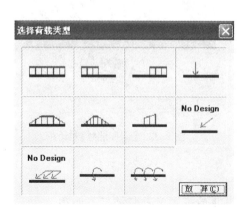

图 2.35 梁荷类型

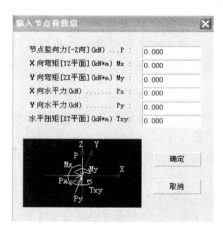

图 2.36 【输入节点荷载值】对话框

2.2.5 设计参数

单击图 2.2 中的【设计参数】命令后,弹出【楼层组装——设计参数】对话框,其共有 5 个选项卡,如图 2.37 所示。应根据工程实际情况作相应的修改。特别说明的是信息中的各参数在从 PM 生成的各种结构计算文件中均起控制作用。

1. 总信息

图 2.37 所示为【总信息】选项卡的内容。

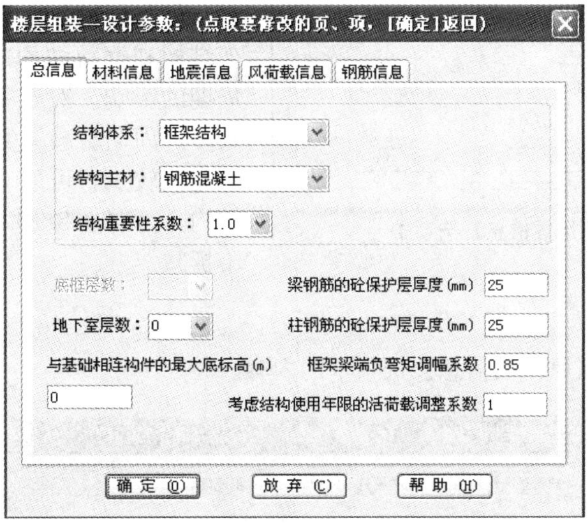

图 2.37 【总信息】选项卡

结构体系:选择结构体系是为了针对不同结构选出不同的设计参数。包括框架结构、框剪结构、框筒结构、筒中筒结构、剪力墙结构、砌体结构、底框结构、配筋砌体、板柱剪力墙、异型柱框架、异型柱框剪、部分框支剪力墙结构、单层钢结构厂房、多层钢结构厂房、钢框架结构。

结构主材:包括 5 个选项,即钢筋混凝土、钢和混凝土、有填充墙钢结构、无填充墙钢结构、砌体。

2. 材料信息

图 2.38 所示为【材料信息】选项卡的内容。

3. 地震信息

图 2.39 所示为【地震信息】选项卡的内容。

砼框架抗震等级:应考虑建筑高

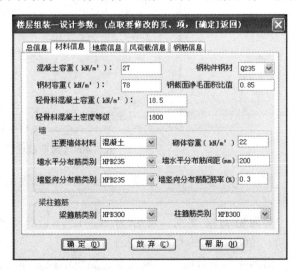

图 2.38 【材料信息】选项卡

度、设防烈度等因素根据《建筑抗震设计规范》(GB 50011—2010)第 6.1.2 条确定。

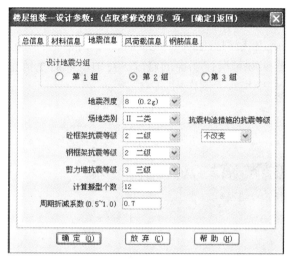

图 2.39 【地震信息】选项卡

计算振型个数：根据《建筑抗震设计规范》(GB 50011—2010)第 5.2.2 条说明确定，一般可以取振型参与质量达到总质量 90% 所需的振型数。振型数至少应取 3；当考虑扭转耦联计算时，振型数不应小于 9；对于多塔结构，振型数应大于 12。但应注意：此处的振型数不能超过结构固有振型的总数。

周期折减系数：目的是为了考虑框架结构和框剪结构的填充墙刚度对计算周期的影响。对于框架结构，若填充墙较多，周期折减系数可取 0.6~0.7，若填充墙较少，可取 0.7~0.8；对于框剪结构，可取 0.8~0.9；对于剪力墙结构，不折减。

4. 风荷载信息

图 2.40 所示为【风荷载信息】选项卡的内容。

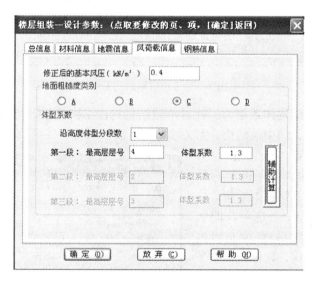

图 2.40 【风荷载信息】选项卡

修正后的基本风压：根据《建筑结构荷载规范》(GB 50009—2001)(2006 版)第 7.1.2 条确定。

地面粗糙度类别：可分为 A、B、C、D 4 类。根据《建筑结构荷载规范》(GB 50009—2001)(2006 版)第 7.2.1 条确定。

沿高度体型分段数：现代多、高层结构立面变化较大，不同的区段内的体型系数可能不一样，程序限定体型系数最多可分 3 段取值。

5. 钢筋信息

图 2.41 所示为【钢筋信息】选项卡的内容。

一般选默认值即可。

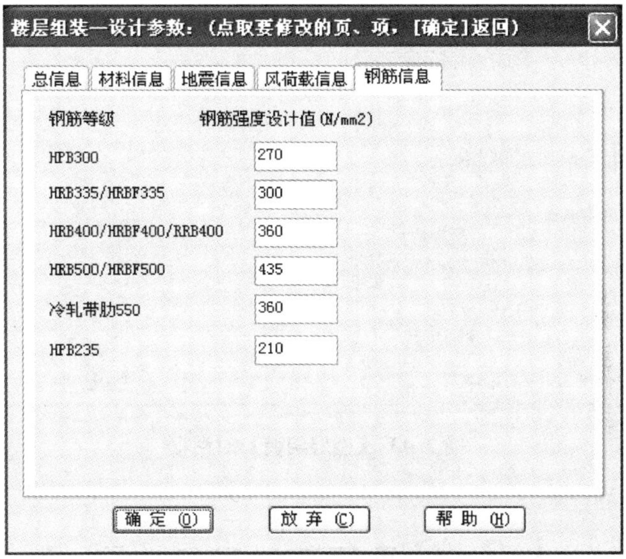

图 2.41 【钢筋信息】选项卡

2.2.6 楼层组装

【楼层组装】命令主要为每个输入完成的标准层指定层高、层底标高后布置到建筑整体的某一部位，从而搭建出完整建筑模型。单击图 2.2 中的【楼层组装】命令，弹出如图 2.42 所示的子菜单。

单击图 2.42 中的【楼层组装】命令，弹出对话框，如图 2.43 所示。

【组装项目和操作】中有 3 个参数指定框：【复制层数】、【标准层】、【层高】。

指定上述参数后单击【增加】按钮，则定义的楼层出现在右侧组装结果框中。另外，可通过操作框中的 6 个按钮对定义的楼层进行增删修改。楼层组装完成后可单击图 2.42 中的【整楼模型】命令来显示模型整体效果，以便观察。

图 2.42 【楼层组装】子菜单

[注意事项]：

完成一个标准层的布置，一定要用【换标准层】菜单，把已有的楼层全部或局部复制下来，再在其上接着布置新的标准层，这样可以保证在各层组装在一起时，上下楼层的坐标系自动对位，从而实现上下楼层的自动对接。

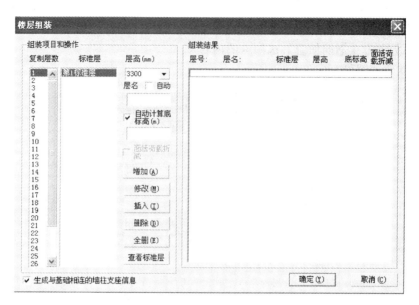

图 2.43 【楼层组装】对话框

2.3 平面荷载显示校核

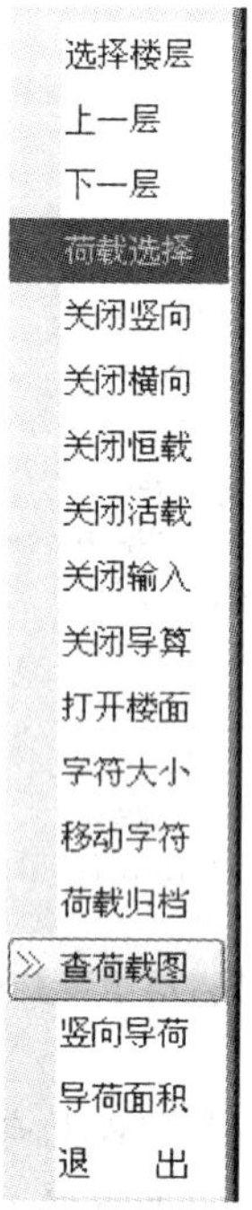

双击图 2.1 中的主菜单【2 平面荷载显示校核】,打开的窗口中将显示某一层(缺省为首层)中所有梁和板的荷载,主菜单如图 2.44 所示,可通过【选择楼层】、【上一层】和【下一层】等命令来指定平面荷载显示的具体楼层。

1. 荷载选择

单击图 2.44 中的【荷载选择】菜单,弹出如图 2.45 所示的对话框,通过对【荷载位置】、【荷载类型】和【显示方式】命令的选择,可以方便地得到相关的荷载显示信息。

【楼面荷载】是指作用于房间内楼板上的均布荷载。

【楼面导算荷载】是指由楼板传到墙、梁上的荷载。

【交互输入荷载】是指在建模中通过输入菜单输入的荷载。

【梁(楼板)自重】是指由程序自动算出的梁(楼板)自重荷载。

【同类归并】能把不同的同类荷载合并为一个。例如,作用在同一根梁上同一工况的两个集中荷载,如果它们位置相同,则可合并为一个荷载表示。

【字符高度】和【字符宽度】可用来改变图形中字符的大小。

默认情况下,窗口中各种荷载包括竖向荷载、恒载、活载、输入荷载和导算荷载等均是可见的,可通过图 2.45 的相关选项关闭相应的荷载以便进行更有针对性的校核。

图 2.44 【平面荷载显示校核】菜单

2. 荷载归档

【荷载归档】菜单用来自动生成全楼各层的或所选楼层的各种荷载图,并将其保存。单击此菜单后弹出如图 2.46 所示的对话框,用户可选择归档的楼层和图名。归档图名的缺省名取决于所选择的荷载类型和荷载工况。

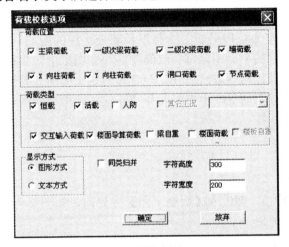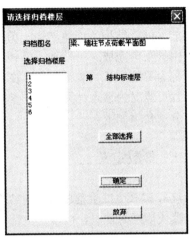

图 2.45 【荷载校核选项】对话框　　　图 2.46 【请选择归档楼层】对话框

3. 竖向导荷

【竖向导荷】菜单用来算出作用于任意层柱或墙上的由其上部各层传来的恒、活荷载,可以根据《荷载规范》的要求考虑活荷载折减、输出楼层总面积及单位面积荷载信息等。

单击【竖向导荷】命令弹出如图 2.47 所示的对话框,在这里有【校核项目】和【计算结果表达方式】两项内容,同时选择恒载和活载时可输出荷载的设计值。

计算结果表达方式包括荷载图和荷载总值两项,当选择【荷载图】单选按钮时,窗口以图形形式表达荷载值。选择【荷载总值】单选按钮时,荷载图中显示的荷载值为所有荷载数值相加的结果。

4. 导荷面积

【导荷面积】菜单用于显示参与导荷的房间编号及房间面积,单击图 2.44 中的【导荷面积】菜单后,屏幕将显示房间号和导荷载面积,如图 2.48 所示,图中 24/21.60 表示该楼板编号为 24,导荷载面积为 21.60m²。

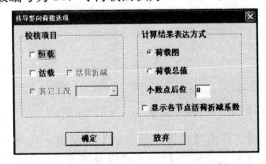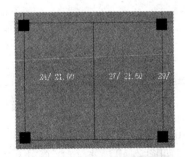

图 2.47 【传导竖向荷载选项】对话框　　　图 2.48 【导荷面积】屏幕显示

2.4 结构平面施工图绘制

PMCAD 主菜单【3 画结构平面图】具有绘制结构平面布置图及楼板结构配筋施工图的功能。框架结构、框剪结构、剪力墙结构的结构平面图绘制以及现浇楼板的配筋计算，需要由该菜单完成。可任选一个楼层绘制它的平面图，每一层绘制在一张图纸上，生成图纸名称为 PM∗.T，∗为层号，图纸规格及比例等取自 PMCAD 建模时定义的值。具体操作过程可概况为输入计算与绘图参数、计算钢筋混凝土板配筋和交互式画结构平面图 3 部分，分别介绍如下。

2.4.1 参数定义

双击 PMCAD 主菜单【3 画结构平面图】，即进入【板施工图】主界面，如图 2.49 所示。默认楼层为首层，可通过上部工具栏调整。

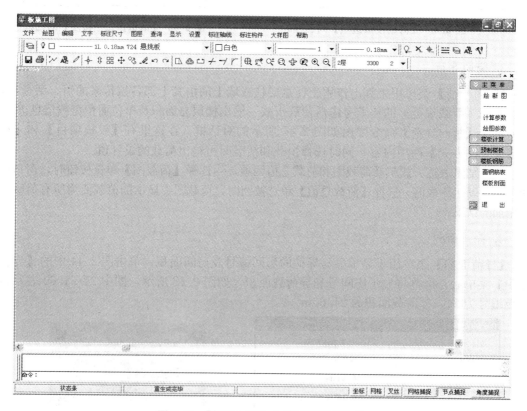

图 2.49 【板施工图】主界面及屏幕菜单

单击图 2.49 中右侧屏幕菜单【计算参数】，弹出【楼板配筋参数】对话框，包括 3 个选项卡，如图 2.50 所示。【配筋计算参数】、【钢筋级配表】和【连板及挠度参数】3 个选项卡如图 2.50～图 2.52 所示。

1. 配筋计算参数

图 2.50 所示为【配筋计算参数】选项卡。

钢筋的直径、间距可按实际选取。

双向板计算方法：可选择【弹性算法】单选按钮或【塑性算法】单选按钮。若按塑性计算，须设定支座与跨中弯矩的比值，对于长/短边之比小于 2 的双向板，可按塑性方法进行计算；对于单向板或不规则板程序自动按弹性方法完成计算。当然对于允许裂缝宽度较为严格的楼板应采用【弹性算法】。

边缘梁、剪力墙算法：可选【按简支计算】和【按固端计算】两种方法考虑。一般可先选择【按简支计算】方法，若选择【按固端计算】方法，则可将【板底钢筋】的钢筋放大系数调整为大于 1 的数值，适当增加边跨的跨中弯矩；一般情况下，【支座钢筋】不放大。

遇到卫生间、阳台等需要错层的房间，如果相邻的两块板板面高差仅为 30mm 或

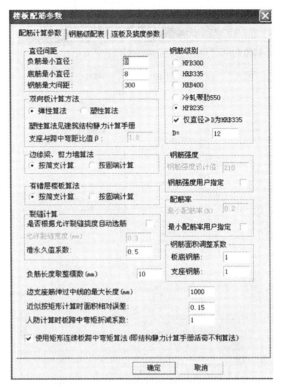

图 2.50 【楼板配筋参数】选项卡

50mm，有错层楼板算法可先选择【按固端计算】方法；如遇到有较大错层，如全下沉卫生间或错层结构，错层楼板算法选择【按简支计算】方法。

一般情况下程序进行板的内力计算，由内力计算结果进行配筋，若选择【是否根据允许裂缝挠度自动选筋】复选框，则程序除进行内力配筋外，还会根据【允许裂缝宽度】值再次进行配筋计算，最后配筋结果取两者中的较大者，是否选择此项要考虑实际工程情况。

2. 钢筋级配参数

图 2.51 所示为【钢筋级配表】选项卡。

可填入要选择的楼板配筋中常用的钢筋。用【添加】、【替换】、【删除】等按钮进行操作。

3. 连板及挠度参数

图 2.52 所示为【连板及挠度参数】选项卡。

对于连续板若采用【弹性算法】，则支座处弯矩过大，可采用调幅系数对负弯矩进行调整。调幅系数取值不宜超过 20%，而对于不等跨连续板取值宜适当降低。

连续板两端一般可认为是铰接形式，不承受弯矩。

荷载考虑双向板作用：形成连续板串的板块，有可能是双向板，此板块上作用的荷载是否考虑双向板的作用。如果考虑，则程序自动分配板上两个方向的荷载，否则板上的均布荷载全部作用在该板串方向。

挠度限值：在进行板挠度计算时，挠度值是否超限按此处设定的数值进行验算。

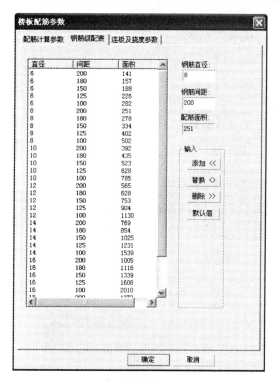

图 2.51 【钢筋级配表】选项卡

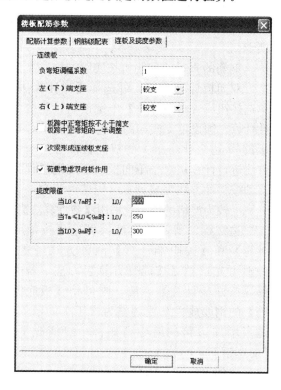

图 2.52 【连板及挠度参数】选项卡

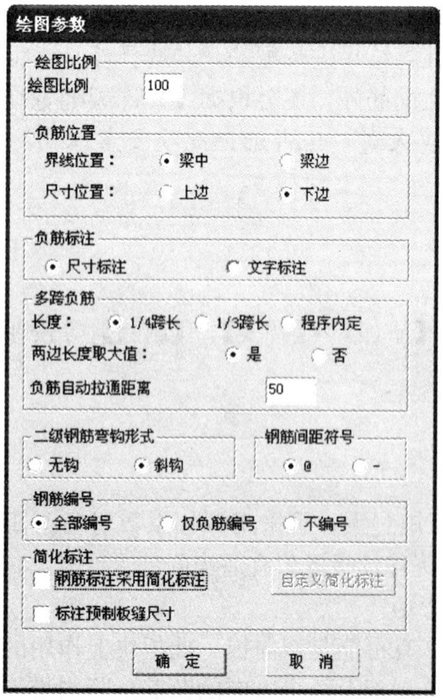

2.4.2 绘图参数

单击图 2.49 中的【绘图参数】命令，弹出对话框，如图 2.53 所示。一般情况下，可根据需求和习惯选用其中的参数。在绘制楼板施工图时，不同的设计人员习惯并不相同，比如钢筋是否带钩、钢筋间距符号的表示方式、负筋界线位置、负筋尺寸位置、负筋长度等。修改钢筋的设置不会对已绘制的图形进行改变，只对修改后的绘图起作用。

【钢筋编号】项中若选择【全部编号】单选按钮，则板配筋图中相同的钢筋均为同一个编号，只在其中一根钢筋上标钢筋规格及尺寸。若选择【不编号】单选按钮时，则板配筋图中每一根钢筋仅标注钢筋级别及间距。

图 2.53 【绘图参数】对话框

2.4.3 楼板计算

单击图2.49中的【楼板计算】命令后弹出【楼板计算】屏幕菜单，如图2.54所示。

1. 板边界条件

单击图2.54中的【显示边界】命令，则程序用不同的线型和颜色表示不同的边界条件，默认条件下固定边界为红色显示(图2.55中用"⚏"显示)，简支边界为蓝色显示(图2.55中用"—"显示)。设计者可通过【固定边界】、【简支边界】和【自由边界】3种命令对程序默认的边界条件加以修改。

2. 自动计算

单击图2.54中的【自动计算】命令，程序自动按各独立房间计算板的内力。程序对矩形板按单向板或双向板的计算方法进行计算；对非矩形凸形不规则板块，采用边界元法计算，而对非矩形的凹形不规则板块，则用有限元法计算。程序会自动识别板的形状类型并选择相应的计算方法。

3. 连板计算

采用【自动计算】方法时，各板块内力分别计算，不考虑相邻板块的影响，因此对于中间支座其两侧的弯矩值可能存在不平衡的问题。为了在一定程度上考虑相邻板块的影响，对于连续单向板等情况，当各板块的跨度不一致时，可考虑相邻板块影响，即选用图2.54中的【连板计算】命令。

图2.54 【楼板计算】菜单

4. 房间编号

单击图2.54中的【房间编号】命令，可显示全层各房间编号，也可仅显示指定的房间号。当自动计算时，提示某房间计算有错误，就可通过此选项进行检查。

5. 计算结果显示

计算结果显示包括弯矩、计算面积、实配钢筋、裂缝、挠度、剪力等信息。单击图2.54中的【弯矩】命令可显示板计算弯矩值，如图2.56所示，图中单位：km·N，其他操作类似。而当裂缝、挠度计算值超过规范限值时，图中将以红色显示超限计算值。

6. 计算书

选择此菜单，可详细列出指定板的计算过程，计算书包括内力配筋和挠度、裂缝计算。

计算过程是以房间为单元来完成的，给出房间的计算结果。需要计算书时，可选取需要计算书的房间，然后程序自动生成该房间的计算书。

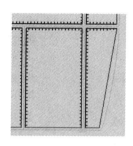 

图 2.55　边界显示　　　　　图 2.56　弯矩值屏幕显示

2.4.4　楼板钢筋

单击图 2.49 中的【楼板钢筋】命令，弹出的子菜单如图 2.57 所示。包括【逐间布筋】、【板底正筋】、【支座负筋】、【板底通长】、【支座通长】等十几项命令。

逐间布筋：程序自动绘出所选房间的板底钢筋和四周支座的钢筋。选用其他选项可进行楼板局部钢筋绘制。

单击图 2.57 中的【房间归并】命令，弹出的子菜单如图 2.58 所示。包括自动归并、人工归并等命令，可对相同钢筋布置的房间进行归并，相同归并号的房间只在其中之一上画出详细配筋值，其余只标上归并号。

[注意事项]：

执行【楼板钢筋】命令前，必须要先执行【楼板计算】命令，否则可能画出钢筋标注的直径和间距可能都是 0 或不能正常画出钢筋。

图 2.57　【楼板钢筋】　　图 2.58　【房间归并】
　　　　　子菜单　　　　　　　　　子菜单

2.4.5　画钢筋表

单击图 2.49 中的【画钢筋表】命令，则程序自动生成钢筋表，移动光标可以指定钢筋表在平面图中的位置，表中显示所有已编号钢筋的直径、间距、级别、单根钢筋的最短长度和最长长度、根数、总长度和总重量，如图 2.59 所示。

楼板钢筋表

编号	钢筋简图	规格	最短长度	最长长度	根数	总长度	重量
①	3600	φ8@200	3600	3600	124	446400	176.1
②	293-6000	φ8@200	293	6000	136	781080	308.2
③	105 2100 105	φ8@200	2310	2310	419	967890	381.9

图 2.59 楼板钢筋表详图

2.4.6 楼板剖面

通过图 2.49 中的【楼板剖面】命令，可画出指定位置的板的剖面，并按一定比例画出。

2.4.7 图幅整理

在图幅整理中需要完成对图面的整理工作，包括标注尺寸、标注轴线、标注构件、大样图等内容，如图 2.60～图 2.63 所示，整个工作可由界面顶部的菜单栏完成。

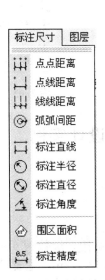

图 2.60 标注尺寸

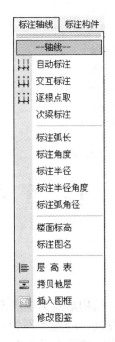

图 2.61 标注轴线

2.4.8 退出

单击图 2.49 中的【退出】命令，则退出程序，同时会形成该层平面图的一个图形文件，文件名 PM＊.T(＊代表楼层号)，在后面的图形编辑操作时需要调用这些文件。

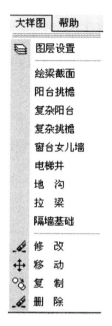

图 2.62 标注构件　　　　　图 2.63 大样图

2.5 PMCAD 的设计实例

2.5.1 工程概况

某行政办公楼，结构形式为现浇钢筋混凝土框架结构，层数为 6 层，位于陕西省西安市高新技术产业开发区，场地类别为Ⅱ类，首层层高为 4.2m，主要功能用于大厅、打印室、传达室、收发室、接待室及小办公室等；其余楼层层高均为 3.6m，每层均为办公室。1~6 层每层各设男女卫生间一个，总共有两部楼梯（其中一部用于消防疏散），室内外高差为 0.45m，基础顶面至室外地面的高差为 0.60m，开间为 7.2m，共 5 跨，进深尺寸为 6m+2.4m+6m。

门窗：外窗采用中空塑钢门窗，内门均为实木门；楼地面为彩色水磨石；墙面及顶棚采用抹灰刷乳胶漆；非承重隔墙采用水泥空心砖砌筑，规格为 300mm×250mm×160mm。建筑的平面图、立面图及剖面图如图 2.64~图 2.67 所示，现结合该工程进行建模操作。

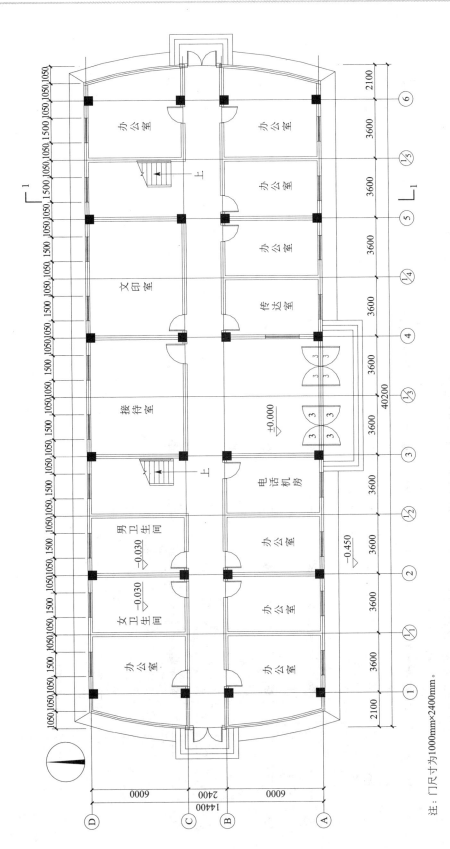

图 2.64 首层平面图

注：门尺寸为1000mm×2400mm。

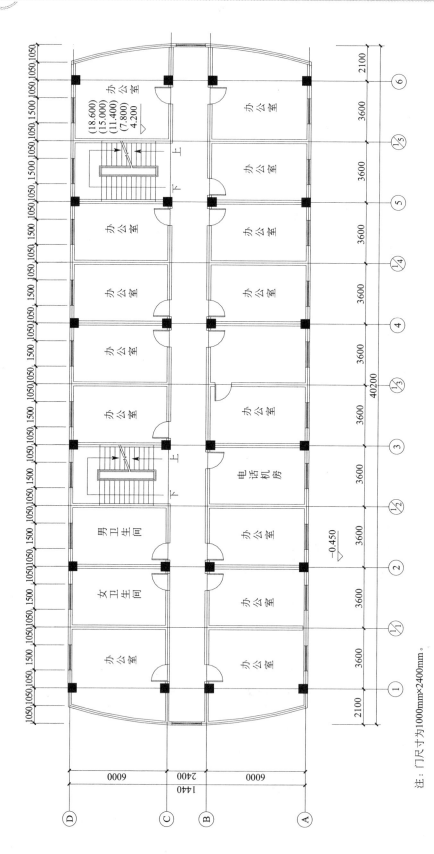

图 2.65 2～6 层平面图

注：门尺寸为1000mm×2400mm。

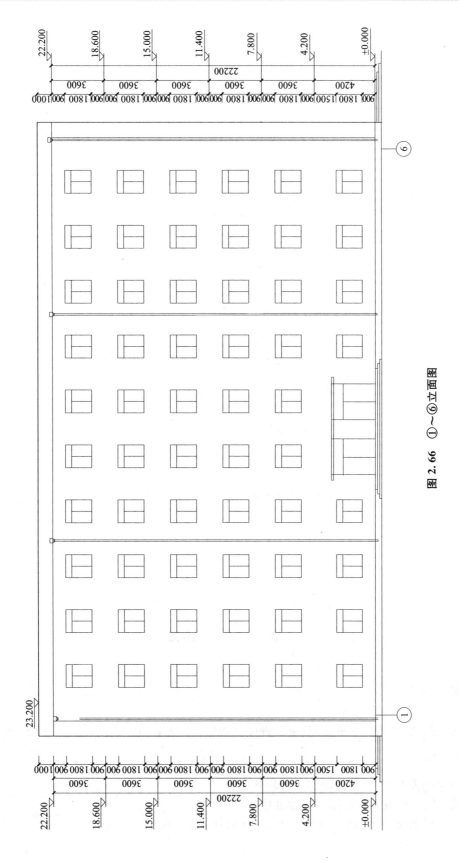

图2.66 ①~⑥立面图

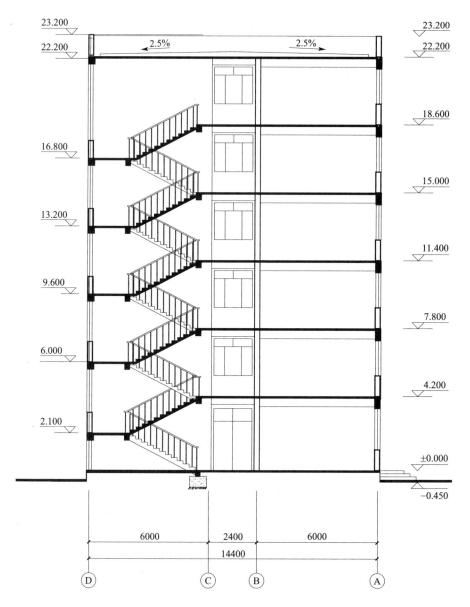

图 2.67 1-1 剖面图

2.5.2 荷载计算

梁、柱(剪力墙、承重墙)自重由程序自动计入,楼板自重由设计人员自行计算。

1. 恒载

1)标准层(2~6层)楼面永久荷载计算

输入的荷载按实际计算并取标准值,具体如下。

水磨石地面(20厚水泥砂浆,10厚水磨石面层):$0.65kN/m^2$

现浇钢筋混凝土楼板(120mm 厚)：25kN/m³×0.12m＝3.00kN/m²
板底抹灰：0.34kN/m²
合计：3.99kN/m²

2) 屋面永久荷载标准值
APP 改性油毡防水层：0.40kN/m²
20 厚 1∶3 水泥砂浆找平层：20kN/m³×0.02m＝0.40kN/m²
水泥珍珠岩保温层 60mm 厚：
10kN/m³×0.06m＝0.60kN/m²(容重 7～15kN/m²)
1∶6 水泥焦渣找坡(平均厚度 90mm)：
13kN/m³×0.09m＝1.17kN/m²(容量 12～14kN/m²)
隔气层，刷冷底子油一道，热沥青玛蹄脂二道，重量忽略不计。
20 厚 1∶3 水泥砂浆找平层：20kN/m³×0.02m＝0.40kN/m²
现浇钢筋混凝土屋面板(120mm 厚)：25kN/m³×0.12m＝3.00kN/m²
板底抹灰：0.34kN/m²
合计：6.31kN/m²

3) 女儿墙自重(高 1.2m，厚 120mm)
25kN/m³×0.12m×1.2m＝3.60kN/m

4) 填充墙自重
水泥空心砖：300mm×250mm×160mm(容重 9.6kN/m³)
水泥砂浆容重：20.0kN/m³
平均容重约：12.0kN/m³
外纵墙：12kN/m³×0.3m×(3.6－0.65m)×0.6＝6.372kN/m
外横墙：12kN/m³×0.3m×(3.6－0.55)×0.9＝9.882kN/m
内横隔墙：12kN/m³×0.3m×(3.6－0.50)×1.0＝11.16kN/m
内纵隔墙：12kN/m³×0.3m×(3.6－0.65)×0.8＝8.496kN/m
本工程恒载统计见表 2-3。

表 2-3 恒荷载取值

序号	类别	恒荷载
1	屋面恒荷载(不上人)/(kN/m²)	6.31
2	标准层楼面恒载/(kN/m²)	3.99
3	外纵墙自重/(kN/m)	6.37
4	外横墙自重/(kN/m)	9.88
5	内横隔墙自重/(kN/m)	11.16
6	内纵隔墙自重/(kN/m)	8.50
7	女儿墙自重/(kN/m)	3.60

2. 活荷载

本工程活荷载取值见表 2-4。

表 2-4 活荷载取值(kN/m²)

序号	类别	活荷载
1	屋面活载(不上人)	0.5
2	办公室、卫生间房间活载	2.0
3	走廊、门厅、楼梯活载	2.5
4	消防楼梯活载	3.5

3. 其他

可能用到的其他荷载见表 2-5。

表 2-5 其他荷载取值(kN/m²)

序号	类别	活荷载
1	基本风压	0.35
2	基本雪压	0.25

2.5.3 结构标准层和荷载标准层的划分

1. 结构标准层

结构标准层是指具有相同几何、物理参数的连续层。本例中共设有 3 个结构标准层。
第一结构标准层：第一自然层。
第二结构标准层：第二至第五自然层，梁、柱截面发生变化。
第三结构标准层：第六自然层，梁截面进行调整，混凝土强度等级发生变化。

2. 荷载标准层

具有相同荷载布设的楼层可认为是一个荷载标准层，本例中共有两个荷载标准层。
第一荷载标准层：第一至第五自然层，楼面荷载、梁上荷载。
第二荷载标准层：第六自然层，屋面荷载及女儿墙荷载。

2.5.4 截面尺寸初步估算

1. 框架柱截面确定

框架柱截面尺寸可通过轴压比进行初步估算，轴压比的限值可查《建筑抗震设计规范》(GB 50011—2010)第 6.3.6 条，本工程抗震设防烈度为 8 度，框架抗震等级为二级，轴压比限制 $[\mu_c]=0.75$，合理取值范围为 $\mu_c=0.4\sim0.65$。

中柱承受的受荷面积：$7.2m\times(3+1.2)m=30.24m^2$

对于框架结构，各层由恒载和活载引起的单位面积重力为 $12\sim14kN/m^2$，近似取 $13kN/m^2$。混凝土选用 C35，$f_c=16.7N/mm^2$，则有：

$$A \geqslant \frac{N}{\mu_c f_c} = \frac{1.25 \times 30.24 \times 13 \times 10^3 \times 6}{16.7 \times 0.6} = 294251.50 (\text{mm}^2)$$

取柱截面为正方形，则可求出柱截面高度和宽度均为542mm，再综合考虑其他因素，本设计各层柱截面尺寸取值见表2-6。

2. 框架梁截面确定

根据工程实践经验，可选择框架梁截面高度 $h = \left(\frac{1}{8} \sim \frac{1}{14}\right)L$，$L$ 为梁跨度，则可求得梁截面尺寸。对应3个结构标准层，将各层构件截面尺寸汇总见表2-6。

表2-6 构件截面统计表

标准层	构件类别	截面尺寸/mm	强度等级
1	柱	550×550	C35
	梁	300×650(纵梁)、300×550(横梁、次梁)、300×450	
2	柱	500×500	C35
	梁	300×600(纵梁)、300×500(横梁、次梁)、300×400	
3	柱	500×500	C30
	梁	300×550(纵梁)、300×450(横梁、次梁)、300×400	

2.5.5 建筑模型与荷载输入

双击桌面的PKPM图标，进入PKPM程序菜单。再单击【结构】选项，进入结构设计模块，单击右下角【改变目录】按钮，可设置工作目录。然后，单击【PMCAD】命令，右侧显示PMCAD主菜单，选择主菜单【1 建筑模型与荷载输入】，再单击【应用】按钮，进入【main frame】窗口，屏幕显示如图2.68所示。此时对话框提示："请输入PM工程名"，键入新文件的文件名"办公楼设计"后，再单击【确定】按钮，即建立了新的PM文件。同时进入【建筑模型与荷载输入】操作窗口，显示右侧屏幕菜单，如图2.69所示，在此窗口将完成结构标准层的输入工作。

图2.68 【main frame】窗口

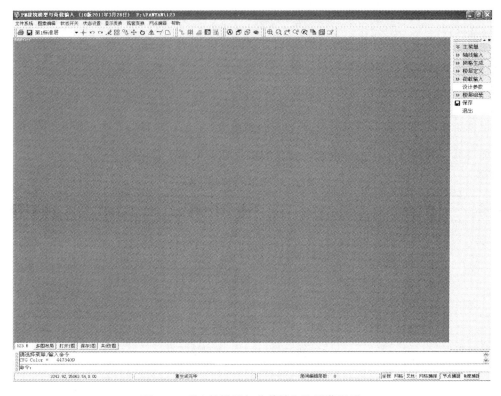

图 2.69 【建筑模型与荷载输入】屏幕显示

1. 轴线输入

（1）单击图 2.69 中的【轴线输入】|【正交轴网】命令，出现直线轴网输入菜单，在此菜单中录入上、下开间数均为 7200mm×5，进深分别为 6000mm、2400mm 和 6000mm；然后单击【确定】按钮，选定插入点，屏幕显示整体网格线图形如图 2.70 所示。

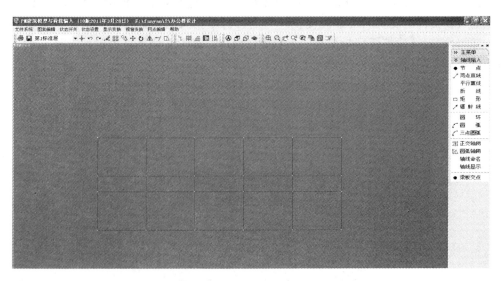

图 2.70 【正交轴网】图形窗口

(2)单击图 2.69 中的【轴线输入】|【两点直线】命令,命令行提示:"输入第一点",此时单击轴网左上角点确定为第一点,命令行提示:"输入第二点",此时在命令行输入 1050mm,同时鼠标指向拟画直轴线的方向即可输入上部局部直轴线,按此方法可完成整个轴网直线部分的输入,如图 2.71 所示,其中中间直轴线输入长度为 2100mm。

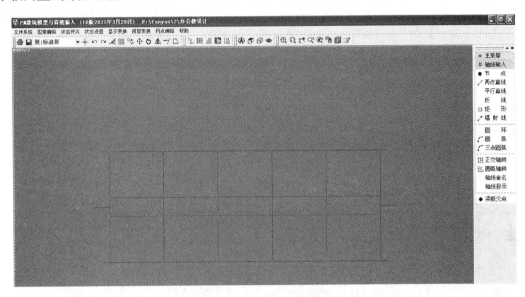

图 2.71 【两点直线】图形窗口

(3)单击图 2.71 中的【三点圆弧】命令,命令行提示:"输入圆弧起始点",单击左上角点直轴线端点作为圆弧起点;然后命令第二次提示:"输入圆弧中间点或终止点",此时,单击左下角点直轴线另一端点为圆弧终点;而后命令行第三次提示:"输入圆弧中间点",再选中间辅助直轴线端点,即完成弧形轴线的输入。最后对整个轴网进行局部轴线的增补与删减,完成整个轴网的输入,如图 2.72 所示。

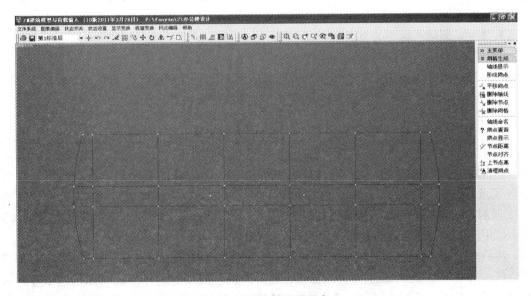

图 2.72 整体轴网图形窗口

[注意事项]：

在屏幕上方的菜单中单击【状态设置】|【圆弧精度】命令，可以方便地设置圆弧的分段数。在实际工程中，圆弧一般由若干折线段组成，分段数数值越高，精度越高，显示效果越好。

（4）单击图 2.71 中的【轴线命名】命令，可按顺序定义横向和纵向轴线名称。然后单击【轴线显示】命令，屏幕会显示轴线及编号，如图 2.73 所示。

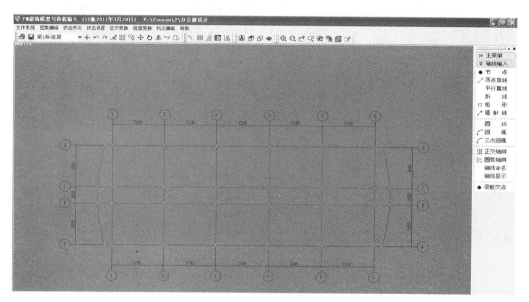

图 2.73 【轴线显示】窗口

2. 网格生成与轴网微调

在图 2.69 所示的屏幕主菜单中，单击【网格生成】|【轴线显示】|【形成网点】命令，在此状态下返回轴线输入窗口，对整个轴网进行检查与调整，最后检查无误后单击【清理网点】命令，删除不需要的节点。

[注意事项]：

对轴线命名时，如果轴线号连续，则可以采用成批输入方式，只需按 Tab 键即可改变输入方式。该方式适用于快速输入一批按数字顺序或字母顺序的平行轴线。

3. 第一标准层定义

1）柱布置

单击图 2.69 中的【楼层定义】|【柱布置】命令，出现【柱截面列表】对话框，如图 2.74 所示。单击左上角的【新建】按钮，弹出【输入第 1 标准柱参数】对话框，如图 2.75 所示，输入相应的截面参数和材料类别后，单击【确定】按钮，则在【柱截面列表】对话框中出现序号为 1 的柱截面，如图 2.74 所示。

柱截面尺寸定义完成之后，即可进行柱子布置。单击图 2.74 所示的【柱截面列表】对话框中的序号 1，选中柱截面，单击【布置】按钮，则弹出如图 2.76 所示的柱布置对话框。在图 2.76 中，【沿轴偏心】、【偏轴偏心】分别定义柱截面形心点横向偏离和纵向偏离节点的距离。将【偏轴偏心】空格内的-125改为-150,同时在①轴与Ⓓ轴相交处单击一次,即可完成柱布置,如图2.76所示;类似地,采用同样的方法完成剩余柱的布置。

图 2.75 【输入第 1 标准柱参数】对话框

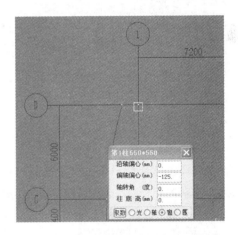

图 2.74 【柱截面列表】对话框

图 2.76 柱布置示意

单击图2.69中的【楼层定义】|【截面显示】|【柱显示】命令,出现【柱显示开关】对话框,如图2.77所示。选择【数据显示】复选框中的【显示截面尺寸】单选按钮,可以方便地查看图中柱的布置,显示结果如图2.78所示。

2) 主梁布置

主梁布置的菜单与柱布置菜单相似。单击图2.69中的【楼层定义】|【主梁布置】命令,出现【梁截面列表】对话框,然后单击左上角的【新建】按钮,在标准梁参数对话框中输入:截面宽度 B:300mm,截面高度 H:650mm;材料类别:6;确定即可完成梁1的定义,此时在【梁截面列表】对话框中出现序号为1的主梁截面。相同的方法可定义梁截面尺寸为300mm×550mm 和 300mm×450mm。

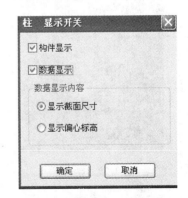

图 2.77 【柱显示开关】对话框

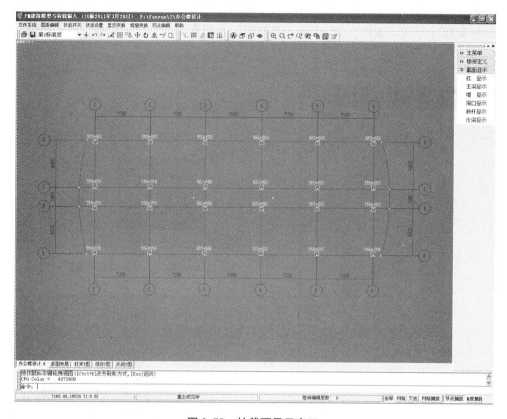

图 2.78 柱截面显示窗口

选择相应的截面后,单击【梁截面列表】对话框上部的【布置】按钮,即可进行梁布置,梁布置在网格线上,位于柱之间,如图 2.79 所示。

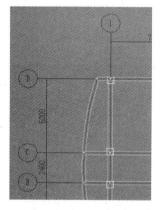

图 2.79 梁布置

3)次梁布置

次梁与主梁采用同一套截面定义的数据,如果对主梁的截面进行定义、修改,次梁也会随之修改。次梁布置时选取与它首尾两端相交的主梁或墙构件,连续次梁的首尾两端可以跨越若干跨一次布置,不需要在次梁下布置网格线,次梁的顶面标高和与它相连的主梁或墙构件的标高相同。

布置的次梁应满足以下 3 个条件:使其与房间的某边平行或垂直;非二级以上次梁;次梁之间有相交关系时,必须相互垂直。如果不满足这 3 个条件,即使能够正常建模,后续的模块处理也会产生问题。

本实例中,每开间楼板中部设有一道次梁,截面尺寸为 300mm×550mm。打开图形捕捉,单击图 2.69 中的【楼层定义】|【次梁布置】命令,弹出【梁截面列表】对话框,选中相应的次梁截面,单击【布置】按钮,命令行提示:"输入第一点",首先将光标移动到定位的参照点上(次梁的一个端点),然后按 Tab 键,鼠标即捕捉到参照点;根据命令

行提示输入相对偏移值即可找到另一个端点，完成单个次梁的布置工作，类似方法可以完成其余次梁的布置，也可以根据提示进行复制操作。已布置好的梁平面显示如图 2.80 所示。

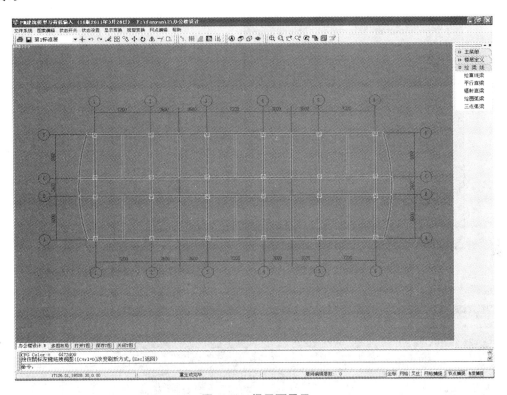

图 2.80 梁平面显示

[注意事项]：

次梁也可作为主梁输入，此时梁相交处会形成大量无柱连接节点，节点又会把一跨梁分成一段段的小梁，因此整个平面的梁根数和节点数会增加很多。同样由于划分房间单元是按梁进行的，因此整个平面的房间碎小、数量众多。如果按次梁输入，端点不会形成节点，不会切分主梁，次梁的单元是房间两支承点之间的梁段，次梁与次梁之间也不形成节点，这时可避免形成过多的无柱节点，整个平面的主梁根数和节点数大大减少，房间数量也大大减少。因此，当工程规模较大而节点、杆件或房间数量可能超出程序允许范围时，按次梁输入可有效地大幅度减少节点、杆件和房间的数量。

本例中，在楼梯间部位的次梁仍按主梁输入，以便于楼板的分隔。

4）本层信息

单击图 2.69 中的【楼层定义】|【本层信息】命令，弹出对话框，根据实例修改对话框中相应的参数，如图 2.81 所示。

5）楼板生成

单击图 2.69 中的【楼层定义】|【楼板生成】命令，弹出【当前层没有生成楼板，是否自动生成？】对话框，选择【是】按钮，程序自动按【本层信息】中定义的板厚完成对楼板的定义。如果个别房间楼板厚度有可能不同，则可单击【修改板厚】按钮，弹出【修改

板厚】对话框，如图 2.82 所示，键入修改的板厚后，采用【光标选择】方式，然后选择需要修改的板，则可完成对个别板的修改。本例中仅对楼梯间楼板进行修改，键入板厚值为 0，最后整个楼板厚度显示结果如图 2.83 所示。

图 2.81 本标准层信息

图 2.82 【修改板厚】对话框

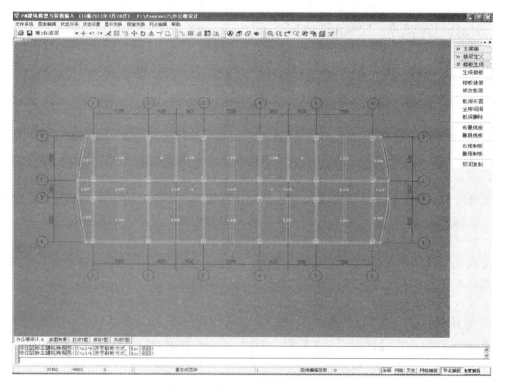

图 2.83 楼板厚度整体显示窗口

6）荷载输入

（1）楼面荷载。单击图 2.69 中的【荷载输入】|【恒活设置】命令，弹出对话框，如

图 2.84 所示,选择【考虑活荷载折减】复选框,由于恒载计算取值表中荷载值已经包含了板的自重,所以本例中没有选择【自动计算现浇楼板自重】复选框。

单击图 2.69 中的【荷载输入】|【楼面荷载】|【楼面活载】命令,屏幕按已定义的活荷载数值显示荷载信息,同时弹出【修改活载】对话框,在相应空格中输入新的活荷载值 3.5kN/m²,采用【光标选择】方式选择消防楼梯间,完成对该部位活载值的修改,如图 2.85 所示。

图 2.84 【荷载定义】对话框

图 2.85 【修改活载】对话框

(2) 梁间荷载。通过图 2.69 中的【荷载输入】|【梁间荷载】命令可完成梁上隔墙荷载的输入,单击【荷载输入】|【梁间荷载】|【荷载定义】命令,按本例荷载表 2-3 输入梁上荷载值,类型均为全跨均布荷载,选择【1】类型,如图 2.86 所示。单击【添加】按钮,输入所有的梁间荷载,然后单击【退出】按钮,完成梁间荷载的定义。

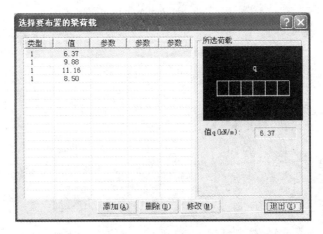

图 2.86 【选择要布置的梁荷载】对话框

单击【恒载输入】命令,依次选择对应荷载的梁,完成【梁间荷载】整体布置,如图 2.87 所示。

单击【次梁荷载】命令,依次选择对应荷载的次梁,完成次梁上隔墙竖向荷载的整体布置,如图 2.88 所示。

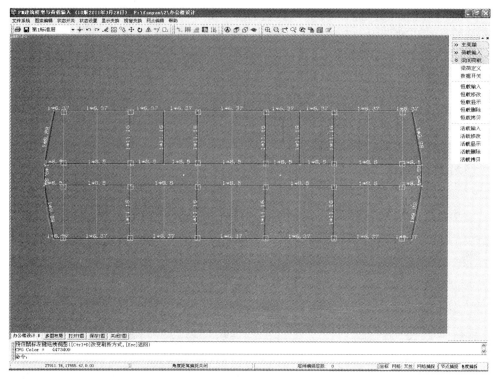

图 2.87 【梁间荷载】整体布置显示

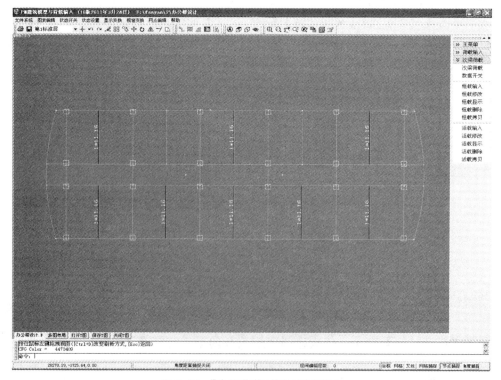

图 2.88 【次梁荷载】整体布置显示

4. 第二标准层定义

1) 添加标准层

完成一个标准层平面布置后，可利用该菜单输入新的标准层，新的标准层应在旧标准层基础上输入，以保证上下节点网格的对应。为此，应将旧标准层的全部或一部分复制成新的标准层，然后在此基础上进行修改。

单击图 2.69 中的【楼层定义】|【换标准层】命令，弹出【选择/添加标准层】对话框，如图 2.89 所示，选择【添加新标准层】选项，在【新增标准层方式】中有 3 个复选框，选择【全部复制】复选框，然后单击【确定】按钮，出现第二标准层。

2) 本层信息修改

单击图 2.69 中的【楼层定义】|【本层信息】命令，将本标准层层高改为 3600mm，其余不变，如图 2.90 所示。

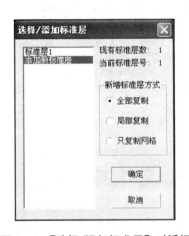

图 2.89　【选择/添加标准层】对话框

图 2.90　本标准层信息

3) 本层修改

本层修改主要是对已布置好的构件进行删除或者替换的操作。替换就是把平面上某一类型截面的构件用另一截面进行替换。本例对本层构件采用替换操作，将柱截面由 550mm×550mm 变更为 500mm×500mm；将梁截面高度由 650mm 调整为 600mm、550mm 调整为 500mm。

单击图 2.69 中的【楼层定义】|【截面显示】|【柱显示】和【主梁显示】命令，屏幕显示柱、主梁的截面尺寸，如图 2.91 所示。

单击图 2.69 中的【楼层定义】|【柱布置】命令，在【柱截面列表】对话框中单击【新建】按钮，定义柱截面为 500mm×500mm，单击【退出】按钮。

单击图 2.69 中的【楼层定义】|【本层修改】|【柱替换】命令，命令行提示："选择被替换的标准柱（原截面）："，从列表中双击序号 1 即 550mm×550mm 柱，弹出的对话框如图 2.92 所示，单击【确定】按钮，然后命令行提示："选择替换的标准柱（新截面）："，从列表中双击序号 2 即选中 500mm×500mm 柱，此时弹出的对话框如图 2.93 所示，单击【确定】按钮，完成柱截面替换工作。

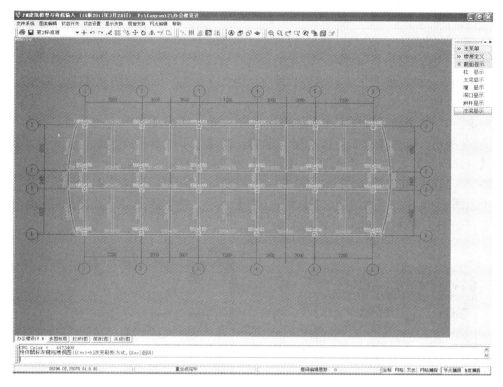

图 2.91 构件截面显示窗口

图 2.92 柱替换原截面　　　　　图 2.93 柱替换新截面

由于柱截面尺寸调整，现采用【柱梁对齐】的方法调整柱的位置，使上下层柱沿单侧对齐。单击图 2.69 中的【楼层定义】|【偏心对齐】|【柱与梁齐】命令，命令行提示："边对齐｜中对齐｜退出"，按 Enter 键选择【边对齐】，用光标截取需要调整位置的柱截面，命令行提示："请用光标点取参考梁"，选取参考梁线后，选择方向，柱梁自动对齐。

单击图 2.69 中的【楼层定义】|【主梁布置】命令，在【梁截面列表】对话框中单击【新建】按钮，重新输入主梁截面尺寸，再单击【确定】按钮完成梁截面定义。然后重新

布置主梁。截面修改后如图 2.94 所示,至此完成了本标准层的修改工作。

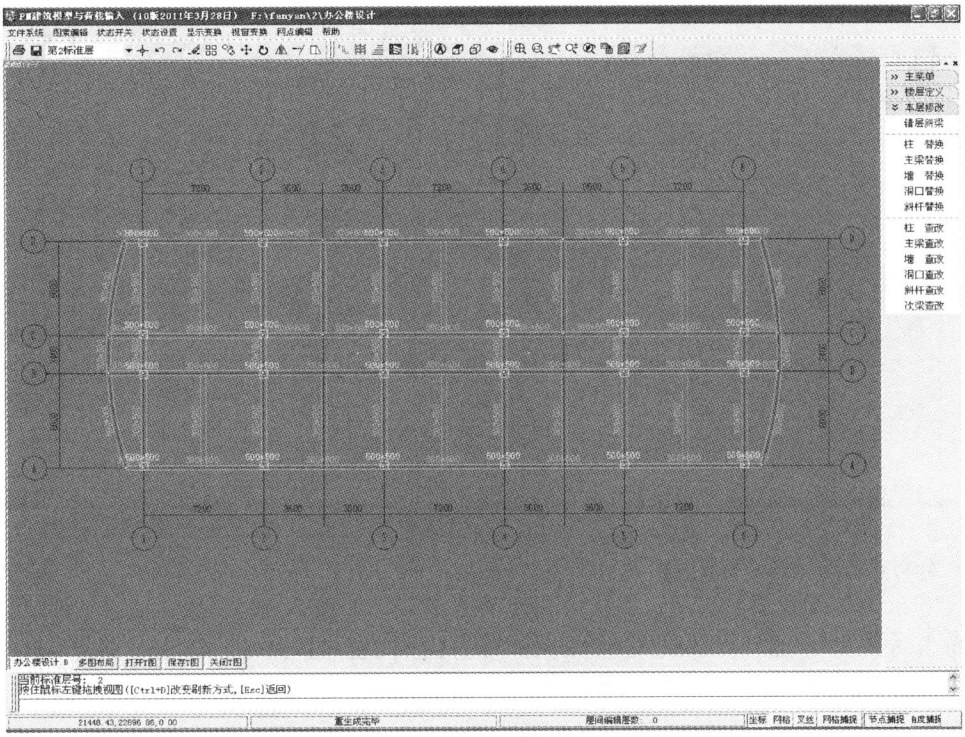

图 2.94 第 2 标准层构件截面尺寸显示

[注意事项]:

本例中对于梁、柱截面的修改分别采用了不同的方法。对于柱采用了【截面替换】的方法,而对于梁采用【重新布置】完成修改,实际工程中可灵活应用。

5. 第三标准层定义

第三标准层为屋面结构层,主要的工作包括梁截面修改和屋面荷载的调整。这里仍然采用前文【添加新标准层】的方法复制得到第三标准层,而梁、柱截面修改方法可参照第二标准层步骤完成,这里不再赘述,仅对不同之处进行介绍。

1) 板厚修改

楼梯间部位原板厚为 0,本层将该部位板厚设为 120mm。

2) 本层信息

本标准层对混凝土强度等级进行调整,如图 2.95 所示。

3) 荷载调整

(1) 屋面荷载调整。单击图 2.69 中的【荷载输入】|【恒活设置】命令,弹出【荷

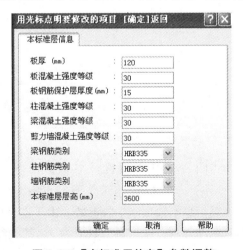

图 2.95 【本标准层信息】参数调整

载定义】对话框，键入屋面恒、活载数值，如图 2.96 所示，单击【确定】按钮完成新荷载的定义。

图 2.96　屋面层荷载参数

单击图 2.69 中的【荷载输入】|【楼面荷载】|【楼面恒载】命令，可以看到图中恒载数值已修改为屋面恒载值。

（2）梁间荷载的增删。单击图 2.69 中的【荷载输入】|【梁间荷载】|【恒载显示】命令，将已定义的梁上荷载高亮显示。

单击图 2.69 中的【荷载输入】|【梁间荷载】|【恒载删除】命令，命令行提示："用光标选择目标（按 Tab 键转换方式，按 Esc 键返回）"，此时选中梁上所有的梁间荷载，将其全部删除。

单击图 2.69 中的【荷载输入】|【梁间荷载】|【梁荷定义】命令，弹出【选择要布置的梁荷载】对话框，单击【添加】按钮并选中第 1 荷载类型，弹出窗口，输入女儿墙荷载值 3.6kN/m，单击【确定】按钮，完成女儿墙荷载定义，如图 2.97 所示。

单击图 2.69 中的【荷载输入】|【梁间荷载】|【恒载输入】命令，选中之前定义的女儿墙荷载，沿周边梁布置均布荷载，如图 2.98 所示。

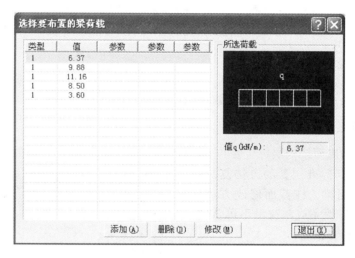

图 2.97　女儿墙荷载参数

6. 设计参数输入

单击图 2.69 中的【设计参数】命令，在【总信息】选项卡中输入相关参数，如图 2.99 所示；在【材料信息】选项卡中将混凝土容重改为 26.5kN/m³，如图 2.100 所示；对【地震信息】选项卡中的参数，由于本例中结构平面、立面布置均匀、规则，可采用不考虑耦联的计算方法，振型数取为 9；其他参数修改如图 2.101 所示。输入【风荷载信息】参数如图 2.102 所示。【钢筋信息】选项卡的参数取默认值即可。

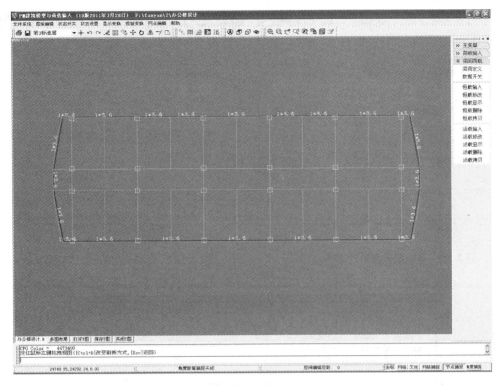

图 2.98 女儿墙梁上恒载显示

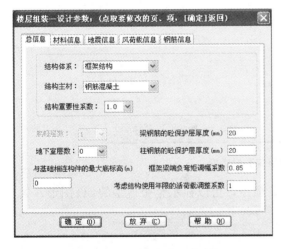

图 2.99 【总信息】选项卡参数

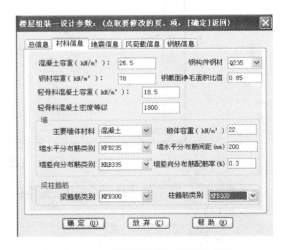

图 2.100 【材料信息】选项卡参数

7. 楼层组装

单击图 2.69 中的【楼层组装】命令，屏幕显示【楼层组装】对话框，如图 2.103 所示。在该对话框中，出现的【标准层】即为已输入的各结构标准层，选中其中某一标准层及相应的结构层高和复制层数，单击【增加】按钮，则所选信息出现在对话框右侧，然后单击【确定】按钮，完成楼层组装。

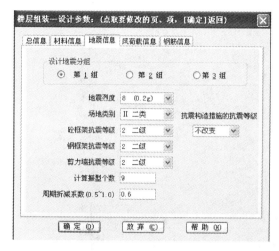

图 2.101 【地震信息】选项卡参数　　　　图 2.102 【风荷载信息】选项卡参数

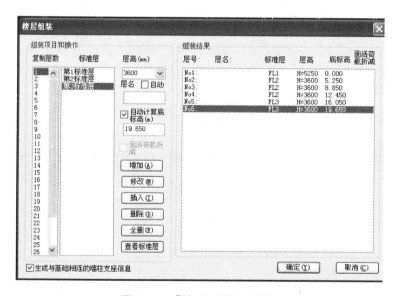

图 2.103 【楼层组装】对话框

单击图 2.69 中的【楼层组装】|【整楼模型】命令，可以显示整个模型的 3D 图形，如图 2.104 所示。

8. 楼梯布置

将楼梯布置放在楼层组装后进行，程序能自动计算出踏步高度与数量，是程序推荐的建模方法。

单击图 2.69 中的【楼层定义】|【楼梯布置】菜单，选择须布置楼梯的四边形房间；程序弹出【平行两跑楼梯——智能设计对话框】对话框，对话框右上角显示楼梯的预览图，程序根据房间宽度自动计算梯板宽度初值，根据本实例，修改楼梯定义参数如图 2.105 所示，单击【确定】按钮完成楼梯定义与布置。用同样的方法完成标准层 2 中楼梯的布置，最后的显示效果如图 2.106 所示。

第2章 结构平面计算机辅助设计软件——PMCAD

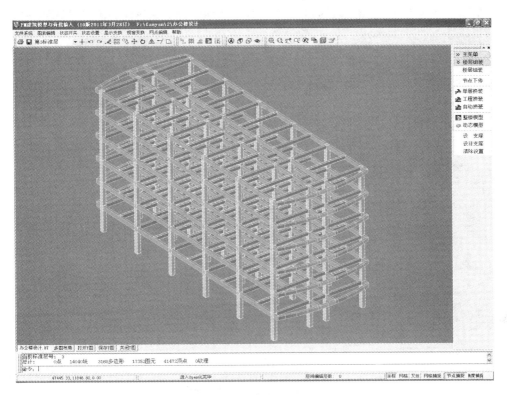

图 2.104 楼层整体模型显示

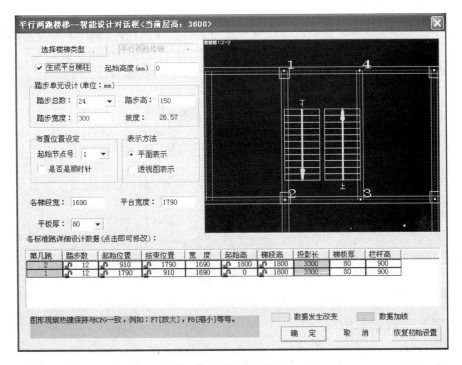

图 2.105 楼梯参数输入

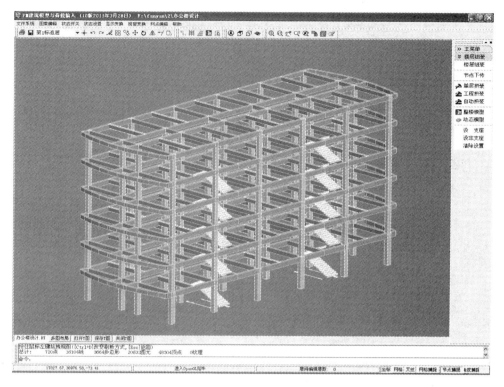

图 2.106 楼梯输入模型显示

9. 退出选项

通过上述操作完成建筑模型与荷载输入之后,单击【保存】|【退出】命令,选择【存盘退出】命令,弹出【请选择】对话框,选择【楼梯自动转换为梁(数据在 LT 目录下)】复选框,如图 2.107 所示,单击【确定】按钮,完成整个模型输入的全部工作。

图 2.107 【请选择】对话框

2.5.6 平面荷载显示校核

荷载校核主要是检查交互输入和自动导算的荷载是否准确,不会对荷载结果进行修改或重写,也有荷载归档的功能。双击主菜单【2 平面荷载显示校核】,进入主界面,如

图 2.108 所示。

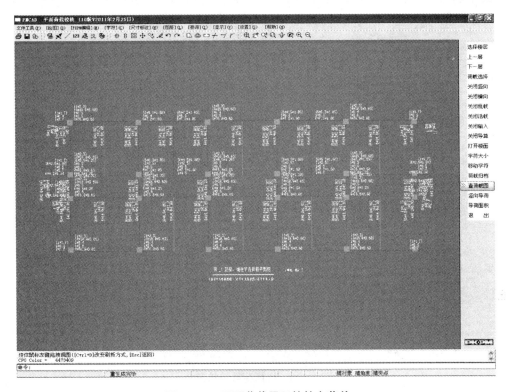

图 2.108　平面荷载显示校核主菜单

1. 人机交互荷载校核

1）楼面恒载和楼面活载校核

单击图 2.108 中的右侧屏幕菜单【荷载选择】弹出【荷载校核选项】对话框，在【荷载类型】中选择【恒载】、【活载】、【交互输入荷载】和【楼面荷载】复选框，显示方式为【图形方式】，其他选项如图 2.109 所示，单击【确定】按钮后屏幕显示荷载的输入数值如图 2.110 所示。图中显示荷载数值对比本例前文荷载输入数值，结果是一致的，说明荷载交互输入是正确的。

其余楼层采用同样方法完成楼面恒载和楼面活载校核工作。

2）梁上荷载

单击【荷载选择】命令弹出【荷载校核选项】对话框，在【荷载位置】中选择【主梁荷载】复选框，再在【荷载类型】中选择【恒载】、【活载】、【交互输入荷载】复选框，显示方式为【图形方式】，其他选项如图 2.111 所示，单击【确定】按钮后屏幕显示梁上荷载信息。图中显示荷载

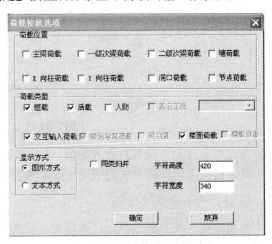

图 2.109　楼面荷载校核

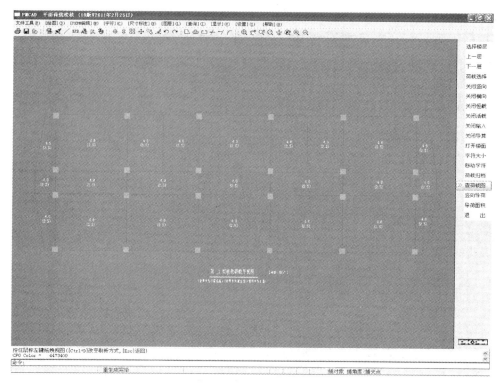

图 2.110　楼面荷载校核显示

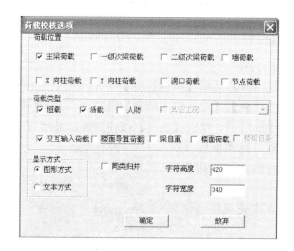

图 2.111　梁上荷载校核

数值对比之前【梁上荷载】输入数值，结果是一致的，说明梁上荷载的输入是正确的。其余楼层采用同样方法完成梁上荷载校核工作。

2. 楼面导算荷载校核

楼面导算荷载主要是程序自动将楼面板的荷载传导到周边的承重梁或墙上的荷载。下面以首层为例校核楼面导算荷载。

1) 梁上楼面导算恒载

操作方法与楼面荷载校核类似，单击【荷载选择】命令弹出【荷载校核选项】对话框，在【荷载位置】中选择【主梁荷载】复选框，再在【荷载类型】中选择【恒载】、【楼面导算荷载】复选框，显示方式为【图形方式】，其他选项如图 2.112 所示，单击【确定】按钮后屏幕显示梁上楼面导算恒载，如图 2.113 所示。

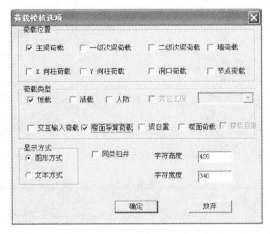

图 2.112 梁上楼面导算恒载

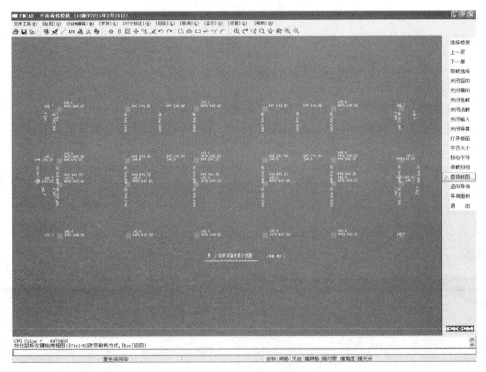

图 2.113 梁上楼面导算恒载校核显示

2) 梁上楼面导算活载

方法与梁上楼面恒载导算类似，选择【荷载校核选项】对话框中【活载】复选框，单击【确定】按钮后屏幕显示梁上楼面导算活载，如图 2.114 所示。

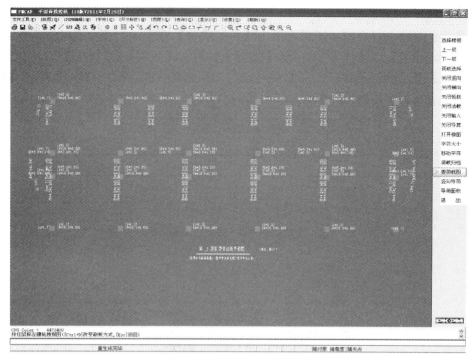

图 2.114　梁上楼面导算活载校核显示

3. 竖向导荷校核

本例中主要对柱上荷载进行校核。

1）恒载与活载

单击【竖向导荷】命令，出现【传导竖向荷载选项】对话框，选择内容如图 2.115 所示，单击【确定】按钮后图中显示恒载导算值。同样方法完成活载竖向导算。

2）荷载总信息

除了上述恒、活载竖向导荷外，在【传导竖向荷载选项】对话框中选择如图 2.116 所示的内容，在之后的【恒、活荷载组合分项系数】对话框中均填入 1，单击【确定】按钮后，能够得到楼层荷载的各种信息，如图 2.117 所示。

从图 2.117 中能够看出，首层平均每平方米荷载值为 $15.52 kN/m^2$，一般框架结构的平均面载均为 $14 kN/m^2$ 左右，通过数值可初步判断结果的正确性。

图 2.115　恒载竖向导荷选项

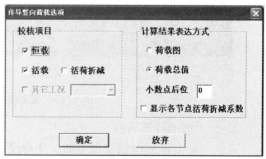

图 2.116　恒载竖向导荷显示

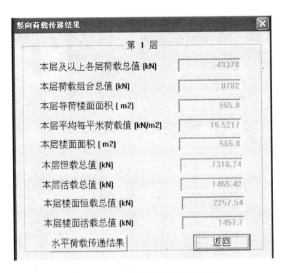

图 2.117 竖向荷载传递显示

2.5.7 画结构平面图

1. 参数定义

1) 计算参数

双击 PMCAD 的主菜单【3 画结构平面图】,进入结构平面图绘制主界面。单击【计算参数】命令弹出【楼板配筋参数】对话框,调整参数如图 2.118 所示,这里楼板钢筋级别选用 Ⅱ 级,双向板计算方法改为【塑性算法】,其他参数均取默认值,单击【确定】按钮完成对该选项卡的操作。

2) 绘图参数

单击【绘图参数】命令弹出【绘图参数】对话框,修改如图 2.119 所示,然后单击【确定】按钮完成对绘图参数对话框的操作。

2. 楼板计算

单击【楼板计算】|【自动计算】命令,程序自动完成楼板计算工作,窗口显示现浇板配筋面积图,如图 2.120 所示。可以选择右侧工具条中的【裂缝】、【剪力】等次级菜单查看各自的计算信息(图 2.121 和图 2.122)。

3. 进入绘图

1) 计算配筋

退回主菜单,屏幕显示当前结构标准层的平面模板图,单击屏幕主菜单【楼板钢筋】|【逐间布筋】,命令行提示:"请用光标点取房间",选取其中某一房间,程序自动完成配筋,如图 2.123 所示。采用相同方法完成其余各层楼板配筋。

2) 图面修整

图面修整的主要工作包括:标注构件尺寸、标注字符、标注轴线、钢筋调整、楼板剖面及图框插入等,具体工作可根据要求进行调整。

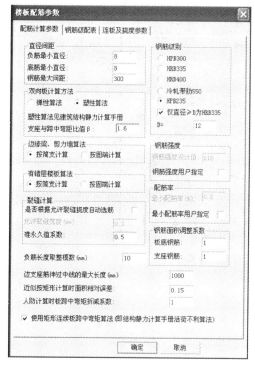

图 2.118 【配筋计算参数】选项卡　　　　图 2.119 【绘图参数】选项卡

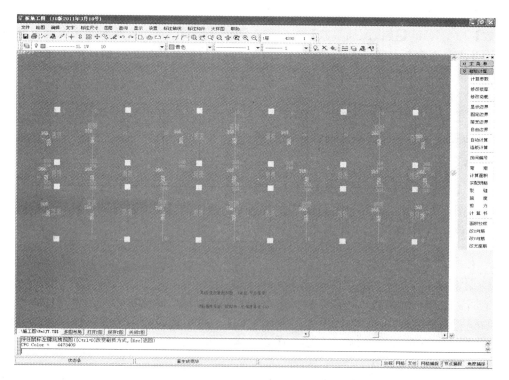

图 2.120 首层板配筋面积图显示

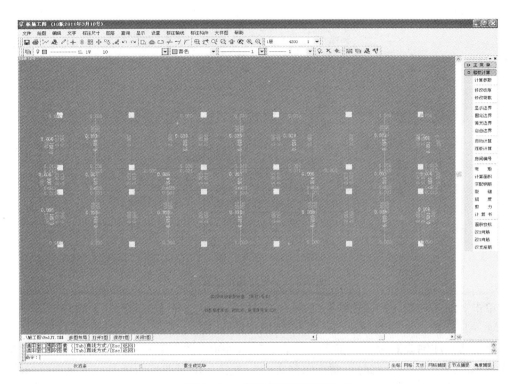

图 2.121　首层板裂缝显示图

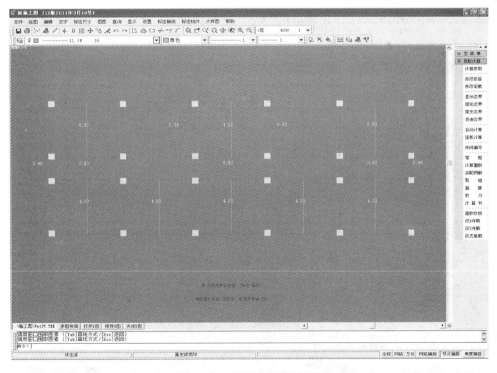

图 2.122　首层板挠度显示图

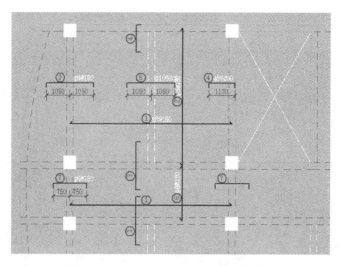

图 2.123 板局部配筋显示

单击上部工具条【标注轴线】命令,在下拉菜单中选择【自动标注】选项,程序按之前 PMCAD 中定义的轴线自动完成图形轴线标注。

单击【标注轴线】命令,在下拉菜单中选择【插入图框】选项,命令行提示:"请移动光标确定图框位置",此时可观查图框大小并通过 Tab 键改变图纸号,本例选 2 号图纸,单击合适位置,最后如图 2.124 所示完成绘图工作。此外,可单击【标注轴线】|【修改图签】命令,对下部图签中内容进行修改,其他图面整理工作均可采用类似方法完成,至

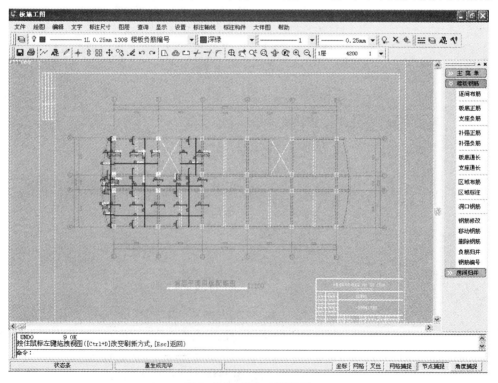

图 2.124 板施工图显示

此，完成本例 PMCAD 的全部工作。

思考题与习题

1. PMCAD 的基本功能有哪些？
2. 试述结构建模的一般步骤。
3. 如何建立某项工程的工作子目录？
4. 解释网格、网格线、节点、房间。
5. 什么是沿轴偏心、偏轴偏心？程序如何规定正负？
6. 当建模时发生节点过密情况，如何处理？
7. 构件定义包括哪些内容？
8. 进行构件布置时，次梁能否当主梁输入？
9. 如何进行楼梯洞口的布置？有几种方法？
10. 什么是结构标准层、荷载标准层？它们与自然层有何不同？
11. 楼层组装时，第 1 层的层高是否就取建筑层高？
12. 在输入荷载时，楼面恒荷载包含哪些内容？
13. 在【总信息】选项卡中，与基础相连的最大楼层号是指什么？
14. 计算振型个数如何选取？
15. 楼梯如何建模？
16. 如何检查荷载图？
17. 结构布置修改后，如何保留已经输入的外加荷载？

第 3 章
平面框架、排架及连续梁结构计算与施工图绘制软件——PK

教学目标

了解 PK 软件的应用范围。
熟练掌握单榀框架结构、排架结构计算的交互式输入的操作过程。
掌握结构分析及各种输出结果的应用。
熟练掌握平面框架及排架结构施工图的绘制。

教学要求

知识要点	能力要求	相关知识
PK 数据交互输入	(1) 各种参数的合理输入； (2) 梁、柱构件的输入； (3) 恒、活及风荷载的输入； (4) 框、排架结构的计算	各参数概念
施工图绘制	框、排架施工图的绘制	制图规范

PK 是框排架结构设计程序模块，它既可以按 PMCAD 建立的结构模型进行分析计算，也可以方便地使用其自身的交互建模功能单独建立结构模型并进行分析计算。它主要应用于平面杆系二维结构计算和接力二维计算的框架、连续梁、排架的施工图设计。本章首先对 PK 的基本操作进行全面介绍，而后通过一个实例给出 PK 分析的全过程。

3.1 基本功能和使用范围

3.1.1 PK 的基本功能

(1) 可对平面框架、框排架、排架结构进行包括地震作用、吊车荷载等作用的内力分析和效应组合，并对梁柱进行截面配筋、位移计算及柱下独立基础设计。

(2) 由 PMCAD 可生成任一轴线框架或任一连续梁结构的结构计算数据文件，从而省略人工准备框架计算数据的大量工作。另外，PMCAD 生成的数据文件后面还包含部分绘图数据，主要有柱对轴线的偏心、柱轴线号、框架梁上的次梁布置信息和连续梁的支座状况信息。因此用这种方式具有较高效率的数据自动传递功能，使操作大为简化。

（3）可对连续梁、桁架、空腹桁架、内框架结构进行结构分析和效应组合，对连续梁可进行截面配筋计算。

（4）PK 软件可处理正交或斜交。梁错层、抽梁抽柱、底层柱不等高、铰接屋面梁等各种情况，可在任意位置设置挑梁、牛腿和次梁，可绘制十几种截面形式的梁可绘制折梁、加腋梁、变截面梁、矩形梁、工字梁、圆形柱或排架柱，柱箍筋形式多样。

（5）PK 可与本系统的多层和高层建筑三维分析软件 TAT、空间有限元计算软件 SATWE 和特殊多层和高层计算软件 PMSAP 接口运行完成梁柱的绘图。此时，计算配筋取自 TAT、SATWE 或 PMSAP，而不是 PK 本身所带的平面杆系计算分析结果。

3.1.2 PK 的应用范围

1. 适用的结构形式

PK 程序适用于平面杆系的框架、复式框架、排架、框排架、连续梁、壁式框架、内框架、拱形结构、桁架等。结构中的杆件可为混凝土构件或其他材料构件，或二者混合构件，杆件连接可以为刚接也可以为铰接。对于钢结构，应采用钢结构设计软件 STS。

2. 应用范围

PK 程序的具体应用范围见表 3-1。

表 3-1 PK 程序的应用范围

序号	内容	应用范围	序号	内容	应用范围
1	总节点数	≤350	5	地震计算时合并的质点数	≤50
2	柱子数	≤330	6	跨数	≤20
3	梁数	≤300	7	层数	≤20
4	支座约束数	≤100			

3.2 PK 基本操作

双击桌面上的 PKPM 图标，即可启动 PKPM 主菜单，在菜单的专项分页上单击【结构】|【PK】，即可显示 PK 主界面，如图 3.1 所示。

从图 3.1 中可以看出，PK 的具体操作可概括为 3 个主要部分：模型输入、结构计算和施工图设计。下面对这 3 个部分主要的基本功能进行介绍。

1. 模型输入

对于模型的输入，程序提供了 2 种方式形成 PK 的计算模型文件。

第一种方式，即通过图 3.1 中的 PK 主菜单【1 PK 数据交互输入和计算】来实现结构模型的人机交互输入。进行模型输入时，可采用直接输入数据文件形式，也可采用人机交

图 3.1 PK 主界面

互输入方式。一般建议采用人机交互方式，由设计人员直接在屏幕上勾画框架和连梁的外形、尺寸，然后布置相应的截面和荷载，填写相关计算参数后即可完成。人机交互建模后也会生成描述该结构的文本数据文件。

第二种方式是利用 PMCAD 软件，从已建立的整体空间模型直接生成任一轴线框架或任一连续梁结构的结构计算数据文件，从而省略人工准备框架计算数据的大量工作。

PMCAD 生成数据文件后，还必须利用 PK 主菜单【1 PK 数据交互输入和计算】进一步补充绘图数据文件的内容，主要内容包括柱对轴线的偏心、柱轴线号、框架梁上的次梁布置信息和连续梁的支座状况等信息。建议绘图补充数据文件最好也采用人机交互方式生成。

2. 结构计算

计算模型输入完毕后，执行 PK 主菜单 1 中的次级菜单【计算】进行一般框架、排架、连续梁的计算工作。

3. 施工图设计

根据结构计算的结果，可以方便地进行施工图的绘制工作。在 PK 程序中，提供了多种方式来进行施工图设计，包括以下几种。

(1) PK 主菜单【2 框架绘图】：可实现框架梁柱整体施工图绘制。

(2) PK 主菜单【3 排架柱绘图】：可实现排架柱施工图绘制。

(3) PK 主菜单【4 连续梁绘图】：可实现连续梁施工图绘制。

(4) PK 主菜单【5 绘制柱施工图】、主菜单【6 绘制梁施工图】：适用于框架的梁和柱分开绘图情况。

（5）PK 主菜单【7 绘制柱表施工图】、主菜单【8 绘制梁表施工图】：适用于按梁表、柱表画图方式。

3.3 由 PMCAD 主菜单 4 形成 PK 文件

对于较规则的框架结构，其框架和连续梁的配筋计算及施工图绘制可用 PK 软件来完成，而 PK 计算所需的数据文件可直接通过 PMCAD 主菜单 4 生成。它可以生成平面上任一榀框架的数据文件和任一层上单跨或连续次梁按连续梁格式计算的数据文件。连续梁数据可一次生成能画在一张图上的多组数据，还可生成底部框架上部砖房结构的底层框架数据文件。并且，在文件后部还有绘图的若干绘图参数。

双击 PMCAD 主菜单【4 形成 PK 文件】，屏幕弹出【形成 PK 数据文件】对话框，如图 3.2 所示。程序提供了 3 种由 PMCAD 形成 PK 数据文件的方式。

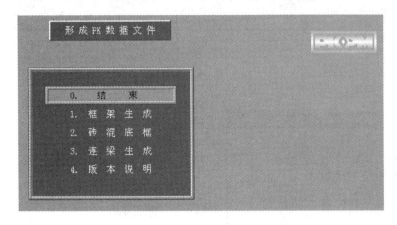

图 3.2 【形成 PK 数据文件】对话框

1. 框架生成

如单击【1. 框架生成】命令，则屏幕绘图区首先显示 PMCAD 建模生成的结构布置图，如图 3.3 所示。屏幕右侧有【风荷载】和【文件名称】两个选项。单击图 3.3 所示的屏幕菜单【风荷载】，将弹出如图 3.4 所示的【风荷信息】对话框，可用于输入风荷载的相关信息。风荷载输入时注意风力作用与建筑 X 方向夹角应与框架方向不垂直，否则迎风面积将为 0，不能计算出风力。当采用程序自动计算迎风面宽度时，若宽度不准确，可人工干预修正各层迎风面宽度，从而调整框架上的风力值。在图 3.4 中，【风荷载计算标志】值默认为 0，即不计算风荷载，如果将【风荷载计算标志】设置为 1 后，则图中风荷载作用下的"红色×"将变为"红色√"，即表示要计算风荷载。

单击图 3.3 中的【文件名称】命令，可以输入指定的文件名称，缺省生成的数据文件名称为 PK-轴线号。在屏幕下方提示："请输入要计算框架的轴线号"，在此输入要生成框架所在的轴线号。如要生成第 * 号轴线框架的数据文件，则输入"*"，程序自动返回如图 3.2 所示的菜单，单击【0. 结束】按钮，屏幕上会显示 * 轴线框架的立面和恒、活荷

图 3.3 结构布置图

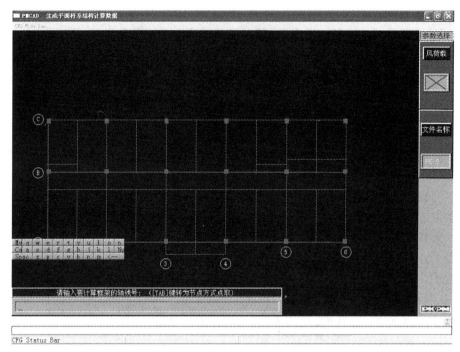

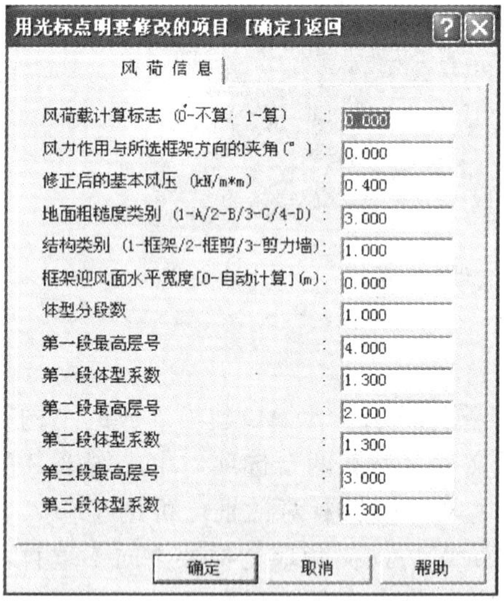

图 3.4 【风荷信息】对话框

载简图，确认无误后即可退出该界面，形成 PK 数据文件。

通过 PMCAD 形成 PK 数据文件后，可在 PK 主菜单中对各参数进行补充修改，而后可方便地进行计算分析。

2. 砖混底框

要生成上部砖房的底层框架数据，必须先执行砌体结构辅助设计主菜单【3 砌体信息及计算】。在底层框架中若有剪力墙，可选择将荷载不传给墙而加载到框架梁上，参加框架计算。若在执行砌体结构辅助设计主菜单【1 砌体结构建模与荷载输入】时，将抗震等级取为5级，则此时生成的 PK 数据中就不再包括地震力作用信息，仅含有上层砖房对框架的垂直力作用。

3. 连梁生成

如单击【3. 连梁生成】命令，则程序首先提示输入要计算连续梁所在的层号，输入层号并确认后，屏幕绘图区显示 PMCAD 建模生成的结构布置图，同时屏幕右侧显示【抗震等级】、【当前层号】、【已选组数】等次级菜单。

生成的连续梁数据文件一般应针对各层平面上布置的次梁或非框架平面内的主梁，它在连续梁画图时的纵筋锚固长度按非抗震梁选取,否则就必须由 SATWE 或 PMSAP 软件计算。

对于砖混底层框架顶部的连梁,在选取时会提示是否考虑上部砖房传下的荷载(此时必须先执行过砌体结构辅助设计主菜单【3 砌体信息及计算】,完成砖混抗震计算,并且在计算时定义底框层数为该层所在的层号)。如果考虑上部砖混荷载则程序自动单独做一次加载,把砖混荷载加至连梁上,但此时将不再考虑上部墙梁的折减作用。

[注意事项]:

程序生成的 PK 数据中,梁、柱的自重都不再包括,在恒载中都扣除了自重部分,杆件的自重一律由 PK 程序计算,但楼板的自重应在 PMCAD 的主菜单【1 建筑模型与荷载输入】中加在楼面荷载中。

3.4　PK 数据交互输入和计算

双击 PK 主菜单【1 PK 数据交互输入和计算】,屏幕弹出如图 3.5 所示的启动界面。进入 PK 前,首先要指定启动方式,PK 提供了【新建文件】、【打开已有交互文件】和【打开已有数据文件】3 种方式。

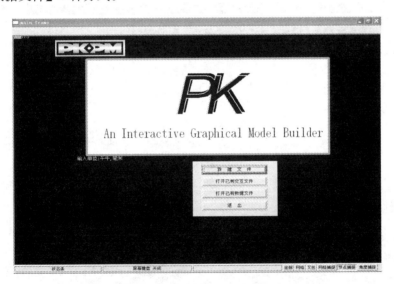

图 3.5　PK 主菜单 1 启动界面

1. 新建文件

单击图 3.5 中的【新建文件】命令,开始创建一个新的框、排架或连梁结构模型。建模前,首先要为人机交互建模文件命名,如图 3.6 所示。人机交互建模后就会生成一个工程名为 *.SJ 的文本文件。这样,就可以在下次修改该文件时采用【打开已有交互文件】方式进入 PK 操作界面。

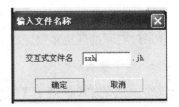

图 3.6　PK 输入文件名称

以【新建文件】方式启动 PK 后，采用与 PMCAD 绘制平面图相同的方式，用鼠标或键盘，在屏幕勾画出框排架立面图。框架立面由各种长度、各种方向的直线组成。首先，勾画出立面网格线；然后，再在立面网格上布置柱、梁构件；最后再布置恒、活、风荷载。输入中采用的单位均为 mm、kN。

2. 打开已有交互文件

单击图 3.5 中的【打开已有交互文件】命令，则会弹出一个对话框，选择已有的交互式文件。确定后，屏幕上会显示已有结构的立面图。

3. 打开已有数据文件

如果是从 PMCAD 主菜单【4 形成 PK 文件】生成的框架、连续梁或底框的数据文件，或是以前用手工填写的结构计算数据文件，则可选择图 3.5 中的【打开已有数据文件】方式进入。数据文件名为"工程名.SJ"。

根据实际情况，从以上 3 种方式中选择一种，则会弹出如图 3.7 所示的【PK 数据交互输入】屏幕显示，右侧为屏幕菜单。如果该工程是以前输入的旧文件，或是选择【打开已有交互文件】、或是【打开已有数据文件】读入的结构数据文本文件，则会在屏幕绘图区显示该工程的立面简图；如果为新工程，则屏幕绘图区为空。

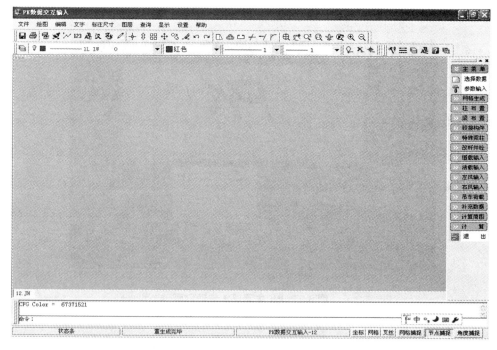

图 3.7 【PK 数据交互输入】屏幕显示

通过右侧的屏幕菜单完成 PK 的计算分析工作，各项菜单项含义如下。

1. 选择数据

2010 版的 PK 提供了【选择数据】菜单。单击【选择数据】菜单，则弹出如图 3.5 所示的【文件选择】界面，其提供 3 种方式，具体操作同本节。

2. 网格生成

利用【网格生成】菜单，可以采用与 PMCAD 交互输入相同的方式勾画出框架或排架的立面网格线，此网格线应是柱的轴线或梁的顶面。单击图 3.7 中的【网格生成】命令，弹出其子菜单，如图 3.8 所示。

单击图 3.8 中的【框架网格】命令，弹出的对话框如图 3.9 所示，输入实际工程合适的数据，可迅速建立一个规整的框架网线，再经过修改，就可以形成需要的框架立面网格。单击图 3.8 中的【排架网格】命令，弹出的对话框如图 3.10 所示，可进行两类排架设计。单击图 3.8 中的【屋架网格】命令，弹出的对话框如图 3.11 所示，可进行 4 类屋架设计。其余各项菜单的操作与 PMCAD 中命令基本相同，这里不再赘述。

3. 柱布置

单击图 3.7 中的【柱布置】命令，弹出其子菜单，如图 3.12 所示。其操作与 PMCAD 建模基本相同，现介绍如下。

图 3.8 【网格生成】子菜单

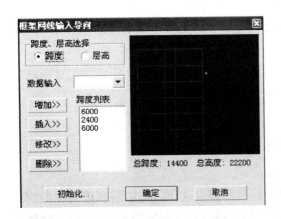

图 3.9 【框架网线输入导向】对话框

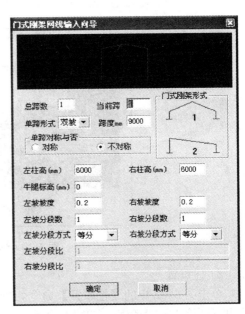

图 3.10 【门式刚架网线输入向导】对话框

1）截面定义

PK 提供了多种截面类型，如矩形截面柱、工形截面柱、圆形截面柱等。单击图 3.12 中的【截面定义】命令，再单击【增加】按钮，弹出的对话框如图 3.13 所示。根据工程实际选择截面类型，并进行截面参数设置，完成后程序会在表格中显示已定义的截面类型及相关参数。

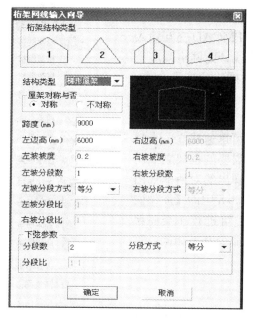

图 3.11 【桁架网线输入向导】对话框

图 3.12 【柱布置】子菜单

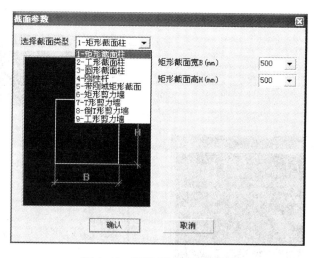

图 3.13 【截面参数】对话框

2) 柱布置

单击图 3.12 中的【柱布置】命令,则弹出柱截面列表选项,选中需布置的柱截面后弹出【柱偏心】对话框,如图 3.14 所示。输入相应的偏心值(左偏为正),而后选择网格轴线,即可完成柱的布置工作。在同一网格或轴线上,布置新的截面后将会自动替换原来的柱截面。

图 3.14 【柱偏心】对话框

3) 偏心对齐

多层框架柱存在偏心时,用【偏心对齐】命令可简化偏心的输入,即只需输入底层柱的准确偏心,上面各层柱的偏心可通过左对齐、中对齐和右对齐 3 种方式自动由程序求出。左(右)对齐就是指上面各层柱左(右)边线与底层柱左(右)边对齐,中对齐是指上下柱中线对齐。

4) 计算长度

具体的计算长度系数可参考《混凝土结构设计规范》(GB 50010—2010)第 6.2.20 条的规定选取。对于采用现浇楼盖的框架结构,底层柱计算长度为 $1.0H$,其他层为 $1.25H$;对于采用装配式楼盖的框架结构,底层柱计算长度为 $1.25H$,其他层为 $1.5H$,H 为结构层高。另外,也可对计算长度进行人为指定,单击图 3.12 中的【计算长度】命令,弹出其子菜单,如图 3.15 所示,包括对构件平面内、平面外计算长度的指定。

图 3.15 【计算长度】子菜单

5) 支座形式

该菜单项用来修改连续梁的支座类型,其支座可以是柱、砖墙或梁。

4. 梁布置

1) 梁的定义与布置

单击图 3.7 中的【梁布置】命令,弹出其子菜单,如图 3.16 所示。梁布置的具体操作与柱布置相同,布置时程序将梁顶面与网格线齐平;须注意的是梁布置无偏心操作。

2) 挑耳定义

可以通过该菜单定义所需梁截面的形状,单击图 3.16 中的【挑耳定义】命令,弹出【截面形状定义和布置】对话框,如图 3.17 所示。程序提供了 15 种梁的截面形式,可通过单击【新增截面】按钮来完成梁截面的选定。几种常见截面类型如图 3.18 所示,每种截面对应的尺寸可通过对话框右侧的参数列表来完成输入。

图 3.16 【梁布置】子菜单

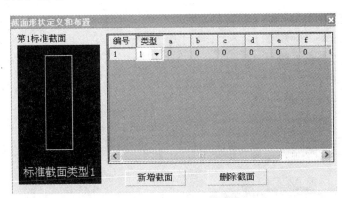

图 3.17 【截面形状定义和布置】对话框

3) 次梁

通过【次梁】菜单可直接布置梁上次梁。单击图 3.16 中的【次梁】菜单,弹出如图 3.19 所示的子菜单。单击图 3.19 中的【增加次梁】命令,然后按程序提示选择完需要增

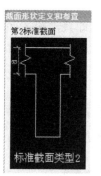 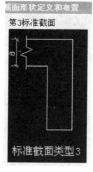 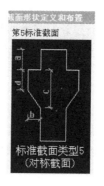 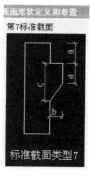 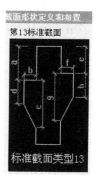

图 3.18 常见的标准截面类型

图 3.19 【次梁】子菜单

加次梁的主梁后,屏幕弹出如图 3.20 所示的【次梁数据】对话框,利用该对话框输入次梁数据,程序可利用输入的次梁集中力设计值,自动计算次梁处的附加箍筋和吊筋。当计算箍筋加密已满足要求时,不再设吊筋。

5. 铰接杆件

该菜单可用于布置梁或柱构件的铰接节点,单击图 3.7 中的【铰接构件】命令,弹出的子菜单如图 3.21 所示,铰接信息包括左下端铰接、右上端铰接、两端铰接,绘图区以白色圆圈表示铰接。对布置好的铰节点还可进行删除操作。

6. 特殊梁柱

单击图 3.7 中的【特殊梁柱】命令,弹出如图 3.22 所示的子菜单。通过该菜单可方便地定义底框梁、框支梁、受拉压梁、中柱、角柱和框支柱等构件的信息,在计算特殊梁柱的配筋时需要用到这些信息。

图 3.20 【次梁数据】对话框   图 3.21 【铰接构件】子菜单   图 3.22 【特殊梁柱】子菜单

7. 改杆件混凝土

该菜单提供了对梁和柱混凝土强度等级的修改。单击图 3.7 中的【改杆件砼】命令,弹出的子菜单如图 3.23 所示，可以对个别梁和柱分别指定混凝土的强度等级。

8. 恒、活载输入

通过该菜单可进行节点、柱间、梁间恒载的输入和删除操作。单击图 3.7 中的【恒载输入】命令，弹出的子菜单如图 3.24 所示。

图 3.23 【改杆件砼】子菜单

【节点恒载】命令可输入作用在节点上的弯矩、竖向力、水平力 3 个数值，再选择加载节点荷载的具体节点。每个节点上只能加载一组节点荷载，后加的一组会取代前一组。

其他菜单项操作方法与 PMCAD 交互建模中的操作基本相同。单击图 3.24 中的【梁间恒载】命令，弹出对话框，如图 3.25 所示；单击图 3.24 的【柱间恒载】命令，弹出对话框，如图 3.26 所示。从图 3.25 和图 3.26 能够看出，程序提供了多种加载方式以方便设计选择。

【活载输入】方法与恒载相同，不再赘述。

图 3.24 【恒载输入】子菜单

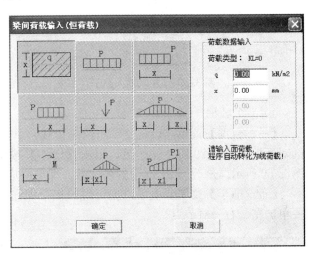

图 3.25 【梁间荷载输入】对话框

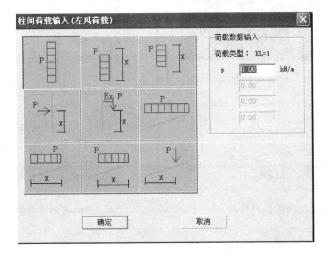

图 3.26 【柱间荷载输入】对话框

9. 左风输入、右风输入

这两项菜单用于输入节点左(右)风和柱间左(右)风。也可以通过输入左(右)风信息由程序自动布置，单击图 3.7 中的【左风输入】命令，弹出子菜单如图 3.27 所示。

10. 吊车荷载

排架结构中还有一种特殊荷载即吊车荷载。单击图 3.7 中的【吊车荷载】命令，弹出的子菜单如图 3.28 所示。利用该菜单可完成吊车荷载的输入和修改操作。次级菜单包括【吊车数据】、【布置吊车】、【删除吊车】等命令。

图 3.27 【左风输入】子菜单　　　　图 3.28 【吊车荷载】子菜单

1) 吊车数据

【吊车数据】菜单用以定义一组吊车荷载。单击图 3.28 中的【吊车数据】命令，弹出的对话框如图 3.29 所示。然后，单击【增加】按钮，弹出【吊车参数输入】对话框，如图 3.30 所示。修改图 3.30 中的各参数，即可完成一组吊车荷载的定义。

【布置吊车】菜单要由用户把每组吊车荷载布置到框架上，布置每组吊车荷载时，需要单击左、右一对节点。

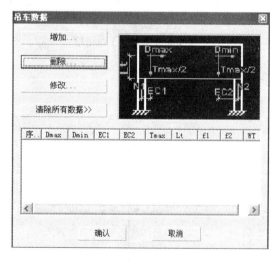
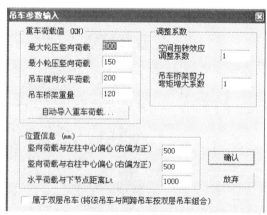

图 3.29 【吊车数据】对话框　　　　图 3.30 【吊车参数输入】对话框

2) 抽柱排架

单击图 3.28 中的【抽柱排架】命令，弹出的子菜单如图 3.31 所示。抽柱排架吊车荷载用来输入吊车荷载作用于多跨的吊车荷载数据。单击图 3.31 中的【吊车数据】命令，然后单击【增加】按钮，弹出的对话框如图 3.32 所示。

注意：吊车梁和轨道产生的自重为恒荷载，应作为节点荷载中的竖向力及竖向力产生的偏心弯矩输入。

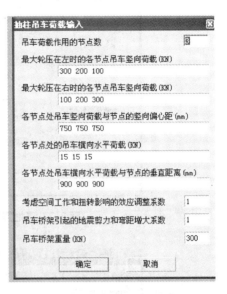

图 3.31 【抽柱排架】子菜单　　　　　图 3.32 【抽柱吊车荷载输入】对话框

11. 参数输入

当所有荷载输入完毕后，还需要对结构的总体计算参数进行输入。单击图 3.7 中的【参数输入】菜单，弹出 5 个选项卡，包括【总信息参数】、【地震计算参数】、【结构类型】、【分项及组合系数】、【补充参数】。各选项卡的参数设置分别如图 3.33～图 3.37 所示。

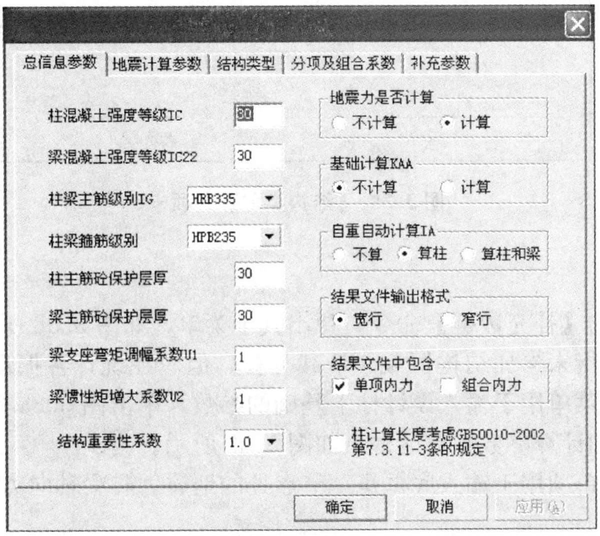

图 3.33 【总信息参数】选项卡

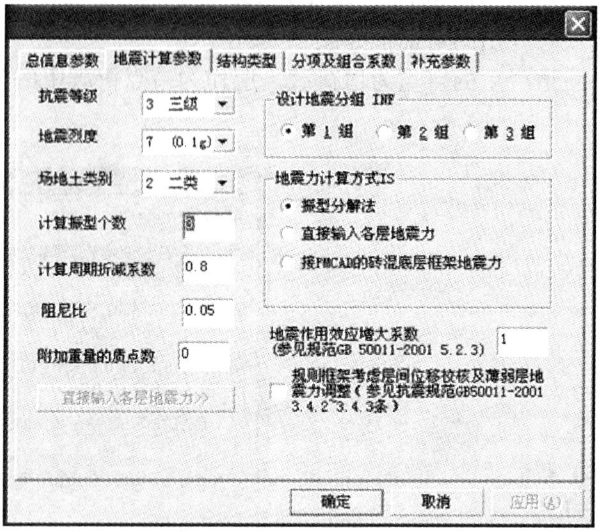

图 3.34 【地震计算参数】选项卡

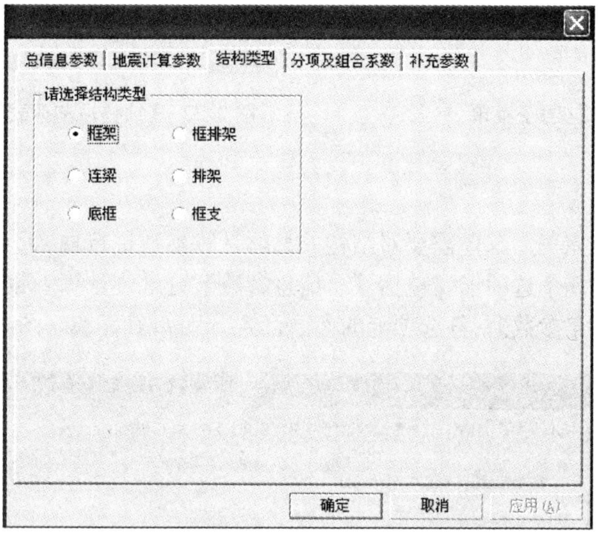

图 3.35 【结构类型】选项卡

12. 补充数据

单击图 3.7 中的【补充数据】命令，弹出其子菜单，如图 3.38 所示。

【附加重量】是指未参加结构恒载、活载分析，但应在统计各振动质点重量时计入的重量。【基础参数】菜单用于输入设计柱下基础的参数，单击图 3.38 中的【基础参数】命令，弹出【输入基础计算参数】对话框，如图 3.39 所示。

【底框数据】菜单项用于输入底框每一节点处的地震力和梁轴向力。

13. 计算简图

单击图 3.7 中的【计算简图】命令，可对已建立的几何模型和荷载模型作检查，当出

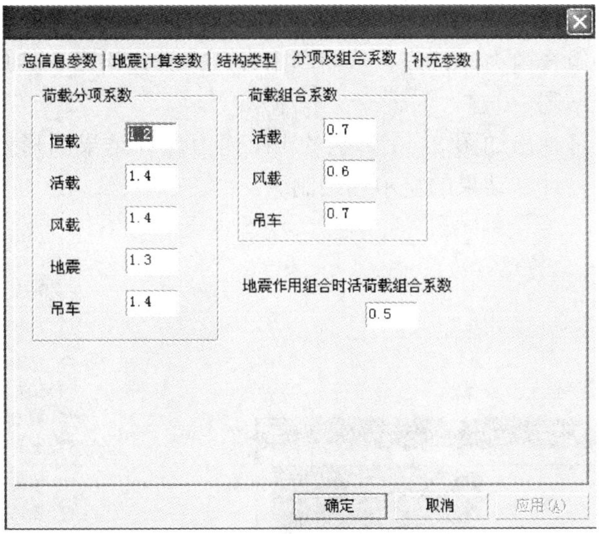

图 3.36 【分项及组合系数】选项卡

现不合理的数据时,程序会暂停,屏幕上会显示出错误的内容,指示错误的数据在哪一部分、哪一行和该数据值。判断无误后,选择【正确】菜单,程序将依次输出框架立面荷载、恒载、活载、左风载、右风载、吊车荷载简图。

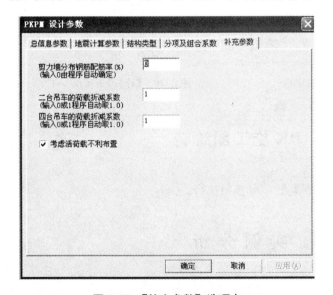

图 3.37 【补充参数】选项卡

图 3.38 【补充数据】子菜单

14. PK 框、排架结构计算

完成 1~13 的工作后,可进行框、排架结构计算。单击图 3.7 中的【计算】命令,屏幕提示:"输入计算结果文件名",若键入一个文件名,则计算结果都将存到这个文件里。缺省文件名为 PK11.OUT,每次计算采用隐含的计算结果文件名 PK11.OUT,可以节省存储空间,待最终确定了计算结果需要保留时可改名保存。

命名好计算结果文件后,程序自动进行结构计算。程序采用矩阵位移法先计算出各组荷载标准值作用下构件的分组内力标准值，再按《建筑结构荷载规范》进行荷载效应组合，得到构件的各种组合内力设计值，从而画出设计内力包络图，然后进行构件截面的配筋计算，形成配筋包络图。

计算完毕后，屏幕弹出如图3.40所示的PK内力计算结果图形输出选择菜单，选择对应选项即可实现各种计算结果的显示和绘制。

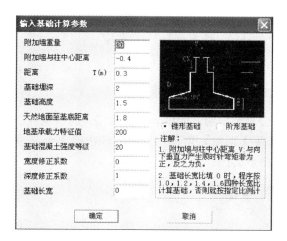

图3.39 【输入基础计算参数】对话框　　　　图3.40 【计算】子菜单

3.5　PK 施工图绘制

PK施工图绘制的具体操作与第7章类似，可参照执行。

3.6　实 例 分 析

以第2.5节的多层框架办公楼为例，通过【交互输入】方式来形成PK文件，单榀框架选取第②轴，楼层荷载取值、构件截面分别见表2-3～表2-5。操作步骤如下。

1. 第一步：创建文件，启动界面

在PK主菜单下，选择主菜单【1 PK数据交互输入和计算】，选择【新建文件】方式启动，命名交互式文件名称为PK1，单击【确定】按钮后进入人机交互界面。

2. 第二步：网格生成

建立一个3跨6层的二维网格，具体跨度为：(6m+2.4m+6m)；首层层高为4.2m，其余楼层层高均为 3.6m；【网格生成】的屏幕显示，如图 3.41 所示。

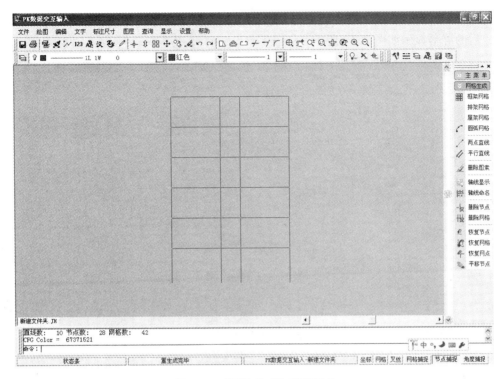

图 3.41 【网格生成】屏幕显示

3. 第三步：柱布置

生成网格后可进行柱子的布置。首先定义柱截面，如图 3.42 所示；定义截面后，即可进行柱布置。注意柱的偏心处理，下柱偏心为 150mm，上柱偏心为 125mm；用户也可通过【偏心对齐】命令对偏心进行调整。

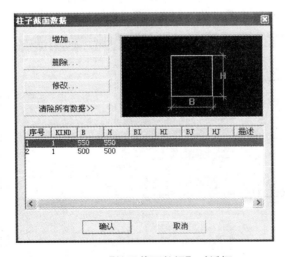

图 3.42 【柱子截面数据】对话框

4. 第四步：梁布置

完成柱的布置后，定义梁截面并完成梁的布置工作，具体操作同【柱布置】。梁柱布置完成后的屏幕显示如图 3.43 所示。

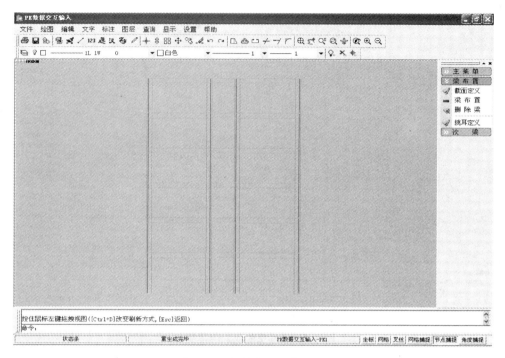

图 3.43　梁柱布置屏幕显示

5. 第五步：恒载输入

完成构件的定义后，可进行荷载的输入。在交互输入主菜单下单击【恒载输入】命令，用以输入竖向均布荷载和梁间隔墙荷载。对于竖向均布荷载，选用第一种荷载输入方式，即【输入面荷载，程序自动转换为线荷载】，具体如图 3.44 所示；而对于梁间隔墙荷

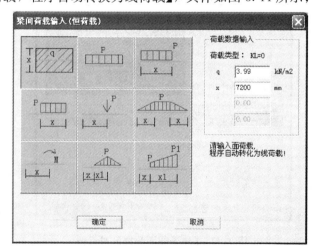

图 3.44　梁间荷载(楼面)输入

载采用第二种方式(KL=1)完成输入,如图 3.45 所示,具体荷载数值按第 2.5 节定义的荷载进行输入。恒载输入最终效果如图 3.46 所示。

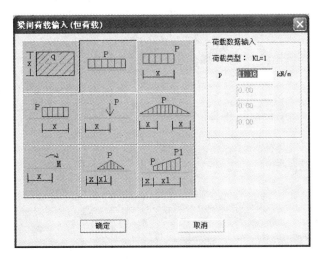

图 3.45　梁间荷载(隔墙)输入

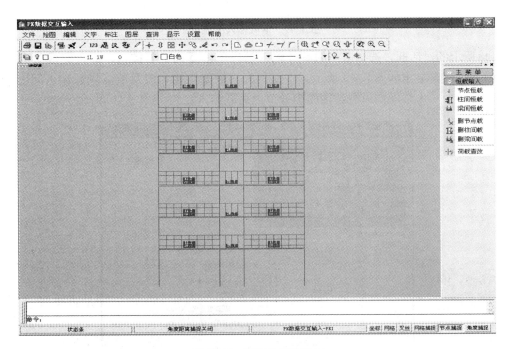

图 3.46　恒载输入图显示

6. 第六步:活载输入

采用与恒载输入相同的方法输入楼面活载,最终效果如图 3.47 所示。

7. 第七步:左(右)风输入

在交互输入主菜单下单击【左风输入】命令,并单击【自动布置】命令,出现如

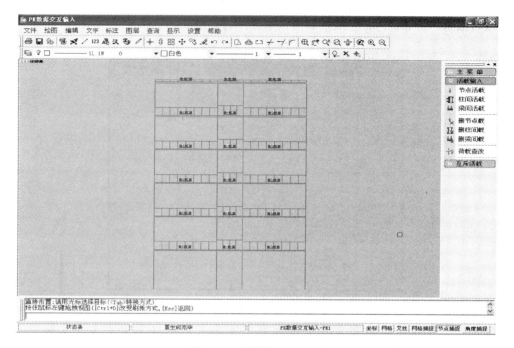

图 3.47 活载输入图显示

图 3.48 所示的对话框，选择适当的参数输入后，单击【确定】按钮，即可完成竖向风荷载的输入，屏幕显示如图 3.49 所示。本实例为一框架结构，涉及节点风载输入问题。若为坡屋面，应考虑将屋面风载转为屋檐处节点荷载输入。

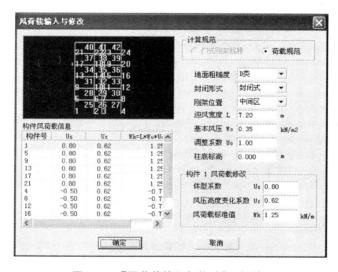

图 3.48 【风荷载输入与修改】对话框

8. 第八步：参数输入

完成第一步至第七步的工作后，在交互输入主菜单下单击【参数输入】命令，弹出 5 个选项卡，分别对选项卡【总信息参数】、【地震计算参数】、【结构类型】、【分项及组合系数】进行计算参数的设置，如图 3.50～图 3.53 所示。

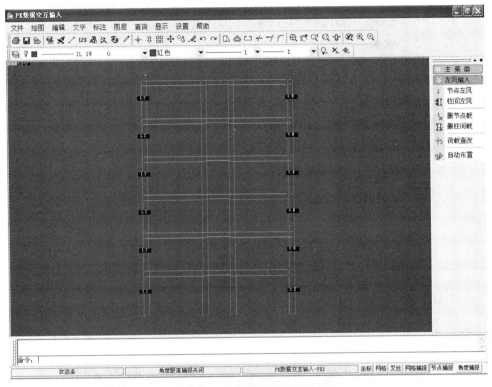

图 3.49 风荷载输入屏幕显示

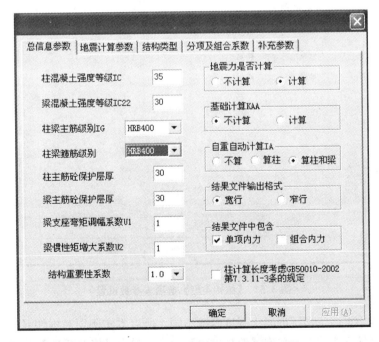

图 3.50 【总信息参数】选项卡参数设置

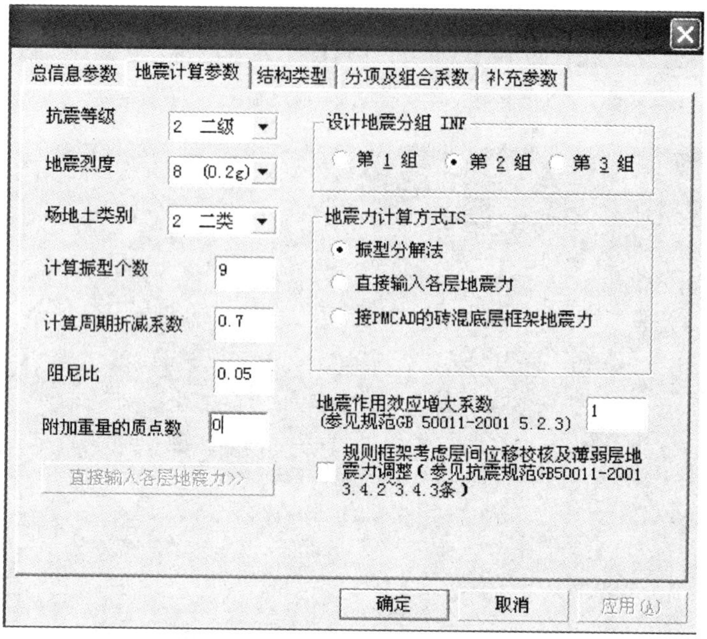

图 3.51 【地震计算参数】选项卡参数设置

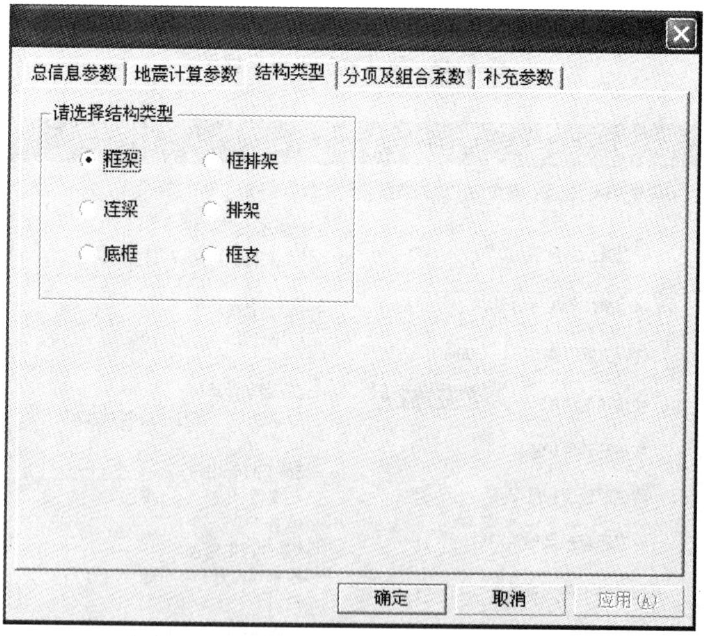

图 3.52 【结构类型】选项卡参数设置

注意到结构中上、下楼层混凝土强度等级不同,所以本实例须对构件混凝土强度等级进行调整。在交互输入主菜单下单击【改杆件砼】命令,弹出【修改梁砼】和【修改柱砼】子菜单,分别对框架梁、柱混凝土强度等级进行修改,得到如图 3.54 所示的屏幕显示图。

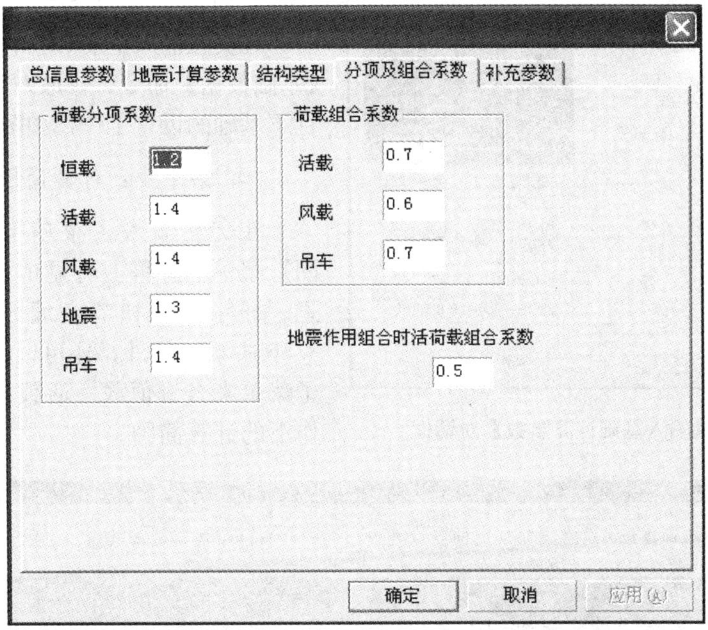

图 3.53 【分项及组合系数】选项卡参数设置

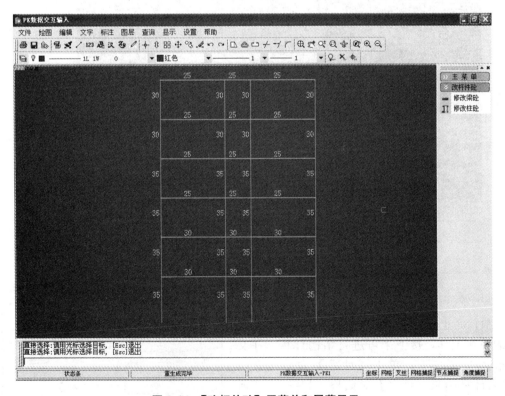

图 3.54 【改杆件砼】子菜单和屏幕显示

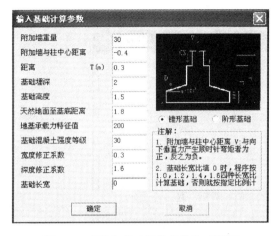

图 3.55 【输入基础计算参数】对话框

9. 第九步：补充数据

在交互输入主菜单下单击【补充数据】|【基础数据】命令，修改对话框中数据完成柱下基础的设置工作，如图 3.55 所示。

10. 第十步：计算简图

在交互输入主菜单下单击【计算简图】菜单，屏幕上可显示各构件的截面信息、杆件编号和节点编号等内容，如图 3.56 所示；另外，还可以通过屏幕右侧的子菜单来查看恒载、活载、左（右）风荷载作下的计算简图。

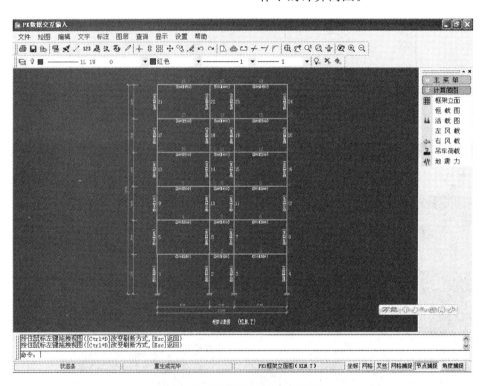

图 3.56 【计算简图】屏幕显示

11. 第十一步：结构计算

执行完上述操作后，即完成了整榀框架模型的输入工作，接下来可进行结构计算。在交互输入主菜单下，单击【计算】命令，弹出【输入计算结果文件名】对话框，如图 3.57 所示，单击 OK 按钮，完成文件名的输入工作，开始计算分析。

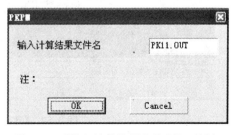

图 3.57 【输入计算结果文件名】对话框

计算完成后,屏幕出现如图 3.58~图 3.61 所示的图形显示,可以查看结构在各种荷载工况下内力和配筋以及计算结果文件。选择图 3.58 所示的屏幕右侧菜单【计算结果】,可以查看计算结果文本文件 PK11.OUT,如图 3.62 所示。

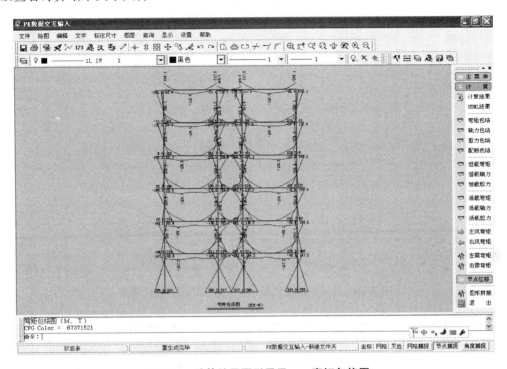

图 3.58 计算结果图形显示——弯矩包络图

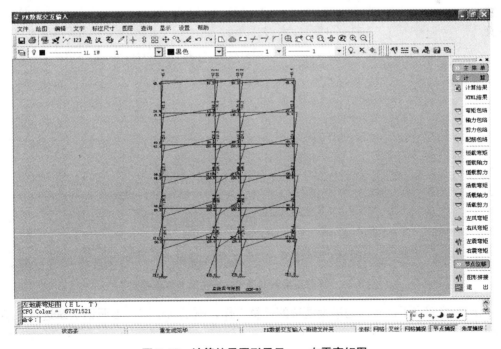

图 3.59 计算结果图形显示——左震弯矩图

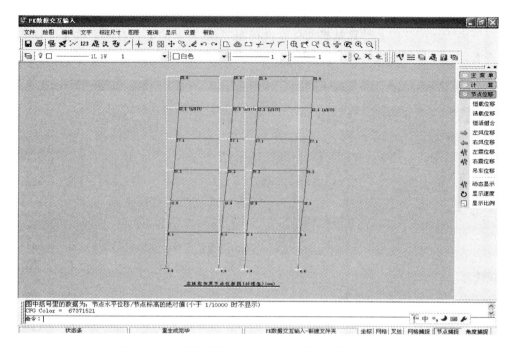

图 3.60　计算结果图形显示——地震作用节点位移图

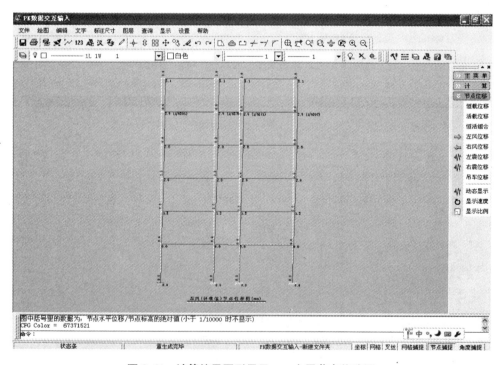

图 3.61　计算结果图形显示——左风节点位移图

至此，即完成了该实例的平面框架的计算工作，施工图绘制可参照第 7 章进行，不再赘述。

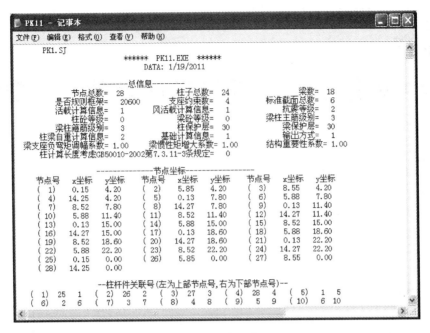

图 3.62 计算结果文本文件 PK11.OUT

思考题与习题

1. PK 模块的主要功能是什么？
2. PK 模块的应用范围是什么？
3. 试绘制第 3.6 节实例的框架柱施工图。
4. 试绘制第 3.6 节实例的第二层框架梁施工图。
5. 试述 PK 与三维计算软件 SATWE、PMSAP 接口时的具体操作步骤。

第4章
结构空间有限元分析与设计软件——SATWE

> **教学目标**

了解 SATWE 程序的基本功能。
掌握计算参数的合理选取方法。
熟练掌握结构整体分析与构件内力配筋计算。
理解 SATWE 分析结果图形和文本显示。

> **教学要求**

知识要点	能力要求	相关知识
SATWE 基本功能	了解 SATWE 程序的基本功能	基本功能
SATWE 数据生成	(1) 掌握 SATWE 前处理基本参数的输入; (2) 了解 SATWE 的数据生成	结构分析基本参数 特殊构件定义 相关规范
计算与分析	掌握计算控制参数的合理选用	层刚度比概念 地震作用分析方法概念
结果的图形和文本显示	(1) 掌握 SATWE 后处理图形文件输出; (2) 掌握 SATWE 后处理文本文件输出	结果的合理性判断

SATWE 软件是专门为高层结构分析与设计而开发的基于壳元理论的三维组合结构有限元分析软件。其核心是解决剪力墙和楼板的模型化问题,尽可能地减小其模型化误差,提高分析精度,使分析结果能够更好地反映出高层结构的真实受力状态。

4.1 SATWE 的程序特点、适用范围及功能介绍

4.1.1 SATWE 的程序特点

SATWE 程序采用空间杆-墙元模型,即采用空间杆单元模拟梁、柱及支撑等杆件,用在壳元基础上凝聚而成的墙元模拟剪力墙。墙元专门用于模拟高层建筑结构中的剪力墙,对于尺寸较大或带洞口的剪力墙,由程序自动进行细分,然后用静力凝聚原理将由于

墙元的细分而增加的内部自由度消去,从而保证墙元的精度和有限的出口自由度。这种墙元对于剪力墙洞口(仅考虑矩形洞)的大小及空间位置无限制,具有较好的适应性。墙元不仅具有平面内刚度,而且具有平面外刚度,可以较好地模拟实际工程中剪力墙的实际受力状态。

对于楼板,该程序采用了4种简化假定,即楼板整体平面内无限刚性;楼板分块平面内无限刚性;楼板分块平面内无限刚性带有弹性连接板带;弹性楼板、平面外刚度均假定为零。与上述几种假定对应可选用【刚性楼板】、【弹性楼板6】、【弹性楼板3】和【弹性膜】等。在应用时,应根据工程实际情况和分析精度要求,选用其中的一种或几种类型。

SATWE前接PMCAD程序,完成整体结构建模。SATWE前处理模块读取PMCAD生成的整体结构的几何及荷载数据,补充输入SATWE的特有信息,诸如特殊构件(弹性楼板、转换梁、框支柱)、温度荷载、吊车荷载、特殊风荷载、多塔以及局部修改原有材料强度、抗震等级或其他相关参数,完成墙元和弹性楼板单元自动划分等。

SATWE以PK、JCCAD、BOX等为后续程序。由SATWE完成内力分析和配筋计算后,可接墙、梁、柱施工图模块绘制墙、梁、柱施工图,并可为基础设计软件JCCAD和箱形基础设计BOX提供基础刚度及柱、墙底组合内力作为各类基础理论的设计荷载,同时自身具有强大的图形处理功能。

4.1.2 SATWE的适用范围

SATWE的适用范围见表4-1。

表4-1 SATWE的适用范围

序号	内容	适用范围	序号	内容	适用范围
1	结构层数	≤200	5	每层墙数	≤3000
2	每层刚性楼板数	≤99	6	每层支撑数	≤2000
3	每层梁数	≤8000	7	每层塔数	≤9
4	每层柱数	≤5000	8	结构总自由度	不限

4.1.3 SATWE的功能介绍

SATWE——适用于各种复杂体型的高层钢筋混凝土框架、框架剪力墙、剪力墙、筒体等结构,以及钢-混凝土混合结构和高层钢结构。其主要功能如下。

(1)可自动读取PMCAD的建模数据、荷载数据,并自动转换成SATWE所需的几何数据和荷载数据格式。

(2)可完成建筑结构在恒荷载、活荷载、风荷载以及地震作用下的内力分析、动力时程分析和荷载效应组合计算;可进行活荷载不利布置计算;可将上部结构与地下室作为一个整体进行分析。

(3)对于复杂体型高层建筑结构,可进行耦联抗震分析和动力时程分析;对于高层钢结构建筑，考虑了 P-Δ 效应；具有模拟施工加载过程的功能，并可以考虑梁上的活荷载不利布置作用。

（4）空间杆单元除了可以模拟一般的梁、柱外，还可模拟铰接梁、支撑等杆件；梁、柱及支撑的截面形状不限，可以是各种异形截面。

（5）结构材料可以是钢、混凝土、型钢混凝土、钢管混凝土等。

（6）考虑了多塔结构、错层结构、转换层及楼板局部开大洞等情况，可以精细地分析这些特殊结构；考虑了梁、柱的偏心及刚域的影响。

（7）SATWE 计算完以后，可接力施工图设计软件绘制梁、柱、剪力墙施工图。

（8）可为 PKPM 系列中基础设计软件 JCCAD 提供底层柱、墙内力作为其组合设计荷载的依据，从而使各类基础设计中，数据准备的工作大为简化。

4.2 接 PM 生成 SATWE

SATWE 的主菜单如图 4.1 所示，主菜单【1 接 PM 生成 SATWE 数据】的主要功能就是在 PMCAD 生成数据文件的基础上，补充多高层结构分析所需的一些参数，并对一些特殊结构、特殊构件作相应设定，最后将上述所有信息自动转换成多高层结构有限元分析及设计所需的数据格式，生成几何数据文件 STRU.SAT、竖向荷载数据文件 LOAD.SAT 和风荷载数据文件 WIND.SAT，供 SATWE 的主菜单 2、3、4 调用。

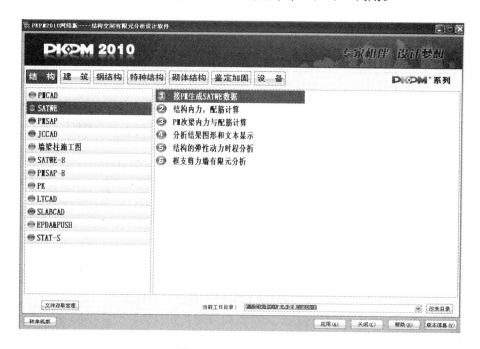

图 4.1　SATWE 主菜单

双击图 4.1 中的【1 接 PM 生成 SATWE 数据】后，则进入 SATWE 前处理菜单，弹出如图 4.2 所示的对话框，其内容共分为 9 项。

第4章 结构空间有限元分析与设计软件——SATWE

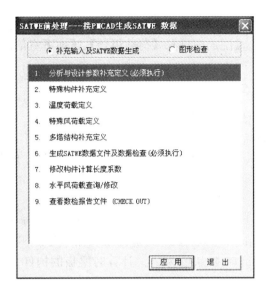

图 4.2 【接 PM 生成 SATWE 数据】对话框

4.2.1 分析与设计参数补充定义(必须执行)

单击图 4.2 中的【分析与设计参数补充定义】命令,弹出对话框,如图 4.3 所示。对

图 4.3 【总信息】选项卡

话框共有10项选项卡,分别为【总信息】、【风荷载信息】、【地震信息】、【活荷信息】、【调整信息】、【设计信息】、【配筋信息】、【荷载组合】、【地下室信息】和【砌体结构】。主要信息参数如下。

1. 总信息

图4.3所示为【总信息】选项卡。

(1) 水平力与整体坐标夹角(度):默认值为0。经计算,当结构分析所得地震作用最大方向大于15°时,宜输入计算角度值重新计算,计算值应与0度所得值进行比较,取最不利情况。

[注意事项]:

由于结构在不同方向上侧向刚度的差异,必然存在某个角度使得结构地震反应最大,最不利地震作用方向角可在SATWE软件计算结果文件WZQ.OUT中查到。

(2) 混凝土容重(kN/m^3):默认值为25。计算时梁板的构件自重、梁柱重叠部分均未扣除。

[注意事项]:

由于未考虑梁、柱、墙等构件表面的抹灰、装修层(包括钢构件表面的防火、防腐蚀涂层或外包轻质防火板材等)的重量,因此,可通过将钢筋混凝土材料容重乘以增大系数来考虑。

根据具体工程的装修情况,结构整体计算时,输入的钢筋混凝土材料的容重可取为$26\sim28kN/m^3$。

(3) 钢材容重(kN/m^3):默认值为78。考虑装修层的重量后,实际容重可取为$82\sim92kN/m^3$。

(4) 裙房层数:指主体结构周边的裙房层数,当无裙房时,输入0。

[注意事项]:

裙房是相对于塔楼而言的,它是塔楼结构(多塔结构或单塔结构)的组成部分。塔楼、裙房和地下室一起构成复杂的高层建筑结构。裙房层数应包括地下室层数(包括人防地下室层数)。例如,建筑物在±0.000以下有2层地下室,在±0.000以上有3层裙房,则在总信息的参数【裙房层数】项内应填5。

(5) 转换层所在层号:按自然层号输入,对于含地下室的结构应为包含地下室在内的层数。

[注意事项]:

当建筑物有地下室时,转换层所在层号也应从地下室算起。例如,建筑物有2层地下室,转换层位于地面以上第2层,则在【总信息】选项卡参数【转换层所在层号】项内应填4。

(6) 地下室层数:用于导算风荷载和设置地下室信息,由于地下室无风荷载作用,程序在计算中自动扣除地下室高度,按地下室实际层数输入。

[注意事项]:

在结构分析与设计中,上部结构与地下室应作为一个整体进行设计计算。当选择填入地下室层数后,程序将对结构作如下处理。

① 计算风力时,其高度系数要扣去地下室层数,风力在地下室处为0。

② 在总刚集成时，地下室各层的水平位移被嵌固，即地下室各层不产生平动。

③ 在抗震计算时，结构地下室不产生振动，地下室各层没有地震外力，但地下室各层亦承担上部传下的地震反应。

④ 在计算剪力墙加强区时，将扣除地下室的高度求上部结构的加强区部位，且地下室部分亦为加强部位。

⑤ 地下室同样要进行内力调整。

(7) 墙元细分控制最大控制长度：对于尺寸较大的剪力墙，在作墙元细分形成小壳元时，为确保分析精度，要求小壳元的边长不得大于给定限值 Dmax，程序限定 1.0≤Dmax≤5.0，隐含值为 Dmax=2.0。Dmax 对分析精度略有影响，但不敏感。对于一般工程，可取 Dmax=2.0，对于框支剪力墙结构，Dmax 可取略小些，例如 Dmax=1.5 或 1.0。

(8) 对所有楼层采用强制刚性楼板假定：指不论刚性板、弹性板或独立的弹性节点，只要位于该层楼面标高处的所有节点，在计算时都将强制执行刚性板假定。

[注意事项]：

选用刚性楼板假定可极大地减少结构的整体自由度数目，结构计算工作量大大减少，从而提高了工作效率。这一优点正是刚性楼板假定能够被广泛接受的主要原因。但是，由于该假定可能改变结构初始的分析模型，因此，其适用范围是有限的，一般仅在计算位移比和周期比时建议选择；而在进行内力分析和配筋计算时，仍要遵循结构的真实模型，才能获得正确的分析和设计结果，此时，不要选择该项参数。

(9) 强制刚性楼板假定时保留弹性板面外刚度：刚性楼板假定不考虑板面外刚度，而对于板柱体系的地下室，如果不考虑板的面外刚度将会影响柱内力计算，针对此种情况，程序提供了该项功能，选择此复选框后对已定义的弹性板 3 或 6，程序将保留板的面外刚度。

(10) 墙元侧向节点信息：一般工程选【出口节点】，剪力墙数量多的高层结构宜选【内部节点】。选【内部节点】时，计算精度会有一点点降低，但运算速度要快很多。

[注意事项]：

墙元侧向节点信息是墙元刚度矩阵凝聚计算时的一个控制参数。程序在自动划分剪力墙的单元时，保证上下层之间剪力墙单元节点对应连接，即剪力墙两端节点和剪力墙上下边的壳单元节点要对应相连。但对墙元两侧的中间节点，可由设计人员选择是否连接。SATWE 中的【墙元侧向节点信息】控制着是否连接。若选【出口节点】，则把墙元左右两侧边上的中间节点均作为出口节点，其优点是墙元的变形协调性好，分析结果符合剪力墙的实际，但计算量较大；若选【内部节点】，则把墙元左右两侧边上的中间节点作为内部节点而被凝聚掉，这时，带洞口的墙元两侧边中部的节点为变形不协调点，是对剪力墙的一种简化模拟，其精度略逊于【出口节点】，但效率较高，计算工作量比较少。对于一般工程，若无特殊要求，均可采用【内部节点】。

(11) 结构材料信息：下拉菜单共有 5 个选项，分别为【钢筋混凝土结构】、【钢与混凝土混合结构】、【有填充墙钢结构】、【无填充墙钢结构】、【砌体结构】。按实际结构类型选取，底框砖房结构归入砌体结构。

(12) 结构体系：按结构布置的实际状况确定。程序提供了 15 个选项，包括【框架结构】、【框剪结构】、【框筒结构】、【筒中筒结构】、【剪力墙结构】、【钢框架结构】、【部分框支剪力墙结构】、【单层钢结构厂房】、【多层钢结构厂房】、【板柱剪力墙结构】、【异形柱框架结构】、【异形柱框剪结构】、【配筋砌块砌体结构】、【砌体结构】和【底框结构】。确定结构类型即确定与其对应的有关设计参数。

(13) 恒活荷载计算信息：这是竖向荷载计算控制参数，可以选择【不计算恒活荷载】、【一次性加载】、【模拟施工加载1】、【模拟施工加载2】和【模拟施工加载3】等类型。

[注意事项]：

① 【一次性加载】：先假定结构已经完成，然后将荷载一次性加载到工程中，但实际工程中恒载在施工过程中是逐步施加的。该模型过高估计了竖向构件轴向变形影响，容易导致有的构件内力结果与实际受力状态相差较大，所以已经较少采用。

② 【模拟施工加载1】：加载过程如图4.4所示，假定结构已经存在，荷载采用分层加载的方式。它具有整体结构一次性加载模型的优点，反映了实际工作状态的一个方面，即本层加载对上部未建结构没有影响。但由于它所采用的结构刚度矩阵由所有构件单刚形成，上部尚未形成的结构过早地进入工作，极易导致下部若干层与实际出入较大。

③ 【模拟施工加载2】：先将竖向构件刚度放大10倍，然后再按【模拟施工加载1】进行加载。这样做的主要目的是为了削弱竖向荷载按刚度的重分配，使柱、墙上分得的轴力比较均匀，传给基础的荷载更为合理，使基础设计变得更为容易。【模拟施工加载2】并没有严格的理论基础，只能说是一种经验上的处理方式。工程经验不多，一般工程较少采用。

④ 【模拟施工加载3】：该种方法能够比较真实地模拟结构竖向荷载的加载过程（图4.5），即分层计算各层刚度后，再分层施加竖向荷载，能够较好地模拟实际工程的加载顺序，宜优先选用。

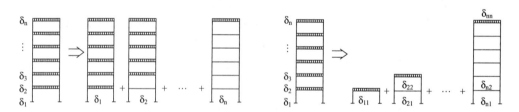

图4.4 【模拟施工加载1】的加载计算简图　　图4.5 【模拟施工加载3】的加载计算简图

(14) 风荷载计算信息：风荷载计算信息包括【不计算风荷载】、【计算风荷载】、【计算特殊风荷载】和【计算水平和特殊风荷载】4个选项。

[注意事项]：

PKPM提供了特殊风荷载的输入功能，并且能根据普通风荷载自动生成特殊风荷载，与普通风荷载相比，特殊风荷载有如下几个特点。

① 风荷载仅作用在建筑物外轮廓，且考虑了边节点和中间节点的不同，进行风荷载分配。

② 区分风荷载作用方向，即+X向与-X向分别计算。

③ 考虑了屋面风荷载，可以自己决定屋面风荷载的作用方向。

④ 可以考虑侧向风。

⑤ 与普通风荷载计算方法相比，特殊风荷载计算更加精细。

(15) 地震作用计算信息：程序提供了4个选项，包括【不计算地震作用】（非抗震设防地区结构设计采用）、【计算水平地震作用】（用于抗震设防烈度为6～8度的地区）、【计算水平和规范简化方法竖向地震】及【计算水平和反应谱方法竖向地震】。

[注意事项]：

①【计算水平和规范简化方法竖向地震】：按《建筑抗震设计规范》(GB 50011—2010)第5.3.1条规定的简化方法计算竖向地震。

②【计算水平和反应谱方法竖向地震】：按竖向振型分解反应谱方法计算竖向地震。

(16)"规定水平力"的确定方式：对于具有较清楚楼层定义的结构一般可采用规范方法【楼层的剪力差方法】。对于楼层定义不是很清楚的结构，由于没有楼层概念，【楼层的剪力差方法】无法计算，所以可采用第二种方法即【节点地震作用CQC组合方法】，两种方法的设计思想适用于不同的情况。

(17)施工次序：施工次序定义为在【模拟施工荷载3】的计算模式下，为适应某些复杂结构，新增了自定义施工次序菜单，可对楼层组装的各自然层分别指定施工次序号。

程序隐含指定每一个自然层是一次施工(逐层施工)，也可通过施工次序来指定连续若干层为一次施工(多层施工)。对一些传力复杂的结构，应采用多层施工次序。

2. 风荷载信息

若要考虑风荷载，则必须先在图4.3所示的【总信息】选项卡中的【风荷载计算信息】中选择【计算风荷载】选项，然后打开【风荷载信息】选项卡，如图4.6所示。

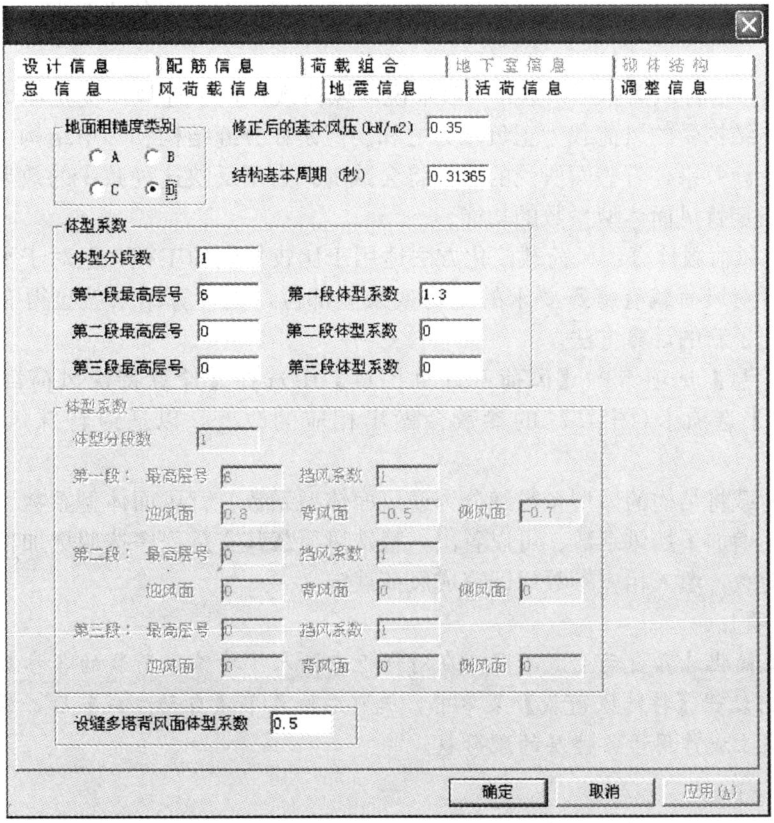

图4.6 【风荷载信息】选项卡

(1) 地面粗糙度类别：地面粗糙度不仅反映了地面的自然起伏状态，而且反映了地面上所建房屋的高度和密集程度。它分为 A、B、C、D 类。A 类为近海海面、海岛、海岸及沙漠地区；B 类为田野、乡村、丛林、丘陵以及房屋比较稀疏的乡镇和城市郊区；C 类是指有密集建筑群的城市市区；D 类为有密集建筑群且房屋较高的城市市区。

(2) 修正后的基本风压：一般按 50 年一遇的风压采用；对于高层建筑、高耸结构以及对风荷载比较敏感的其他结构，应适当提高。具体数值查《建筑结构荷载规范》(GB 50009—2001)(2006 年版)附录 D.4 可得。

(3) 结构基本周期(秒)：初步计算时可用下列经验公式确定设计初始值。

框架结构：$T_1 = (0.08 \sim 0.10)N$；

框剪结构、框筒结构：$T_1 = (0.06 \sim 0.08)N$；

剪力墙结构、筒中筒结构：$T_1 = (0.05 \sim 0.06)N$。其中 N 为结构层数。

[注意事项]：

按上述方法得到的结构基本周期 T_1 与结构分析后输出的真实计算周期值 T_1' (见程序的周期、地震力与振型输出文件 WZQ.OUT)在多数情况下是有差别的，并且在较高风压地区上述差异影响更为明显。为了获得较准确的脉动增大系数和风振系数，从而正确地计算作用在结构迎风面上的风荷载标准值，应在进行结构内力和配筋计算前，对软件隐含的结构基本周期进行修改，代之以结构的计算基本自振周期值。

(4) 体型系数：指包含高度变化等因素的综合系数，体型系数分段最多为 3，体型无变化时填 1。

(5) 设缝多塔背风面体型系数：一般来说，风荷载作用下迎风面受正压力、背风面受负压力，整体结构受的风荷载为正负压力之和。但是在分缝结构和多塔结构中，因为不同结构之间的干涉效果，有些面所受的压力将会减少。为了反映这种减少的效果，程序提供了可由用户指定背风面体型系数的功能。

(6) 特殊风荷载计算：风荷载简化方法适用于比较规则的工程，但对于平、立面变化比较复杂或者对风荷载有特殊要求的结构或某些部位，则计算结果就显得有些简单，为此，程序提出了新的计算方法。

在【总信息】选项卡的【风荷载计算信息】中选择【计算特殊风荷载】选项，则【风荷载信息】选项卡(图 4.7)的参数会做出相应的改变，以适应特殊风荷载计算的需要。

特殊风荷载将结构的体型系数细分为迎风面体型系数、背风面体型系数、侧风面体型系数，同时还增加了挡风系数。可以看出，特殊风荷载其实是程序按照更加精细的方式自动生成的风荷载。填入相应参数后即完成风荷载定义。

[注意事项]：

与风荷载简化计算自动生成不同，在对话框中输入了特殊风荷载的各参数后，必须要到 SATWE 前处理【特殊风荷载】菜单中，选取右侧菜单【自动生成】后，程序才能生成按特殊风荷载生成作用于各楼层的风荷载。

3. 地震信息

图 4.8 所示为【地震信息】选项卡。

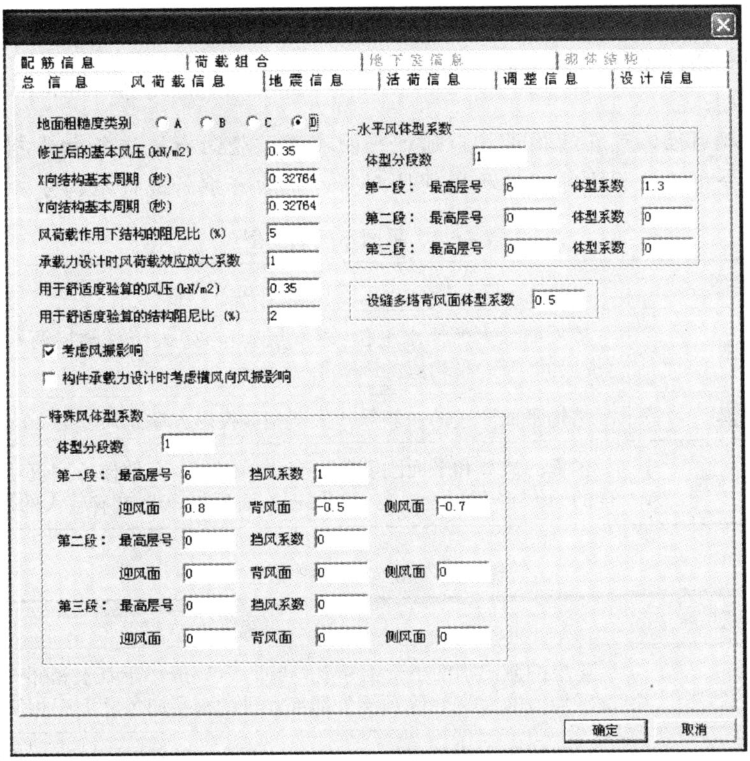

图 4.7 特殊风荷载定义

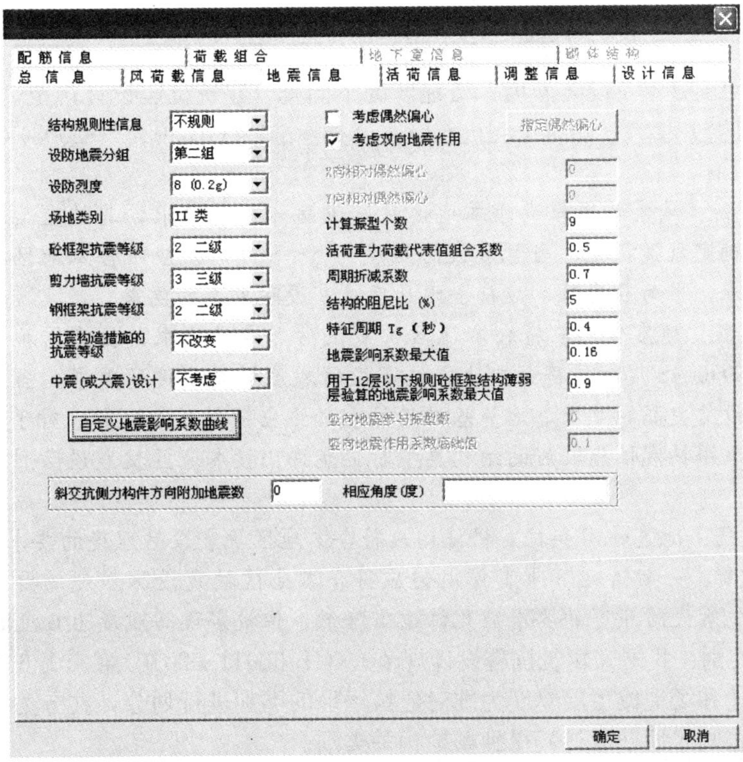

图 4.8 【地震信息】选项卡

(1) 结构规则性信息：结构规则性判断包括结构平面规则性判断和结构竖向规则性判断，具体的判断条件见表4-2、表4-3。

[注意事项]：

对于结构规则性，可在结构设计前通过平面布置、竖向布置进行初步判断，在首次分析完成后通过分析结果再次进行结构规则性判断，而后可重新进行结构分析。

表4-2 平面不规则类型

不规则类型	定义
扭转不规则	楼层的最大弹性水平位移（或层间位移）大于该楼层两端弹性水平位移（或层间位移）平均值的1.2倍
凹凸不规则	结构平面凹进的一侧尺寸大于相应投影方向总尺寸的30%
楼板局部不连续	楼板的尺寸和平面刚度急剧变化，例如，有效楼板宽度小于该层楼面宽度的50%或开洞面积大于该层楼面面积的30%或有较大的楼层错层

表4-3 竖向不规则类型

不规则类型	定义
侧向刚度不规则	该层的侧向刚度小于相邻上一层的70%或小于其上相邻3个楼层侧向刚度平均值的80%，除顶层外局部收进的水平向尺寸大于相邻下一层的25%
竖向抗侧力构件不连续	竖向抗侧力构件（柱、抗震墙、抗震支撑）的内力由水平转换构件（梁、桁架等）向下传递
楼层承载力突变	抗侧力结构的层间受剪承载力小于相邻上一楼层的80%

(2) 设计地震分组及设防烈度：按地区的不同查《建筑抗震设计规范》（GB 50011—2010）确定烈度，并参考《建筑工程抗震设防分类标准》（GB 50223—2008）对其进行调整。

[调整信息]：

① 甲类建筑：地震作用应高于本地区抗震设防烈度的要求，其值应按批准的地震安全性评价结果确定抗震措施，当抗震设防烈度为6~8度时，应符合本地区抗震设防烈度提高一度的要求，当为9度时，应符合比9度抗震设防更高的要求。

② 乙类建筑：地震作用应符合本地区抗震设防烈度的要求，抗震措施一般情况下当抗震设防烈度为6~8度时应符合本地区抗震设防烈度提高1度的要求，当为9度时应符合比9度抗震设防更高的要求，地基基础的抗震措施应符合有关规定，对于较小的乙类建筑，当其结构改用抗震性能较好的结构类型时应允许仍按本地区抗震设防烈度的要求采取抗震措施。

③ 丙类建筑：地震作用和抗震措施均应符合本地区抗震设防烈度的要求。

④ 丁类建筑：一般情况下地震作用仍应符合本地区抗震设防烈度的要求，抗震措施相比于本地区抗震设防烈度的要求应允许适当降低，但抗震设防烈度为6度时不应降低。

(3) 场地类别：我国《建筑抗震设计规范》（GB 50011—2010）第4.1.6条规定，以土层等效剪切波速和场地覆盖层厚度为准对建筑场地的类别进行划分，共分为5类，结构设计中，可通过查阅《地勘资料》得到场地相关类别。

(4) 框架及剪力墙抗震等级：抗震等级的确定应根据结构类型、设防烈度和建筑高度等信息,由《建筑抗震设计规范》(GB 50011—2010)第 6.1.2 条确定。

[注意事项]:

抗震等级的确定,应注意规范中对个别构件抗震等级的调整要求。

① 设置少量抗震墙的框架结构:在规定的水平力作用下,底层框架部分承担的地震倾覆力矩大于结构总地震倾覆力矩的 50% 时,其框架的抗震等级应按框架结构确定,抗震墙的抗震等级可与其框架的抗震等级相同。

② 甲类、乙类建筑:当本地区的抗震设防烈度为 6~8 度时,应符合本地区抗震设防烈度提高一度的要求;当本地区的设防烈度为 9 度时,应符合比 9 度抗震设防更高的要求。当建筑场地为 I 类时,应允许仍按本地区抗震设防烈度的要求采取抗震构造措施。

③ 建筑场地为 Ⅲ、Ⅳ 类时,对设计基本地震加速度为 0.15g 和 0.30g 的地区,宜分别按抗震设防烈度 8 度(0.20g)和 9 度(0.40g)时各抗震设防类别建筑的要求采取抗震构造措施。

(5) 考虑偶然偏心:偶然偏心是指由偶然因素引起的结构质量分布变化,导致结构固有振动特性的变化,因而结构在相同地震作用下的反应也将发生变化。考虑偶然偏心,也就是考虑由偶然偏心引起的可能最不利地震作用。

[注意事项]:

现行国家标准《建筑抗震设计规范》(GB 50011—2010)中,对平面规则的结构,采用增大边榀结构地震内力的简化方法考虑偶然偏心的影响。而对于高层建筑,增大边榀结构内力的简化方法不尽合宜。因此,我国《高层建筑混凝土结构技术规程》(JGJ 3—2010)第 4.3.3 条规定:对于高层建筑直接取各层质量偶然偏心的 $0.05L$(L 为垂直于地震作用方向的建筑物总长度)来计算单向水平地震作用,即

$$e_i = \pm 0.05L_i$$

式中:e_i 为第 i 层质心偏移值(m),各楼层质心偏移方向相同;L_i 为第 i 层垂直于地震作用方向的建筑物总长度(m)。

实际计算时,可将每层质心沿主轴的同一方向(正向或负向)偏移。当采用底部剪力法计算地震作用时,也应考虑质量偶然偏心的不利影响;当计算双向地震作用时,可不考虑质量偶然偏心的影响。

(6) 考虑双向地震作用:对于质量和刚度分布明显不对称的结构,应计入双向地震作用下的扭转影响,一般情况下选用此项。

[注意事项]:

当选择【考虑双向地震作用】复选框时,程序对构件的地震作用内力进行如下组合:

$$S_{xy} = \sqrt{S_x^2 + (0.85S_y)^2}$$
$$S_{yx} = \sqrt{(0.85S_x)^2 + S_y^2}$$

式中:S_x 和 S_y 分别为 x 向和 y 向单向地震作用时的效应。选择双向地震作用组合后,地震作用内力会放大较多。

(7) 计算振型个数:我国《建筑抗震设计规范》(GB 50011—2010)第 5.2.2 条和《高层建筑混凝土结构技术规程》(JGJ 3—2010)第 4.3.10 条、第 4.3.11 条的条文说明均指出,振型分解反应谱法所需要的振型数一般可取振型参与质量系数达 90% 以上时所需的振型数。

计算振型数取值是否达到规范条文说明的要求,可在 SATWE 软件的计算结果输出文件 WZQ.OUT 中查看。

当按侧刚法计算时,单塔楼考虑耦联时振型数应取大于等于 9;复杂结构应大于等于 15;n 个塔楼时,振型个数应大于等于 $n×9$(注意各振型的贡献由于扭转分量的影响而不服从随频率增加而递减的规律)。一般较规则的单塔楼结构不考虑耦联时取振型数大于等于层数即可,顶部有小塔楼时应取大于等于 6。当按总刚法计算时,采用的振型数不宜小于按侧刚法计算的二倍,若存在长梁或跨层柱时应注意低阶振型可能是局部振型,其阶数低,但其对地震作用的贡献却较小。

当地震作用采用侧刚法时,若不考虑耦联振动,计算振型数不得大于结构层数;若考虑耦联振动,计算振型数一般不小于 9,且不大于 3 倍的层数。

当地震作用采用总刚法计算时,由于此时结构一般有较多的【弹性节点】,所以振型数的选择可以不受上限的控制,一般取大于 12。

[注意事项]:

① 振型数与楼层的自由度有关,比如对于刚性楼板的楼层,只有 3 个自由度,而对于弹性楼层就要根据弹性质点的数量来定,一个弹性质点具有 2 个自由度。

② 计算振型数不能取得太小,也不能取得太大。取值太小不能正确反映结构计算模型应当考虑的地震振型数量,使计算的地震作用偏小,计算结果失真,影响结构的安全;取值太大,既降低计算的效率,又可能使计算结果出现异常。

(8)【活荷重力荷载代表值组合系数】:组合值系数可从表 4-4 中选用。

表 4-4 组合值系数

可变荷载种类		组合值系数
屋面积灰荷载		0.5
屋面活荷载		不计入
按实际情况计算的楼面活荷载		1.0
按等效均布荷载计算的楼面活荷载	藏书库、档案库	0.8
	其他民用建筑	0.5

对于一般民用建筑,按等效荷载计算时取活载折减系数为 0.5。

(9)周期折减系数:周期折减系数主要用于框架、框架剪力墙或框架筒体结构。由于框架有填充墙,在早期弹性阶段会有很大的刚度,承担很大的地震作用。当地震作用进一步加大时,填充墙首先破坏,刚度大大减弱,而在计算过程中,程序只考虑原结构梁、柱、墙的刚度及相应结构自振周期,因此计算刚度会小于结构的实际刚度,计算周期大于实际周期,此时若用得到的计算周期按规范提供的方法计算地震作用,则得到的地震作用会偏小,这样的分析结果偏于不安全,因此采用周期折减的方法来放大地震作用;【周期折减系数】不改变结构的自振特性,只改变地震影响系数。

具体的数值参照《高层建筑混凝土结构技术规程》(JGJ 3—2010)第 4.3.16 条的规定:当非承重墙体为填充砖墙时,高层建筑结构的计算自振周期折减系数可按下列规定取值,框架结构取 0.6~0.7;框架剪力墙结构取 0.7~0.8;框架核心筒结构取 0.8~0.9;剪力墙结构取 0.8~1.0;短肢剪力墙结构取 0.8~0.9。

(10)结构的阻尼比:钢筋混凝土结构取 0.05;小于等于 12 层的钢结构取 0.03;大于 12 层的钢结构取 0.035;钢-混凝土组合结构取 0.04。

(11) 特征周期：特征周期由设计地震分组和场地类别确定，具体见表 4-5。

表 4-5 特征周期

设计地震分组	场地类别			
	Ⅰ	Ⅱ	Ⅲ	Ⅳ
第一组	0.25	0.35	0.45	0.65
第二组	0.30	0.40	0.55	0.75
第三组	0.35	0.45	0.65	0.90

(12) 多遇地震、罕遇地震最大影响系数：按我国《建筑抗震设计规范》（GB 50011—2010)第 5.1.4 条和《高层建筑混凝土结构技术规程》（JGJ 3—2010)第 4.3.7 条，具体取值见表 4-6。

表 4-6 水平地震影响系数最大值

地震影响	6 度	7 度	8 度	9 度
多遇地震	0.04	0.08(0.12)	0.16(0.24)	0.32
罕遇地震	0.28	0.50(0.72)	0.90(1.20)	1.40

(13) 斜交抗侧力构件方向附加地震数及相应角度：我国《建筑抗震规设计范》（GB 50011—2010)第 5.1.1 条规定：有斜交抗侧力构件的结构，当相交角度大于 15°时应分别计算各抗侧力构件方向的水平地震作用。

(14) 查看和调整地震影响系数曲线：单击图 4.8 中的【自定义地震影响系数曲线】按钮，弹出界面，如图 4.9 所示，可以查看按规范生成的地震影响系数曲线，也可以选择【用户自定义地震影响系数曲线】复选框，在原曲线的基础上进行修改，形成自定义地震

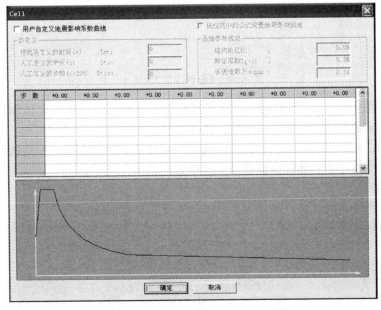

图 4.9 查看和调整地震影响系数曲线

影响系数曲线。

4. 设计信息

图 4.10 所示为【设计信息】选项卡。

(1)【考虑 P-Δ 效应】：P-Δ 效应即重力二阶效应，是指在结构分析中竖向荷载的侧移效应。当结构发生水平位移时，竖向荷载与水平荷载的共同作用将使相应的内力加大。

首次分析暂不选择选项，经计算当不满足规范要求时，应考虑重力二阶效应的不利影响，此种状态下选择此项后须重新进行分析。

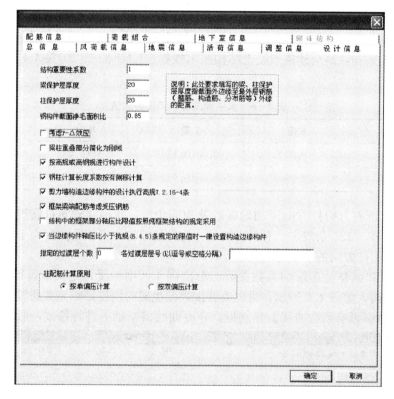

图 4.10 【设计信息】选项卡

(2) 梁柱重叠部分简化为刚域：此项选择对结构的刚度、周期、位移和梁的内力计算等均会产生一定的影响，尤其是对梁的弯矩值会产生影响。

一般而言，对于异型柱结构，宜选择【梁柱重叠部分简化为刚域】复选框，对于矩形柱结构，可以将其作为一种安全储备而不选择它。

[注意事项]：

当选择考虑梁端刚域时，程序会按如下公式计算梁端刚域。

梁两端刚域的长度分别为：

$$D_{b_i} = \max(0, D_i - H/4)$$

$$D_{b_j} = \max(0, D_j - H/4)$$

式中：H 为梁高；D_i 和 D_j 分别为梁两端与柱的重叠部分的长度。减去刚域后，梁的实际长度为：
$$L_0 = L - (D_{b_i} + D_{b_j})$$
式中：L 为梁长（即梁两端节点间的距离）。

(3) 按高规或高钢规进行构件设计：符合高层条件的建筑应选择此项，多层建筑不选择此项。

(4) 钢柱计算长度系数按有侧移计算：选择此项按有侧移计算，否则按无侧移计算。判断见《钢结构设计规范》第 5.3.3 条。

(5) 钢构件截面净毛面积比：默认取值为 0.85，可据节点连接方式、螺孔多少适当加大。

(6) 柱配筋计算原则：由 X、Y 轴的弯矩比例确定，选双偏压比较稳妥。一般根据工程实际进行判断。

5. 活荷信息

图 4.11 所示为【活荷信息】选项卡。

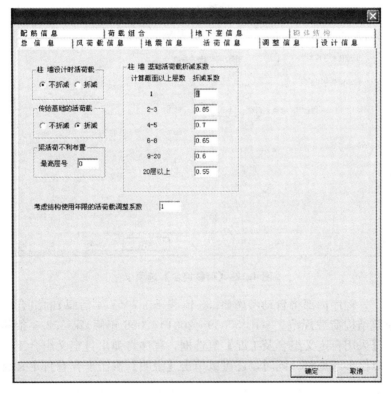

图 4.11 【活荷信息】选项卡

(1) 柱、墙设计时活荷载：对于民用多高层建筑，应选择【折减】方式，程序采用《建筑结构荷载规范》(GB 50009—2001)(2006 年版)第 4.1.2 条默认的折减系数。

(2) 传给基础的活荷载：民用多高层建筑结构基础设计时，应考虑活荷载折减，程序采用《建筑结构荷载规范》(GB 50009—2001)(2006 年版)第 4.1.2 条默认的折减系数。

(3) 梁活荷不利布置：填入活荷载不利布置的【最高层号】值。在选择恒、活荷载分开算时，应填写该项。填 0 表示不考虑梁活荷载不利布置作用；填入一个大于 0 的数 n，则表示从首层至该层（n 层）考虑梁活荷载的不利布置，而该层以上不考虑活荷载的不利布置。若填入楼层数等于结构层数，则表示对全楼所有层都考虑活荷载的不利布置。

6. 荷载组合

图 4.12 所示为【荷载组合】选项卡，通过对选项卡中参数的修正可以指定各个荷载工况下的分项系数和组合系数。

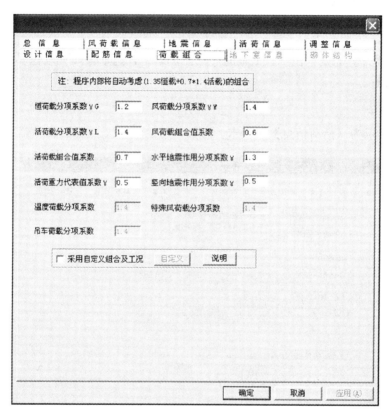

图 4.12 【荷载组合】选项卡

默认情况下，程序内部将自动考虑(1.35 恒载＋0.7×1.4 活载)的组合，各种荷载分项系数由《建筑结构荷载规范》(GB 50009—2001)(2006 年版)第 3.2.3 条和第 3.2.5 条确定。若选择【采用自定义组合及工况】复选框，程序将弹出自定义组合工况对话框，显示组合系数，以供参考调整。同时，还可以单击【说明】按钮来查看自定义组合的用法和原理。

7. 调整信息

图 4.13 所示为【调整信息】选项卡。

(1) 梁端负弯矩调幅系数：在竖向荷载作用下，房屋建筑中的钢筋混凝土连续梁和连续单向板，宜采用考虑塑性内力重分布的分析方法，其内力值可由弯矩调幅法确定。

框架、框架剪力墙结构以及双向板等，经过弹性分析求得内力后，也可对支座或节点弯矩进行调幅，并确定相应的跨中弯矩。程序给定默认值为 0.85；可根据结构形式调整：

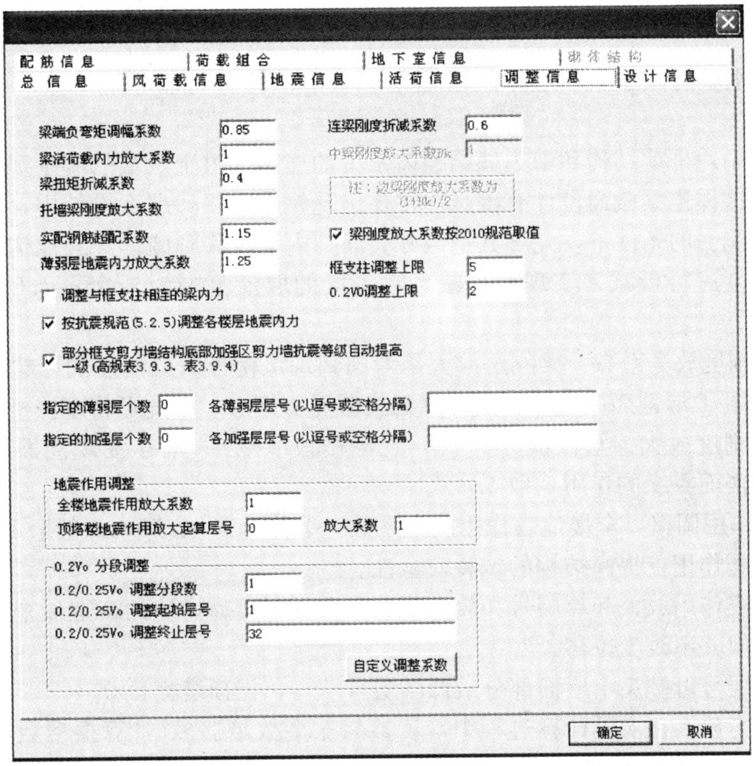

图 4.13 【调整信息】选项卡

现浇框架梁取 0.8~0.9；装配整体式框架梁取 0.7~0.8。调幅后，程序按平衡条件将梁跨中弯矩相应增大。

[注意事项]：

对于直接承受动力荷载的构件，以及要求不出现裂缝或处于侵蚀环境等情况下的结构，不应采用考虑塑性内力重分布的分析方法。

(2) 梁活荷载内力放大系数：默认值为 1.0；取值 1.0~1.3，已考虑活荷载不利布置时，宜取 1.0。

(3) 梁扭矩折减系数：高层建筑结构楼面梁受扭计算中应考虑楼盖对梁的约束作用。当计算中未考虑楼盖对梁扭转的约束作用时，可对梁的计算扭矩乘以折减系数予以折减。梁扭矩折减系数应根据梁周围楼盖的情况确定。边梁与中梁有区别，可根据具体情况确定楼面梁的扭矩折减系数。

程序默认值为 0.40；现浇楼板取 0.4~1.0，宜取 0.4；装配式楼板取 1.0。当结构没有楼板时，该系数取值为 1.0；

(4) 加强层个数和加强层层号：《高层建筑混凝土结构技术规程》(JGJ 3—2010)第 7.1.4 条规定，一般剪力墙结构底部加强部位的高度可取总高度的 1/10 和底部二层高度两者的较大值；剪力墙加强区起算层号程序默认值为 1。

[注意事项]：

对于有地下室的结构，剪力墙底部加强区高度从 ±0.000 开始计算，即应扣除地下室的高度，求上部结构的加强区部位，且地下室亦为加强部位。

对于有多层地下室时，可以只考虑地下一层为加强区。即起算层号，可以不取为第一层。

（5）连梁刚度折减系数：连梁主要是指那些两端与剪力墙相连的梁和剪力墙洞口间的梁。

抗震设计中，框剪结构和剪力墙结构体系中的连梁，由于两端的刚度很大，所以具有很大的剪力，这样连梁截面设计有困难，往往出现超筋现象。那么设计中，在保证连梁具有足够的承载能力的条件下，允许其适当开裂而把内力转移到墙体等其他构件上，即可通过对连梁的刚度进行折减来实现。折减系数一般的取值范围为 0.55～1.0，一般工程可取 0.7。

（6）中梁刚度放大系数：梁刚度放大是考虑到现浇楼板对梁刚度的影响，现浇楼板和梁连成一体按照 T 形截面梁工作，而计算时梁截面取矩形，因此可将现浇楼面和装配整体式楼面中梁的刚度放大。默认值为 2.00，现浇楼板取 2.0；对于无现浇面层的装配式结构，可不考虑楼面翼缘的作用，取 1.0。

（7）地震作用调整：全楼地震作用放大系数：取值 1.0～1.50，一般取 1.0。可通过此参数来放大地震作用，提高结构的抗震安全性。

顶塔楼地震作用放大起算层号和放大系数：设计者可通过这两个选项来放大结构顶部塔楼的内力，但并不改变位移。

放大起算层号可按突出屋面部分最低层层号填写，无顶塔楼填 0。

顶塔楼内力放大在实际计算过程中，若参与振型数足够多（计算振型数为 9～15 及以上时），可不调整顶层小塔楼地震作用，宜取 1.0（不调整）；若参与振型数不够多（计算振型数为 3 时），应调整小塔楼地震作用，宜取 1.5。顶塔楼宜每层作为一个质点来参与计算。

$0.2V_0$ 分段调整：此条调整信息主要针对于框架剪力墙结构。对于框剪结构，一般剪力墙刚度很大，剪力墙承担大部分地震作用，而框架承担的地震作用很小。如果按此地震作用设计，在剪力墙开裂后刚度减小，框架结构部分将承担比原设计更大的地震作用，这样结构会变得不安全。因此，《高层建筑混凝土结构技术规程》（JGJ 3—2010）规定了 $0.2V_0$ 调整，以增加框架的抗震能力。

[注意事项]：

在考虑是否进行 $0.2V_0$ 调整时，须注意以下问题。

① 对柱数量较少的框剪结构，采用 $0.2V_0$ 调整时，柱承担的基底剪力会放大较多，所以 $0.2V_0$ 调整一般只用于框架柱较多的主体结构，当结构以剪力墙为主时可不调整。

② $0.2V_0$ 调整放大系数只对框架梁、柱的弯矩和剪力有影响，框架柱的轴力标准值可不调整。

③ 框架剪力的调整必须在满足规范规定的楼层【最小地震剪力系数】的前提下进行，在设计过程中应根据计算结果来确定调整起算层号和终止层号。

（8）调整与框支柱相连的梁内力：《高层建筑混凝土结构技术规程》（JGJ 3—2010）第 10.2.1 条规定部分框支剪力墙结构框支柱承受的地震剪力标准值应按下列规定采用。

① 当每层框支柱的数目不多于 10 根，当底部框支层为 1～2 层时，每根柱所受的剪力应至少取结构基底剪力的 2%；当底部框支层为 3 层及 3 层以上时，每根柱所受的剪力应至少取结构基底剪力的 3%。

② 当每层框支柱的数目多于 10 根，当底部框支层为 1~2 层时，每层框支柱承受剪力之和应至少取结构基底剪力的 20%；当框支层为 3 层及 3 层以上时，每层框支柱承受剪力之和应至少取结构基底剪力的 30%。

③ 框支柱剪力调整后，应相应调整框支柱的弯矩及柱端框架梁（不包括转换梁）的剪力和弯矩，框支柱轴力可不调整。

若选择该参数，程序自动对框支柱的地震作用弯矩、剪力作出调整，由于调整系数往往很大，为了避免异常情况，程序给出一个控制开关，可人为决定是否对与框支柱相连的框架梁的地震作用弯矩、剪力进行相应调整，首次分析一般不调整。

(9) 指定的薄弱层个数和层号：SATWE 自动按刚度比判断薄弱层并对薄弱层进行地震内力放大，但对于竖向构件不规则或承载力不满足要求的楼层，不能自动判断为薄弱层，须由设计人员自行指定某些薄弱层。不须指定时填 0。

8．配筋信息

如图 4.14 所示为【配筋信息】选项卡。

(1) 梁、柱箍筋强度及间距：该参数从 PMCAD 参数中读取，此处不能修改。

(2) 墙水平分布筋间距：墙水平、竖向分布筋间距应填入加强区的间距，一般间距不应大于 200mm。

(3) 墙竖向分布筋配筋率：《混凝土结构设计规范》(GB 50010—2010) 第 11.7.14 条和第 11.7.15 条规定：一、二、三级抗震等级剪力墙的水平和竖向分布钢筋配筋率不应小于 0.25%；四级抗震等级剪力墙的水平和竖向分布钢筋配筋率不小于 0.2%；剪力墙水平和竖向分布钢筋的间距不宜大于 300mm，直径不宜大于墙厚的 1/10，且不应小于 8mm，竖向分布钢筋直径不宜小于 10mm。

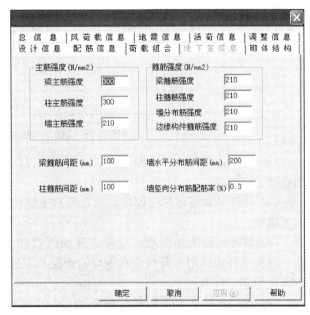

图 4.14 【配筋信息】选项卡

对于特一级剪力墙，《高层建筑混凝土结构技术规程》(JGJ 3—2010) 第 3.10.5 条规定：一般部位水平和竖向分布钢筋最小配筋率应取 0.35%，底部加强部位的水平和竖向分布钢筋的最小配筋率应取 0.4%。

9．地下室信息

图 4.15 所示为【地下室信息】选项卡。

(1) 回填土容重：默认 $18kN/m^3$，按实际情况填写。

(2) 回填土侧压力系数：据地质报告，经计算确定，一般情况为 0.3~0.4。

(3) 地下水位标高：据地质报告确定，以结构±0.00 标高为准，高则填正值，低则填负值。

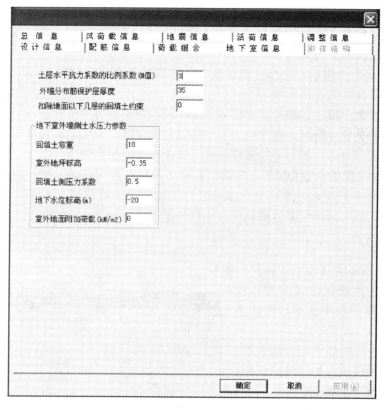

图 4.15 【地下室信息】选项卡

(4) 室外地坪标高:依据建筑设计确定,以结构±0.00 标高为准,高则填正值,低则填负值。

(5) 外墙分布筋保护层厚度:按《混凝土结构设计规范》(GB 50010—2010)第 8.2 节慎重确定。

(6) 室外地面附加荷载:应考虑地面恒载和活载。活载应包括地面上可能的临时荷载。对于室外地面附加荷载分布不均的情况,取最大的附加荷载计算,程序将按侧压力系数转化为侧土压力。

(7) 土层水平抗力系数的比例系数(M 值):其计算方法是基础设计中常用的 M 法,可参考基础设计相关的资料。填一负数 m(m 小于或等于地下室层数)。

4.2.2 特殊构件补充定义

本菜单补充定义的信息将用于 SATWE 计算分析和配筋设计,程序已自动对所有属性赋予初值,如果无须改动,则直接略过本菜单,进行下一步操作。即使无须补充定义,也可利用本菜单查看程序初值。

双击图 4.2 中的第 2 项菜单【特殊构件补充定义】,进入 SATWE 数据前处理菜单,弹出屏幕右侧子菜单,如图 4.16(a)所示。通过该子菜单,可以对特殊构件进行定义,各相关构件的子菜单如图 4.16(b)~(g)所示。另外,可通过图 4.16 中的【抗震等级】和【材料强度】命令对部分构件的特性进行调整。

第4章 结构空间有限元分析与设计软件——SATWE

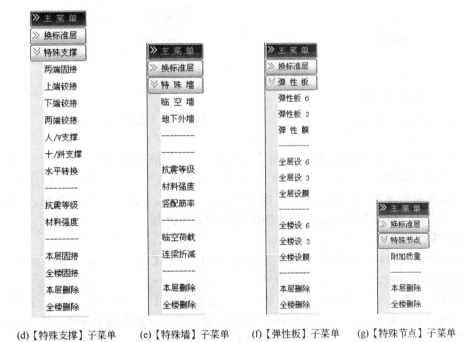

(a)【特殊构件补充定义】子菜单 (b)【特殊梁】子菜单 (c)【特殊柱】子菜单

(d)【特殊支撑】子菜单 (e)【特殊墙】子菜单 (f)【弹性板】子菜单 (g)【特殊节点】子菜单

图 4.16 特殊构件补充定义

4.2.3 特殊风荷载定义

对于平、立剖面变化比较复杂或者对风荷载有特殊要求的结构或某些部位，例如空旷结构、体育场馆、工业厂房、轻钢屋面、有大悬挑结构的广告牌、候车站、收费站等，普通风荷载的计算方式可能不能满足要求，此时，采用本菜单的自动生成功能实现以更精细化的方式自动生成风荷载，还可在此基础上进行修改。

双击图 4.2 中的【特殊风荷载定义】命令，进入【特殊风荷载】界面，屏幕右侧显示其子菜单，如图 4.17 所示。

1. 自动生成

单击图 4.17 中的【自动生成】命令，则按图 4.3【总信息】选项卡中定义的【特殊风荷载信息】生成特殊风荷载。

2. 屋面系数

单击图 4.17 中的【屋面系数】命令，弹出如图 4.18 所示的对话框，需要补充输入以下两个参数：+Y 向体型系数和－Y 向体型系数（其为异或方向，在 X、Y 方向来回切换）。

图 4.17 【特殊风荷载定义】子菜单   图 4.18 【屋面系数】对话框

当横向为 X 方向，屋面层与 X 方向平行的梁所在房间的屋面风荷载体型系数非零时，生成梁上均布风荷载。反之，当横向为 Y 方向，屋面层与 Y 方向平行的梁所在房间的屋面风荷载体型系数非零时，就生成梁上均布风荷载。有了以上两个补充参数后，程序在生成特殊风荷载时，就会自动形成相应方向的梁上均布风荷载。

[注意事项]：

（1）自动生成的特殊风荷载是针对全楼的，执行一次【自动生成】命令，程序生成整个结构的特殊风荷载。

（2）对于不需要考虑屋面风荷载的结构，可直接执行【自动生成】命令，生成各楼层的特殊风荷载。但对于需要考虑屋面风荷载的结构，必须在执行【自动生成】命令之前，补充有关屋面风荷载的相关参数，然后执行【自动生成】命令，程序会自动生成各楼层的特殊风荷载，包括屋顶层梁上的风荷载。

(3) 定义了特殊风荷载以后,程序就会按默认方式将特殊风荷载与恒、活、地震等作用进行组合。想要查看或修改程序默认的组合设计方式,可以在 SATWE 前处理【分析与设计参数补充定义】菜单中选择【荷载组合】命令,然后在选择【自定义组合及工况】命令后,可查看和修改各组特殊风荷载与其他荷载的组合设计方式。

4.2.4 生成 SATWE 数据文件及数据检查

该项菜单是 SATWE 前处理的核心菜单,其功能是综合 PMCAD 生成的建模数据和前处理中输入的补充信息,将其转换成空间结构有限元分析所需的数据格式。所有工程必须执行此菜单。

双击图 4.2 中的【生成 SATWE 数据文件及数据检查】命令,然后选择确定,程序将生成 SATWE 数据文件,并执行数据检查。如果出现提示错误,则查看数据检查报告 CHECK.OUT,完成修改后再次执行【生成 SATWE 数据文件及数据检查】命令,数据检查通过,则 SATWE 前处理完成。

4.3 结构内力,配筋计算

双击图 4.1 中的 SATWE 主菜单【2 结构内力,配筋计算】,屏幕弹出如图 4.19 所示的【SATWE 计算控制参数】对话框,可视工程的需要对计算的参数进行合理的选择。

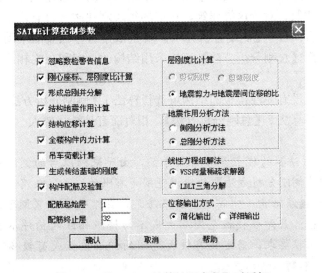

图 4.19 【SATWE 计算控制参数】对话框

4.3.1 层刚度比计算

层刚度比计算是判断楼层是否为薄弱层、地下室是否能作为嵌固端、转换层刚度是否满足要求等方面的依据,所以层刚度计算的准确性非常重要。根据《建筑抗震设计规范》

(GB 50011—2010)和《高层混凝土结构技术规程》(JGJ 3—2010)的建议，SATWE 程序提供了建筑结构层刚度比的 3 种计算方法：【剪切刚度】、【剪弯刚度】、【地震剪力与地震层间位移的比】。

[注意事项]：

采用 3 种计算方法得到的结果是有差异的，可以根据具体实际情况选用不同的方法，程序隐含的方法是第 3 种，即【地震剪力与地震层间位移比】。

【剪切刚度】：适用于多层结构，对于底部大空间为 1 层的转换结构，可用于计算转换层上下刚度比；另外，也可用于计算地下室和上部结构层刚度比(判断地下室顶板是否可作为上部结构的嵌固端)。

【剪弯刚度】：可用于高位转换(转换层在 3～5 层)结构转换层上下刚度比的计算。

【地震剪力与地震层间位移的比】：适用于一般结构，比其他两种方法更易通过刚度比验算。当选用第 3 种方法计算层刚度和刚度比时可采用【刚性楼板假定】的条件，对于有弹性板或者板厚为 0 的工程，应计算两次，在刚性楼板假定条件下计算层刚度和找出薄弱层，而后可在真实条件下计算，并且检查原找出的薄弱层是否得到确认，最后完成其他计算。

4.3.2 地震作用分析方法

地震作用分析方法包括【侧刚分析方法】和【总刚分析方法】。【侧刚分析方法】是一种简化计算方法，只适用于采用楼板平面内无限刚假定的普通建筑和采用楼板分块平面内无限刚假定的多塔建筑，对于这类建筑，每层的每块刚性楼板只有两个独立的平动自由度和一个独立的转动自由度，【侧刚分析方法】就是依据这些独立的平动和转动自由度而形成的浓缩刚度阵；而【总刚分析方法】直接采用结构的总刚和与之相应的质量阵进行地震反应分析。

具体操作：对于没有弹性楼板的结构可选择算法 1【侧刚分析方法】，计算量较小。当有弹性楼板时可选择算法 2【总刚分析方法】，相对而言计算量较大。

[注意事项]：

(1)【侧刚分析方法】的优点是分析效率高，由于浓缩以后的侧刚自由度很少，所以计算速度很快。但【侧刚分析方法】的应用范围是有限的，当定义有弹性楼板或有不与楼板相连的构件时(如错层结构、空旷的工业厂房、体育馆所等)，【侧刚分析方法】是近似的，会有一定的误差；若弹性楼板范围不大或不与楼板相连的构件不多，其误差不会很大，精度能够满足工程要求；若定义有较大范围的弹性楼板或有较多不与楼板相连的构件，【侧刚分析方法】则不适用。

(2) 相比【侧刚分析方法】而言，【总刚分析方法】精度高，适用范围广，可以准确分析出结构每层每根构件的空间反应。通过分析计算结果，可以发现结构的刚度突变部位、连接薄弱的构件以及数据输入有误的部位等问题。其不足之处在于比【侧刚分析方法】计算量大数倍。

(3) 对于没有定义弹性楼板且没有不与楼板相连构件的工程，【侧刚分析方法】和【总刚分析方法】的结果是一致的。

4.3.3 线性方程组解法

程序提供【VSS 向量稀疏求解器】和【LDLT 三角分解】两种计算方法。【VSS 向量稀疏求解器】是一种大型稀疏对称矩阵快速求解方法，可优先选用。

当采用了【模拟施工加载3】时，求解器的选择是由程序内部决定的，即必须选择【VSS 向量稀疏求解器】，如果一定要用【LDLT 三角分解】方法，则必须取消【模拟施工加载3】选项。

4.3.4 位移输出方式

程序提出【简化输出】和【详细输出】两种位移输出方式。若选择【简化输出】方式，在 WDISP.OUT 输出文件中仅输出各工况下结构的楼层最大位移值；按【总刚分析方法】时，在 WZQ.OUT 中仅输出周期、地震力，不输出各振型信息。

若选择【详细输出】方式，在 WDISP.OUT 输出文件中还输出各工况下每个节点的位移，在 WZQ.OUT 文件中还输出各振型下每个节点的位移。

完成上述参数的选定后单击【确认】按钮进行结构内力分析、配筋计算。

4.4 分析结果图形和文本显示

双击图 4.1 中的 SATWE 主菜单【4 分析结果图形和文本显示】，弹出如图 4.20 所示的 SATWE【图形文件输出】菜单和 SATWE【文本文件输出】菜单。

其中，【图形文件输出】菜单以图形的形式表示计算分析的结果，而【文本文件输出】菜单采用文本文件输出分析结果，两种方法用途不同，主要内容介绍如下。

4.4.1 图形文件输出

1. 各层配筋构件编号简图

该菜单的功能是在各层配筋构件编号简图上标注各层梁、柱、支撑和墙柱及墙梁的编号。双击图 4.20(a) 中的【各层配筋构件编号简图】命令，弹出其屏幕子菜单，如图 4.21(a) 所示。对于每一根墙梁，还在该墙梁的下部标出了其截面的宽度和高度。在第一结构层的配筋构件编号简图中，显示结构本层的刚度中心坐标和质心坐标[图 4.21(b)]。

单击图 4.21(a) 中的【构件搜寻】命令，弹出如图 4.21(c) 中的子菜单，可以通过屏幕下方的提示输入编号来查询具体的构件情况；单击图 4.21(a) 所示的子菜单【构件信息】，弹出如图 4.21(d) 所示的子菜单，通过该子菜单可以查询任一构件的具体信息，在屏幕区单击某一柱、梁构件，则弹出相应的文本文件，如图 4.22(a) 和图 4.22(b) 所示。

文本文件中包含了构件几何材料信息、标准内力信息、构件设计验算信息、荷载组合分项系数说明等内容。

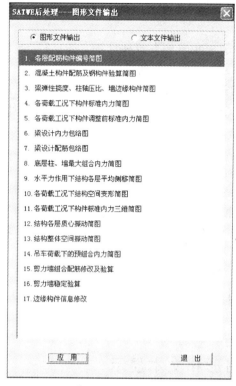
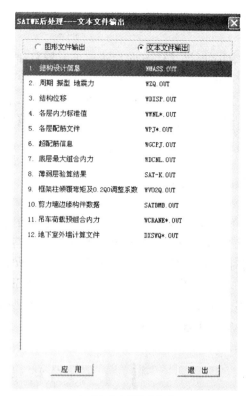

(a)【图形文件输出】菜单　　　　　(b)【文本文件输出】菜单

图 4.20　SATWE 后处理主菜单

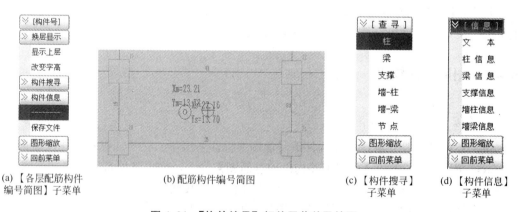

(a)【各层配筋构件　　(b) 配筋构件编号简图　　(c)【构件搜寻】　(d)【构件信息】
　编号简图】子菜单　　　　　　　　　　　　　　　　子菜单　　　　　　子菜单

图 4.21　【构件编号】相关子菜单及简图

2. 混凝土构件配筋及钢构件验算简图

该菜单的功能是以图形方式显示配筋的计算结果，局部示意图如图 4.23 所示，简图中的结果均为整数，单位是 cm^2，图形各构件标注含义介绍如下。

1) 柱构件

柱配筋示意如图 4.24(a) 所示，图中各部分含义如下。

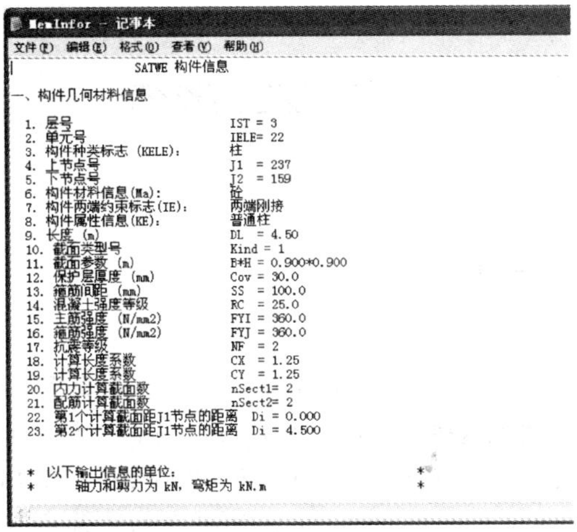

(a) 柱构件信息  (b) 梁构件信息

图 4.22 构件信息文本显示

A_{sc}——柱角部配筋的面积,采用双偏压计算时,角部配筋不应小于此值;采用单偏压计算时,角筋面积可不受此值控制(cm^2);

A_{sx}、A_{sy}——柱单边配筋,包括角部配筋(cm^2);

A_{svj}、A_{sv}、A_{sv0}——箍筋间距范围内柱节点域抗剪箍筋面积、加密区斜截面抗剪箍筋面积、非加密区斜截面抗剪箍筋面积;

U_c——柱的轴压比;

G——箍筋标志。

2) 梁构件

梁配筋示意如图 4.24(b)所示,图中各部分含义如下。

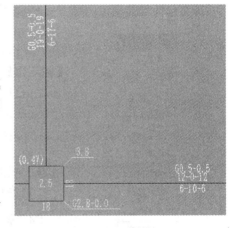

图 4.23 构件配筋显示

A_{su1}-A_{su2}-A_{su3}——梁上部左端、跨中、右端配筋面积(cm^2);

A_{sd1}-A_{sd2}-A_{sd3}——梁下部左端、跨中、右端配筋面积(cm^2);

A_{sv}——梁箍筋加密区抗剪箍筋面积和剪扭箍筋面积的大值(cm^2);

A_{sv0}——梁非加密区范围内抗剪箍筋面积和剪扭箍筋面积的大值(cm^2);

A_{st}——梁受扭所需要的纵筋面积(cm^2);

A_{st1}——梁受扭箍筋沿周边布置的单肢箍的面积(cm^2);

G、VT——箍筋和剪扭配筋的标志。

3) 墙构件

墙配筋示意如图 4.24(c)所示,图中各部分含义如下。

A_{sw}——墙柱一端的暗柱实际配筋总面积(cm^2);

A_{swh}——墙肢水平间距范围内的水平分布筋面积(cm^2);

H——水平配筋的标志。

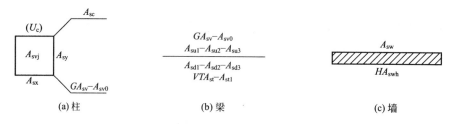

图 4.24 构件配筋示意

[实例说明]:

以图 4.23 为例，可知图中构件配筋情况，柱轴压比为 0.47；角部配筋面积为 380mm^2；单侧配筋面积为 1800mm^2；加密区范围内的全部箍筋面积为 2500mm^2。右侧梁配筋情况：上部纵筋左侧、中和右侧配筋面积分别为 1200mm^2、0mm^2 和 1200mm^2；下部纵筋左侧、中和右侧配筋面积分别为 600mm^2、1000mm^2 和 600mm^2；加密区和非加密区箍筋面积均为 50mm^2。图中配筋显示为 0 时，表示应按构造配筋。

3. 梁弹性挠度、柱轴压比、墙边缘构件简图

该菜单的功能是以图形方式显示梁弹性挠度、柱轴压比和墙边缘构件等信息。双击图 4.20(a)中的【梁弹性挠度、柱轴压比、墙边缘构件简图】命令，弹出其屏幕子菜单，如图 4.25 所示。单击图 4.25 中的【轴压比】、【边缘构件】和【弹性挠度】其可分别查看柱的轴压比信息、墙的边缘构件信息和梁的变形挠度信息等内容。

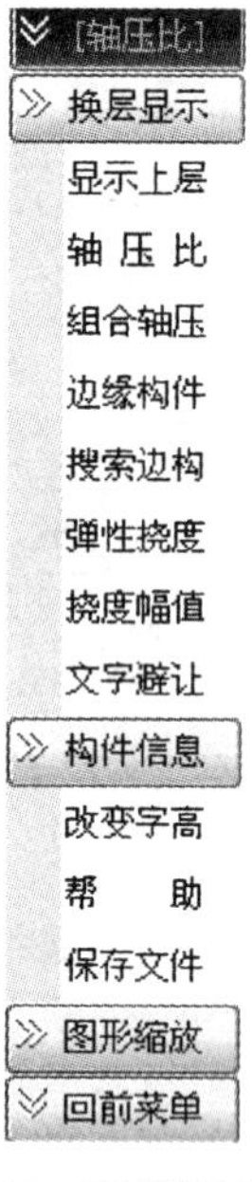

[注意事项]:

剪力墙边缘构件介绍：剪力墙两端设约束边缘构件的主要目的是为了提高墙体的延性，边缘构件的类型包括暗柱、端柱、翼墙(柱)、转角墙(柱)等。

对于其他内容，将在实例中作进一步的介绍。

4. 剪力墙组合配筋修改及验算

剪力墙组合配筋程序作为 SATWE 配筋计算的一个补充，为剪力墙的合理配筋提供了一种补充方法。

双击图 4.20(a)中的【剪力墙组合配筋修改及验算】命令，进入【剪力墙组合配筋程序】界面，如图 4.26 所示。单击图 4.26 所示的屏幕右侧子菜单的【选组合墙】命令，根据命令行提示："请选择墙肢"，选择需要处理的多个墙肢，选上的墙肢将自动进行编号，并以红色显示；而后单击图 4.26 中的【组合配筋】命令，进入如图 4.27 所示的【MWall 组合构件配筋程序】界面，界面将显示之前选中的墙肢。

图 4.25 【梁弹性挠度、柱轴压比、墙边缘构件简图】子菜单

单击图 4.27 中的【钢筋修改】命令，弹出如图 4.28 所示的【钢筋修改】对话框。可以通过调整对话框中的【根数】、【直径】及【修改 As】3 项内容完成对钢筋面积的修改。所不同的是选择【修改 As】是以抽象的方式实现对钢筋面积的修改。完成上述钢筋修改后单击图 4.27 中的【计算】命令，弹出如图 4.29 所示的【请选择】对话框。此项是组合配

筋的核心，程序通过选定各个节点的配筋初值进行配筋计算或者校核。如果是计算，则以初值为基础，如果初值已经满足，则以初值为计算结果，否则在初值的基础上往上增加节点配筋，而且只增不减；如果是校核，则只弹出校核的结果是满足还是不满足。

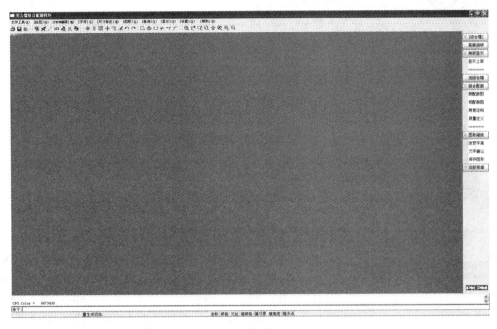

图 4.26 【剪力墙组合配筋程序】界面

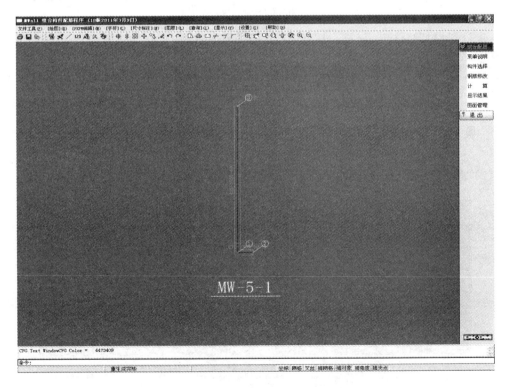

图 4.27 剪力墙组合配筋屏幕显示

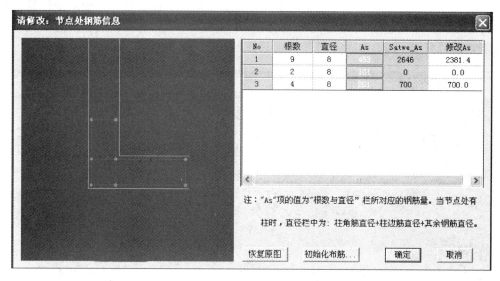

图 4.28 【钢筋修改】对话框

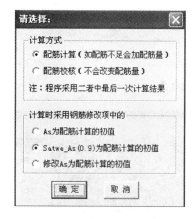

图 4.29 【请选择】对话框

单击图 4.27 中的【退出】命令,则退出 MWall 程序,返回计算后的配筋,回到前界面。可以通过图 4.26 所示的右侧工具条中的【原配筋图】和【现配筋图】命令来对比配筋的差异,图 4.30 所示为原配筋图和现配筋图,通过对比可以看到经过处理的配筋比之前减少了。

[注意事项]:

剪力墙组合配筋方法就是针对分段剪力墙配筋的不足而提出的一种解决方案,其基本原理是采用基于平截面假定的双偏压的配筋计算方法。其具体思路如下:

(1) 将模型平面图中相连的墙肢(或柱)通过人工选择,形成组合墙。

(2) 将分段墙肢(或柱)的内力组合至组合截面的形心。

(a) 原配筋图

(b) 现配筋图

图 4.30 对比显示

(3) 将组合墙当做一个整体截面按照异形柱的配筋方式计算配筋：先根据分布筋配筋率布置好分布钢筋，再给节点处钢筋赋上初值，之后按双偏压构件进行配筋计算(或校核)。

4.4.2 文本文件输出

1. 结构设计信息文件(WMASS.OUT)

结构设计信息保存在输出文件 WMASS.OUT 中，如图 4.31 所示，该文件主要包括以下几部分内容。

(1) 前处理中定义的各种信息以文本的方式显示，包括总信息、风荷载信息、地震信息、活荷载信息、调整信息、配筋信息、设计信息、荷载组合信息、地下室信息等。

(2) 各层的质量、质心坐标信息和结构的总质量。

(3) 各层构件数量、构件材料和层高。

(4) 风荷载信息。

(5) 楼层抗剪承载力及承载力比值。

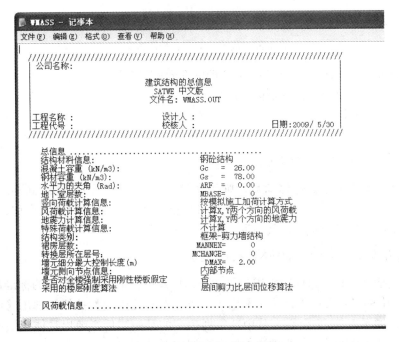

图 4.31 结构设计信息文件

2. 周期、振型、地震力文件(WZQ.OUT)

周期、振型、地震力的计算结果保存在 WZQ.OUT 文件中，如图 4.32 所示。该文件输出内容有助于对结构的整体性能进行评估分析，通过该文件可以得到以下信息。

(1) 各振型特征参数［振动周期(秒)、X 方向和 Y 方向的平动系数和扭转系数］。

(2) 仅考虑 X 方向或 Y 方向地震作用时的地震力。

(3) 各振型作用下 X 方向或 Y 方向的基底剪力。

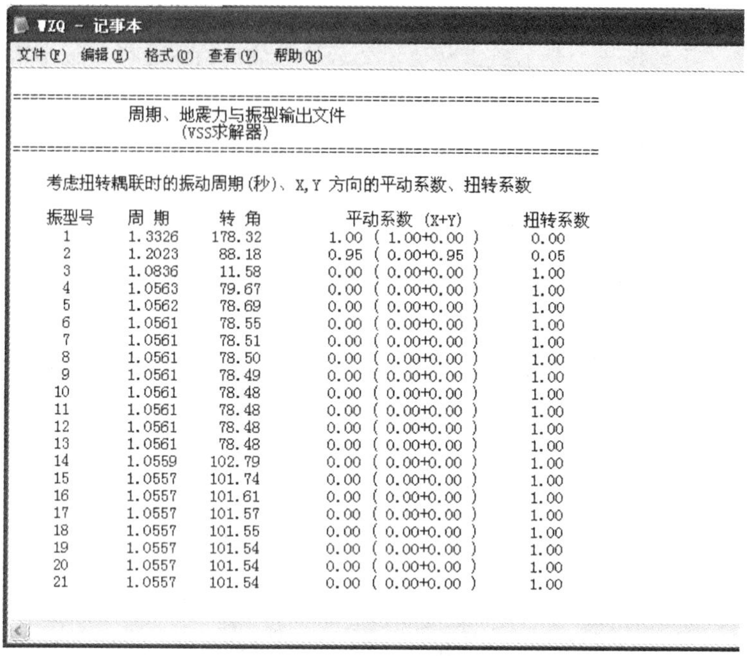

WZQ - 记事本

文件(F) 编辑(E) 格式(O) 查看(V) 帮助(H)

周期、地震力与振型输出文件
(VSS求解器)

考虑扭转耦联时的振动周期(秒)、X,Y 方向的平动系数、扭转系数

振型号	周 期	转 角	平动系数 (X+Y)	扭转系数
1	1.3326	178.32	1.00 (1.00+0.00)	0.00
2	1.2023	88.18	0.95 (0.00+0.95)	0.05
3	1.0836	11.58	0.00 (0.00+0.00)	1.00
4	1.0563	79.67	0.00 (0.00+0.00)	1.00
5	1.0562	78.69	0.00 (0.00+0.00)	1.00
6	1.0561	78.55	0.00 (0.00+0.00)	1.00
7	1.0561	78.51	0.00 (0.00+0.00)	1.00
8	1.0561	78.50	0.00 (0.00+0.00)	1.00
9	1.0561	78.49	0.00 (0.00+0.00)	1.00
10	1.0561	78.48	0.00 (0.00+0.00)	1.00
11	1.0561	78.48	0.00 (0.00+0.00)	1.00
12	1.0561	78.48	0.00 (0.00+0.00)	1.00
13	1.0561	78.48	0.00 (0.00+0.00)	1.00
14	1.0559	102.79	0.00 (0.00+0.00)	1.00
15	1.0557	101.74	0.00 (0.00+0.00)	1.00
16	1.0557	101.61	0.00 (0.00+0.00)	1.00
17	1.0557	101.57	0.00 (0.00+0.00)	1.00
18	1.0557	101.55	0.00 (0.00+0.00)	1.00
19	1.0557	101.54	0.00 (0.00+0.00)	1.00
20	1.0557	101.54	0.00 (0.00+0.00)	1.00
21	1.0557	101.54	0.00 (0.00+0.00)	1.00

图 4.32 周期、振型、地震力文件

(4) 楼层最小剪重比和 X 方向或 Y 方向的有效质量系数。

(5) 各楼层地震剪力系数调整情况。

(6) 主振型判断信息。

(7) 竖向地震作用。

3. 结构位移文件(WDISP.OUT)

如果选择【简化输出】位移信息，则该文件中只有各工况下每层的最大位移、位移比。如果选择【详细输出】位移信息，该文件中除各工况下每层的最大位移、位移比外，还有各工况下的各层各节点 3 个线位移，如图 4.33 所示。

4. 各层内力标准值文件(WWNL＊.OUT)

该文件包括 X、Y 方向地震作用、风荷载作用及恒、活荷载作用下的标准内力值。单击图 4.20(b)中的【各层内力标准值】命令，然后单击【确定】按钮，弹出【内力输出文件】对话框，如图 4.34(a)所示，从中选中列表中的某一层后，弹出具体楼层的内力信息文件，如图 4.34(b)所示。各构件内力输出介绍如下。

墙-梁内力输出包括左、右两端的剪力；左、右两端的弯矩；轴力。

柱内力输出包括 X、Y 方向的底部剪力；X、Y 方向的底部、顶部弯矩；轴力。

墙-柱内力输出包括 X、Y 方向的底部剪力；X、Y 方向的底部、顶部弯矩；轴力。

梁内力输出包括梁主平面内各截面上的剪力、轴力、扭矩最大值；梁主平面外两端的弯矩及最大剪力。

5. 各层配筋文件(WPJ＊.OUT)

选择此项，屏幕出现配筋输出文件选择框，可从中选择某一层文件名，单击【确定】按

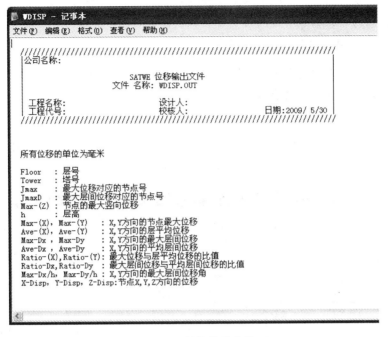

图 4.33 结构位移文件

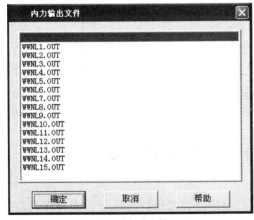

(a) 内力输出文件

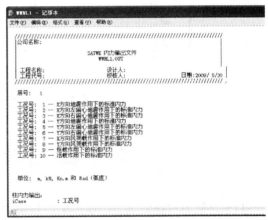

(b) 某层的内力信息文件

图 4.34 内力标准值列表显示

钮后,屏幕弹出该层的配筋输出文件。

6. 超配筋信息文件(WGCPJ.OUT)

超筋、超限信息随着配筋一起输出,有几层配筋,文件中就包含几层超筋、超限信息,并且下一次计算会覆盖前次计算的超筋、超限内容。因此,要得到整个结构的超筋信息,必须从首层到顶层一起计算配筋。

7. 底层最大组合内力文件(WDCNL.OUT)

选择此项,可输出底层柱墙的最大组合内力。该文件主要用于基础设计,给基础提供上部结构的各种组合内力，以满足基础设计的要求。该文件包括底层柱组合内力、底层斜柱或支撑组合内力、底层墙组合内力、各荷载组合下的合力及合力点坐标4部分内容。

8. *薄弱层验算结果文件(SAT－K.OUT)*

选择此项，屏幕出现文件名为SAT－K的文本文件，输出结构薄弱层的验算文件，通过该文件可判断结构的薄弱层信息。

9. *框架柱倾覆弯矩及0.2V_0调整系数文件(W$V_0$2Q.OUT)*

选择此项，屏幕出现文件名为W$V_0$2Q.OUT的文本文件，如图4.35所示，输出框架柱地震倾覆弯矩百分比、框架柱地震剪力百分比和0.2V_0调整系数。

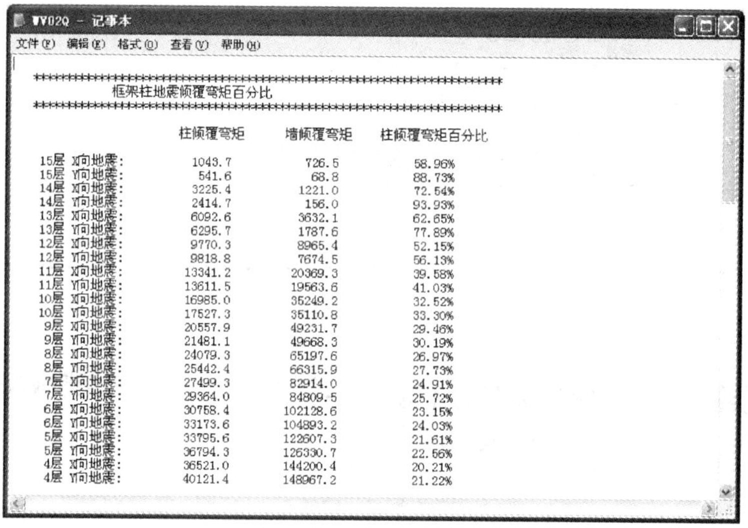

框架柱地震倾覆弯矩百分比

	柱倾覆弯矩	墙倾覆弯矩	柱倾覆弯矩百分比
15层 X向地震:	1043.7	726.5	58.96%
15层 Y向地震:	541.6	68.8	88.73%
14层 X向地震:	3225.4	1221.0	72.54%
14层 Y向地震:	2414.7	156.0	93.93%
13层 X向地震:	6092.6	3632.1	62.65%
13层 Y向地震:	6295.7	1787.6	77.89%
12层 X向地震:	9770.3	8965.4	52.15%
12层 Y向地震:	9818.8	7674.5	56.13%
11层 X向地震:	13341.2	20369.3	39.58%
11层 Y向地震:	13611.5	19563.6	41.03%
10层 X向地震:	16985.0	35249.2	32.52%
10层 Y向地震:	17527.3	35110.8	33.30%
9层 X向地震:	20557.9	49231.7	29.46%
9层 Y向地震:	21481.1	49668.3	30.19%
8层 X向地震:	24079.3	65197.6	26.97%
8层 Y向地震:	25442.4	66315.9	27.73%
7层 X向地震:	27499.3	82914.0	24.91%
7层 Y向地震:	29364.0	84809.5	25.72%
6层 X向地震:	30758.4	102128.6	23.15%
6层 Y向地震:	33173.6	104893.2	24.03%
5层 X向地震:	33795.6	122607.3	21.61%
5层 Y向地震:	36794.3	126330.7	22.56%
4层 X向地震:	36521.0	144200.4	20.21%
4层 Y向地震:	40121.4	148967.2	21.22%

图4.35 框架柱地震倾覆弯矩百分比

4.5 计算结果的分析、判断和调整

目前，随着科技的进步，城市中的高层建筑日益广泛，采用计算机软件进行多高层建筑结构的分析和设计变得相当普遍。由于多高层建筑结构构件布置复杂，计算后数据输出量很大，因此，对计算结果的合理性、可靠性的判断变得十分必要。这是结构设计人员必须去面对的事情，而作为一名合格的结构工程师应该以扎实的力学概念和丰富的工程经验为基础，从结构整体和局部两个方面对计算结果的合理性进行判断，确认其可靠性后方可将其作为施工图设计的依据。

计算结果的大致判断可以从以下几个主要的指标入手，若工程计算结果均满足规范要求，则可认为计算结果大体正常，可以在实际工程设计中应用。

1. *周期与周期比*

1) 周期

规范中对周期没有严格的规定，在《建筑结构荷载规范》(2006年版)的附录E中给出了经验公式。一般情况下，不同结构的基本自振周期（即第一周期）大致为：

框架结构 $T_1=(0.12\sim0.15)n$

框剪和框筒结构 $T_1=(0.08\sim0.12)n$

剪力墙和筒中筒结构 $T_1=(0.04\sim0.06)n$

式中：n 为建筑物的总层数。如果结构的周期太长，说明结构过"软"、所承担的地震剪力偏小，可考虑抗侧力构件（柱、墙）截面太小或布置不当；相反，如周期偏短，说明结构过"刚"、所承担的地震剪力偏大，应考虑抗侧力构件截面太大、墙的布置太多或墙的刚度太大等情况。

2）周期比

周期比即结构扭转为主的第一自振周期（也称第一扭振周期）T_t 与平动为主的第一自振周期（也称第一侧振周期）T_1 的比值。对于周期比的要求主要是为控制结构的扭转效应，减小扭转对结构产生的不利影响，使结构的抗扭刚度不能太弱。当两者接近时，考虑到振动耦联的影响，结构的扭转效应将明显增大。

《高层建筑混凝土结构技术规程》（JGJ 3—2010）第 3.4.5 条规定，结构扭转为主的第一自振周期 T_t 与平动为主的第一自振周期 T_1 之比，A 级高度高层建筑不应大于 0.9，B 级高度高层建筑、超过 A 级高度的混合结构以及本规程第 10 章所指的复杂高层建筑不应大于 0.85。

[计算结果的判别与调整]：

SATWE 计算结果中并未直接给出周期比，如图 4.32 所示，故对于一般规则的单塔结构，需人工按如下步骤验算周期比。

（1）根据各振型的两个平动系数和一个扭转系数（三者之和应等于 1）判别各振型分别是扭转为主的振型（也称扭振振型）还是平动为主的振型（也称侧振振型）。一般情况下，当扭转系数大于 0.5 时，可认为该振型是扭振振型，反之则为侧振振型；当然，对某些极为复杂的结构还应结合主振型信息来做进一步的判断。

（2）周期最长的扭振振型对应的就是第一扭振周期 T_t，周期最长的侧振振型对应的就是第一侧振周期 T_1。

（3）计算 T_t/T_1，看是否超过 0.9(0.85)。对于多塔结构，不能直接按上面的方法验算其周期比，应将多塔结构分成多个单塔，分别计算其周期比，最后再用整体计算方法完成其他的计算分析和设计。

[实例分析]：

这里仍以图 4.32 为例，图中第 1、第 2 扭转系数分别为 0.00 和 0.05，说明前两个振型均为侧振振型；第 3 振型扭转系数为 1，说明为扭振振型，这样可以得到此结构的周期比为：

$$T_t/T_1=1.0836/1.3326=0.813$$

周期比小于规范限值，说明结构平面布置满足要求。

2. 位移比（层间位移比）

高层建筑层数多、高度大，为了保证高层建筑结构具有必要的刚度，应对其最大位移和层间位移加以限制。满足《建筑抗震设计规范》（GB 50011—2010）第 5.5.1 条要求的层间位移能够保证主体结构基本处于弹性受力状态，这样可以避免混凝土墙柱出现裂缝；控制楼面梁、板的裂缝数量和宽度；保证填充墙、隔墙和幕墙等非结构构件的完好使用。

[规范对位移比的要求]：

《高层建筑混凝土结构技术规程》(JGJ 3—2010)第 3.4.5 条规定：结构平面布置应减少扭转的影响。在考虑偶然偏心影响的规定水平地震力作用下，楼层竖向构件的最大水平位移和层间位移，A 级高度高层建筑不宜大于该楼层平均值的 1.2 倍，不应大于该楼层平均值的 1.5 倍；B 级高度高层建筑、超过 A 级高度的混合结构以及本规程第 10 章所指的复杂高层建筑不宜大于该楼层平均值的 1.2 倍，不应大于该楼层平均值的 1.4 倍。

[计算结果的判别与调整要点]：

SATWE 程序对每一楼层计算并输出最大水平位移、最大层间位移角、平均水平位移、平均层间位移角及相应的比值，详细内容可参见位移输出文件 WDISP.OUT。对于计算结果的判断，应注意以下几点。

（1）最大层间位移、位移比是在刚性楼板假设下的控制参数，验算位移比应选择【强制刚性楼板】假定，这样对于凸凹不规则或楼板局部不连续的工程，应计算两次，先在刚性楼板假定条件下计算位移比，再采用符合楼板平面内实际刚度变化的计算模型下完成内力和配筋计算。

（2）验算位移比需要考虑偶然偏心的作用，当位移比不满足要求时，往往是结构刚度布置不均匀，所以应尽量控制结构刚度在较均匀的范围内。

（3）对于多塔结构最好分开计算，采用【离散模型】以保证设计安全，当然对于位移比也可以采用【整体模型】计算。

3. 刚度比

刚度比是指结构竖向不同楼层侧向刚度的比值(也称层刚度比)。计算层刚度的方法有 3 种，即剪切刚度、剪弯刚度和地震剪力与地震层间位移的比值。对刚度比的规定可根据《高层建筑混凝土结构技术规程》(JGJ 3—2010)第 3.5.2 条及附录 E 的规定。

[计算结果的判别与调整要点]：

（1）规范对结构层刚度比和位移比的控制是一样的，也要求在刚性楼板假定条件下计算，对于有弹性板或板厚为零的工程，应计算两次，在刚性楼板假定条件下计算层刚度比并找出薄弱层，然后在真实条件下完成结构的计算。

（2）层刚度比及薄弱层地震剪力放大系数的计算结果详见 WMASS.OUT 文本文件（图 4.36）。一般来说，结构的抗侧刚度应该是沿高度均匀或沿高度逐渐减少，但对于框支层或抽空墙柱的中间楼层通常表现为薄弱层。由于薄弱层容易遭受严重震害，故程序根据刚度比的计算结果或层间剪力的大小自动判定薄弱层，并乘以放大系数，以保证结构安全，当然薄弱层也可在调整信息中通过人工强制指定。

[实例分析]：

以图 4.36 为例可知，该结构首层与上层刚度比满足《高层建筑混凝土结构技术规程》(JGJ 3—2010)的要求，地震剪力放大系数取值为 1。

4. 刚重比

结构的侧向刚度与重力荷载设计值之比称为刚重比，它是影响重力二阶效应(P-Δ 效应)的主要参数，重力二阶效应随着结构刚重比的降低呈双曲线关系增加。高层建筑在风荷载或水平地震作用下，若重力二阶效应过大则会引起结构的失稳倒塌，所以控制好结构

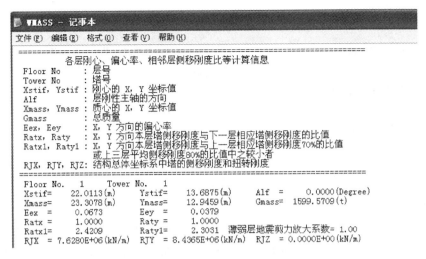

图 4.36 楼层刚度比

的刚重比也就保证了结构的稳定性。

规范对刚重比的要求可根据《高层建筑混凝土结构技术规程》(JGJ 3—2010)第 5.4.1 条和第 5.4.4 条的规定。

[计算结果的判别与调整要点]:

(1) 对于框架结构,当刚重比大于 10 时,则结构重力二阶效应可控制在 20% 以内,结构的稳定已经具有一定的安全储备;当刚重比大于 20 时,重力二阶效应对结构的影响已经很小,故此时可以不考虑重力二阶效应。

(2) 对于剪力墙结构、框剪结构和筒体结构,当刚重比大于 1.4 时,结构能够保持整体稳定;当刚重比大于 2.7 时,重力二阶效应附加的内力和位移增量仅在 5% 左右,故此时可以不考虑重力二阶效应。

(3) 若结构刚重比大于 1.4,则满足整体稳定条件。

SATWE 的输出结果 WMASS.OUT 如图 4.37 所示。当高层建筑的稳定不满足上述规定时,应调整并增大结构的侧向刚度。

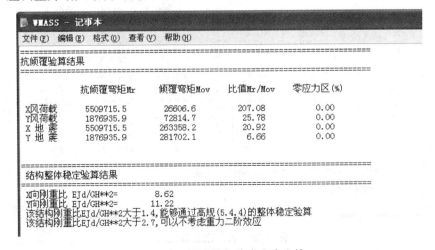

图 4.37 刚重比与稳定文本文件

5. 剪重比

剪重比即最小地震剪力系数，该参数主要用于控制各楼层最小地震剪力，尤其是对于基本周期大于3.5s的结构以及存在薄弱层的结构。

[规范对剪重比的要求]：

(1)《高层建筑混凝土结构技术规程》(JGJ 3—2010)第4.3.12条给出了结构各楼层对应于地震作用标准值的剪力的计算方法：

$$V_{EKi} \geqslant \lambda \sum_{j=i}^{n} G_j$$

式中：V_{EKi}为第i层对应于水平地震作用标准值的剪力；λ为水平地震剪力系数；G_j为第j层重力荷载代表值；n为结构计算总层数。

(2) 条文说明解释：由于地震影响系数在长周期段下降较快，对于基本周期大于3s的结构，由此计算所得的水平地震作用下的结构效应可能偏小。而对于长周期结构，地震地面运动速度和位移可能对结构的破坏具有更大影响，但是规范所采用的振型分解反应谱法尚无法对此做出估计。出于结构安全的考虑，增加了对各楼层水平地震剪力最小值的要求，规定了不同烈度下的楼层地震剪力系数（即剪重比），结构水平地震作用效应应该据此进行相应调整。

[计算结果的判别与调整要点]：

(1) 对于一般高层建筑而言，结构剪重比底层为最小，顶层为最大。故实际工程中，结构剪重比由底层控制，由下到上，哪层的地震剪力不够，就放大哪层的设计地震内力。

(2) 结构各层剪重比及各楼层地震剪力调整系数自动计算取值，结果详见SATWE周期、地震力与振型输出文件(WZQ.OUT)，如图4.38所示，同时各层地震内力自动放大与否可由设计人员干预调整。

WZQ - 记事本

文件(F) 编辑(E) 格式(O) 查看(V) 帮助(H)

Floor	Tower	Fx (kN)	Vx (分塔剪重比) (kN)	(整层剪重比)	Mx (kN-m)	Static Fx (kN)
		(注意:下面分塔输出的剪重比不适合于上连多塔结构)				
18	1	395.61	395.61(13.51%)	(13.51%)	949.45	2426.68
17	1	1021.93	1414.32(12.64%)	(12.64%)	4198.08	904.18
16	1	1027.69	2436.08(11.85%)	(11.85%)	13202.50	988.49
15	1	1449.45	3812.59(10.27%)	(10.27%)	30248.87	1643.81
14	1	1280.69	4844.59(8.82%)	(8.82%)	51657.18	1628.84
13	1	1141.25	5560.30(7.72%)	(7.72%)	71528.88	1435.64
12	1	1124.58	6110.41(6.88%)	(6.88%)	92915.31	1301.38
11	1	1166.04	6562.95(6.24%)	(6.24%)	115343.38	1167.78
10	1	1255.37	6994.60(5.76%)	(5.76%)	138579.89	1064.90
9	1	1325.13	7457.66(5.41%)	(5.41%)	162617.05	962.03
8	1	1352.29	7972.51(5.17%)	(5.17%)	187622.97	859.15
7	1	1337.81	8528.38(5.00%)	(5.00%)	213855.39	759.12
6	1	1285.47	9091.65(4.86%)	(4.86%)	241570.77	655.86
5	1	1263.93	9667.87(4.72%)	(4.72%)	277529.28	588.39
4	1	1093.56	10149.40(4.56%)	(4.56%)	315938.22	469.21
3	1	707.78	10431.51(4.34%)	(4.34%)	364741.78	326.68
2	1	5.49	10433.41(4.07%)	(4.07%)	377737.25	144.15
1	1	2.39	10432.05(3.05%)	(3.05%)	415455.97	583.47

抗震规范(5.2.5)条要求的X向楼层最小剪重比 = 3.20%

X 方向的有效质量系数: 99.51%

图4.38 剪重比文本文件

(3) 当楼层剪重比不满足要求时,可首先检查有效质量系数是否达到90%,若没有达到,则应增加计算振型数;而当有效质量系数满足要求,但楼层剪重比不满足要求时,反映了结构刚度和质量可能分布不合理,应对结构方案的合理性进行判断并调整方案。

6. 轴压比

柱(墙)轴压比是指柱(墙)轴压力设计值与柱(墙)的全截面面积和混凝土轴心抗压强度设计值乘积之比,即为 N/f_cA。它是影响墙、柱抗震性能的主要因素,轴压比的限制是为了使柱墙具有更好的延性和耗能能力。

《混凝土结构设计规范》(GB 50010—2010)第 11.4.16 条、《建筑抗震设计规范》(GB 50011—2010)第 6.3.6 条和《高层建筑混凝土结构技术规程》(JGJ 3—2010)第 6.4.2 条同时规定了柱轴压比限值,见表 4-7。

表 4-7 柱轴压比限值

结构类型	抗震等级			
	一级	二级	三级	四级
框架结构	0.65	0.75	0.85	0.9
框架-剪力墙结构、筒体结构、框架-核心筒结构及筒中筒结构	0.75	0.85	0.90	0.95
部分框支剪力墙结构	0.60	0.70	—	—

注:各种调整信息详见相应规范条文。

《混凝土结构设计规范》(GB 50010—2010)第 11.7.16 条、《高层建筑混凝土结构技术规程》(JGJ 3—2010)第 7.2.13 条规定了一、二、三级抗震等级的剪力墙底部加强部位的墙肢轴压比限值,见表 4-8。

表 4-8 剪力墙轴压比限值

轴压比	一级(9度)	一级(7、8度)	二级、三级
N/f_cA	0.4	0.5	0.6

[注意事项]:

对"延性"可以理解为:结构、构件或构件的某个截面从屈服开始到达最大承载能力或到达以后而承载能力还没有明显下降期间的变形能力。

[计算结果的判别与调整要点]:

(1) 限制墙、柱的轴压比,通常取底截面(最大轴力处)进行验算,若截面尺寸或混凝土强度等级变化时,还应验算该位置的轴压比。当计算结果与规范不符时,轴压比数值会自动以红色字符显示。

(2) 对于柱和墙轴压比的计算是不同的;柱构件采用考虑地震作用组合的轴压力设计值与柱全截面面积和混凝土轴心抗压强度设计值乘积的比值;墙构件取重力荷载代表值作

用下剪力墙墙肢的轴向压力设计值。

（3）混凝土强度等级、箍筋配置的形式与数量均与柱的轴压比有密切的关系，因此，规范针对不同的情况，对柱的轴压比限值作了适当的调整。

4.6　SATWE 的设计实例

本例通过对一个 28 层剪力墙结构的实例进行计算分析，给出 SATWE 高层剪力墙结构的设计过程。

该建筑位于河北廊坊，地下 2 层，地上 28 层，建筑高度 81.45m，抗震设防烈度为 8 度，设计地震分组为第二组。结构形式为现浇钢筋混凝土剪力墙结构。

4.6.1　SATWE 的结构 PM 建模

结构 PM 的具体建模过程参照第 2 章 PMCAD 的内容，此处不作具体介绍。结构各层平面图和楼板厚度、混凝土强度等级、钢筋强度等级等信息如图 4.39～图 4.43 所示，楼层组装如图 4.44 所示。

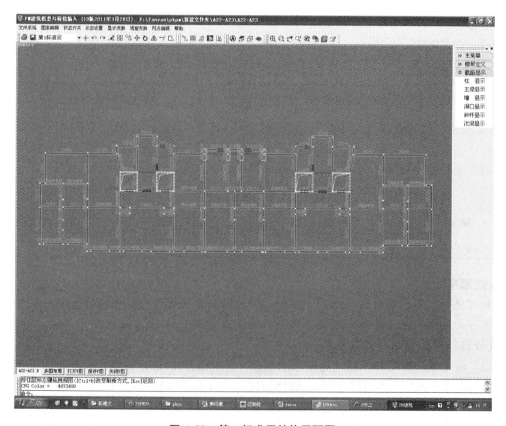

图 4.39　第一标准层结构平面图

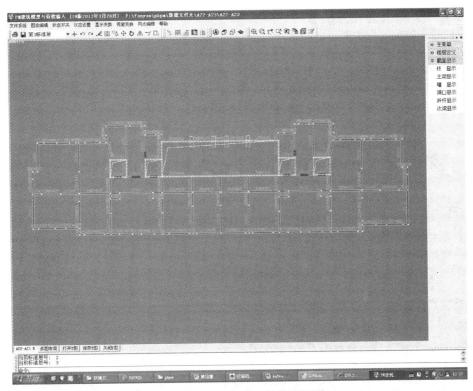

图 4.40 第二标准层结构平面图

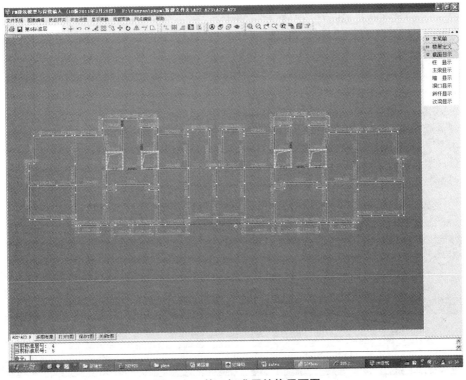

图 4.41 第三标准层结构平面图

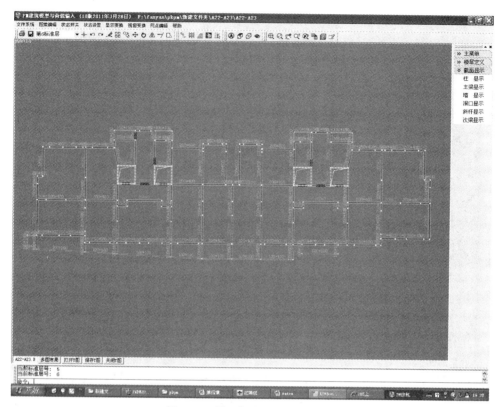

图 4.42　第四标准层结构平面图

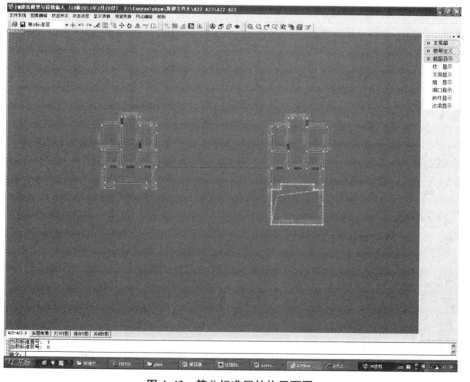

图 4.43　第八标准层结构平面图

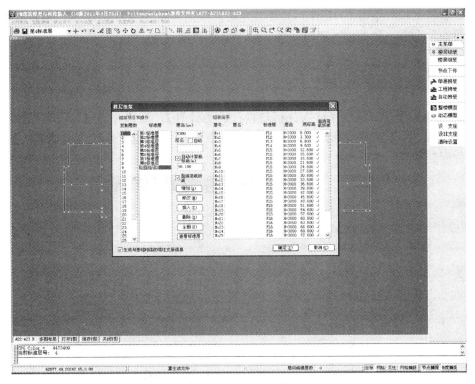

图 4.44 楼层组装

4.6.2 接 PM 生成 SATWE 数据

1. 分析与设计参数补充定义

根据工程调整相关参数,各参数取值如下。
1) 总信息

【总信息】选项卡如图 4.3 所示,修改选项卡中的参数:【混凝土容重(kN/m³)】取值为 27kN/m³;【地下室层数】调整为 2 层;【恒活荷载计算信息】为【模拟施工加载 3】;其他参数不变。

2) 风荷载信息

根据工程地点,查《建筑结构荷载规范》(GB 50009—2001)(2006 年版)可得。

3) 地震信息

【地震信息】选项卡如图 4.8 所示,修改选项卡中的参数:【设计地震分组】为【第二组】;【剪力墙抗震等级】为【一级】;选择【考虑偶然偏心】复选框;【周期折减系数】为 0.9;其他信息参数取默认值。

特殊构件补充定义考虑了特殊梁、特殊柱、支撑等构件。本例中不存在特殊构件,无需该操作;同样,本实例中不考虑温度荷载,也不存在弹性支座/支座位移,所以实例略过【温度荷载】和【弹性支座/支座位移定义】两项菜单。

2. 生成 SATWE 数据文件

完成各项定义后,选择【生成 SATWE 数据文件及数据检查】命令,如果出现提示错误，则查看数据检查报告 CHECK.OUT，完成修改后再次执行【生成 SATWE 数据文件及数据检查】命令，数据检查通过，则 SATWE 前处理完成。

4.6.3 结构内力与配筋计算

在 SATWE 主菜单选择【结构分析与构件内力计算】，屏幕弹出【SATWE 计算控制参数】对话框，根据工程实际情况补充参数，如图 4.45 所示的，然后单击【确认】按钮，进行构件配筋计算。

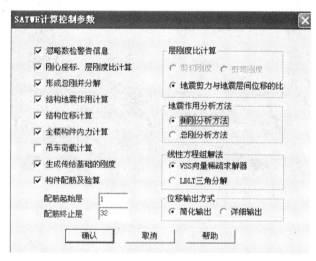

图 4.45 【SATWE 计算控制参数】对话框

4.6.4 设计实例的分析结果图形和文本显示

完成构件配筋计算后，在 SATWE 主菜单选择【分析结果图形和文本显示】命令，屏幕弹出【SATWE 后处理－图形文件输出】对话框，主要分析结果如下。

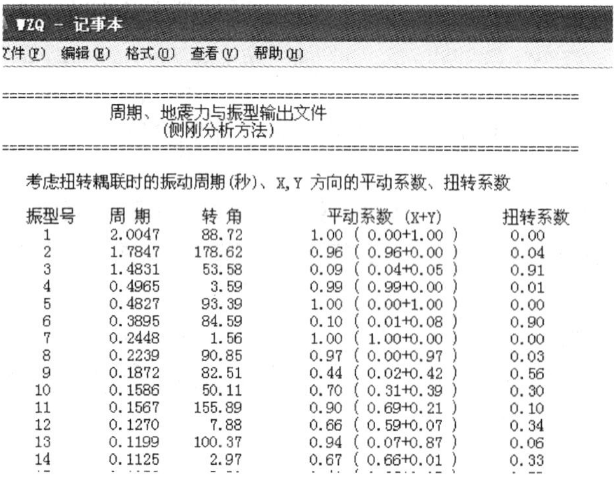

1. 文本文件输出

用户可通过文本文件查看结构的分析信息，重点对周期比、位移比、刚度比、刚重比、剪重比、轴压比等比值进行查看。本例的【周期、振型、地震力】文件 WZQ.OUT 如图 4.46 所示；高层结构设计控制【层刚度比】文件 WMASS.OUT 如图 4.47 所示；其余文本文件查看在这里不再详述。

2. 图形文件输出

构件的配筋图形如图 4.48 所示，

图 4.46 【周期、振型、地震力】文件

WMASS - 记事本

文件(F) 编辑(E) 格式(O) 查看(V) 帮助(H)

```
==========================================================================
          各层刚心、偏心率、相邻层侧移刚度比等计算信息
 Floor No       : 层号
 Tower No       : 塔号
 Xstif, Ystif  : 刚心的 X, Y 坐标值
 Alf            : 层刚性主轴的方向
 Xmass, Ymass  : 质心的 X, Y 坐标值
 Gmass          : 总质量
 Eex, Eey      : X, Y 方向的偏心率
 Ratx, Raty    : X, Y 方向本层塔侧移刚度与下一层相应塔侧移刚度的比值
 Ratx1, Raty1  : X, Y 方向本层塔侧移刚度与上一层相应塔侧移刚度70%的比值
                 或上三层平均侧移刚度80%的比值中之较小者
 RJX, RJY, RJZ: 结构总体坐标系中塔的侧移刚度和扭转刚度
==========================================================================
 Floor No.    1      Tower No.    1
 Xstif=     26.1179(m)       Ystif=     10.0787(m)      Alf  =     -0.0824(Degree)
 Xmass=     26.1144(m)       Ymass=      7.5057(m)      Gmass=    884.4099(t)
 Eex  =      0.0002          Eey  =      0.1427
 Ratx =      1.0000          Raty =      1.0000
 Ratx1=      8.4142          Raty1=      5.6300   薄弱层地震剪力放大系数= 1.00
 RJX  = 2.7540E+09(kN/m)     RJY  = 5.3436E+08(kN/m)    RJZ  = 0.0000E+00(kN/m)
--------------------------------------------------------------------------
```

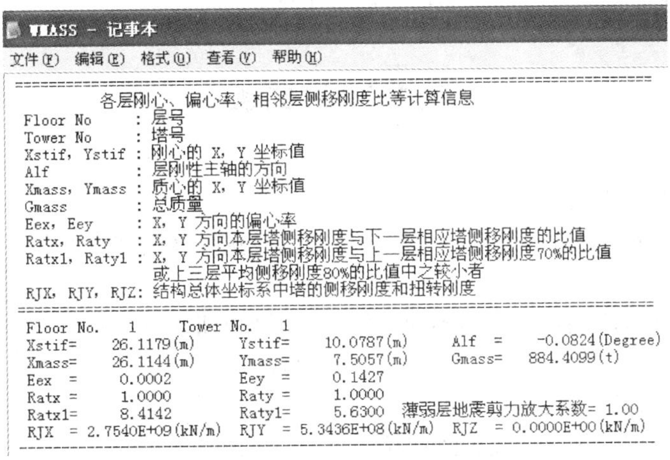

图 4.47 【层刚度比】文件

可以通过主菜单查看结构各层的配筋图，还可以通过箍筋/主筋开关调整来单独查看主筋、箍筋，如果出现红色显示说明该构件超筋。本例中没有红色显示说明未有超筋现象，可根据需要查看其余图形文件。

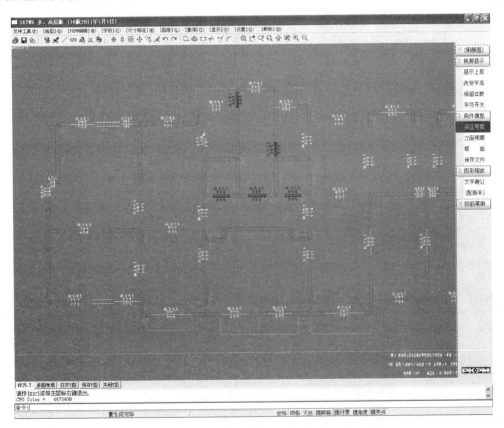

图 4.48 标准层构件的配筋局部

完成上述操作后，可以认为结构的分析结果符合规范要求，可以按计算结果进行配

筋，接力墙梁柱施工图模块可以绘制剪力墙施工图。

思考题与习题

1. SATWE 的基本功能是什么？
2. 在【总信息】选项卡中，对墙元侧向节点信息选择【内部节点】和选择【出口节点】有何不同？
3. 为什么要进行周期折减？对不同的结构体系如何取值？
4. 梁有哪些调整系数，各有什么含义？如何取值？
5. 什么是不调幅梁、转换梁？
6. 在板柱结构中，为什么要输入虚梁？
7. 错层结构如何输入？
8. 如何判断超筋、超限现象？如何进行调整？
9. 如何进行振型方向和主振型的判断？
10. 不同的【模拟施工加载】对内力计算结果有何影响？如何根据实际工程进行合理选用？
11. 如何对计算结果进行分析？需要查看和调整哪些主要内容？

第5章
复杂空间结构分析与设计软件——PMSAP

教学目标

了解 PMSAP 程序的基本功能。
掌握计算参数的合理选取。
熟悉结构整体分析与构件内力配筋的计算。
理解 PMSAP 的分析结果图形和文本显示。
熟悉 SATWE、PMSAP 之间分析结果的异同。

教学要求

知识要点	能力要求	相关知识
PMSAP 程序的基本功能	了解 PMSAP 程序的基本功能	基本功能
补充建模	熟练掌握 PMSAP 前处理基本参数的输入	结构分析基本参数 特殊构件定义
数据生成	了解 PMSAP 的数据文件	PMSAP 数据文件构成
分析与计算	熟练掌握计算控制参数的合理选用	分析方法
结果与图形显示	(1) 掌握 PMSAP 后处理图形文件输出； (2) 掌握 PMSAP 后处理文本文件输出	结果的合理性判断
SATWE 与 PMSAP	了解两种分析程序之间的异同	计算原理及方法差异

　　PMSAP 是独立于 SATWE 程序开发的专门用于复杂体型的多、高层建筑三维分析程序，在程序总体结构的组织上采用了通用程序技术，这使得它在分析上具备通用性，所以适用于任意的结构形式。而在分析上直接针对多、高层建筑中所出现的各种复杂情形，PMSAP 在设计上着重考虑了多、高层钢筋混凝土结构和钢结构。

　　本章通过对 PMSAP 的系统介绍，使读者能够了解该程序的基本功能及使用方法。

5.1 PMSAP 的程序特点、适用范围及功能介绍

5.1.1 PMSAP 的程序特点

（1）分析上具有通用性，可以处理任意结构形式；

(2) 采用基于广义协调技术的新型高精度剪力墙单元,使得剪力墙的剖分局部化,进而保证墙元刚度计算的准确性;

(3) 可以对厚板转换层及板柱体系进行全楼整体分析与设计;

(4) 可以对斜楼板和普通楼板进行全楼整体分析与设计;

(5) 实现梁、柱、墙、楼板之间的协调细分功能;

(6) 进行梁、柱、墙、楼板的温度应力分析;

(7) 针对斜交抗侧力结构的多方向地震作用分析;

(8) 考虑楼层偶然质量偏心的地震作用分析;

(9) 适用于任意复杂结构的 P-Δ 效应分析;

(10) 对恒荷载可根据用户指定的施工次序进行施工模拟计算;

(11) 提供竖向地震的振型分解反应谱分析;

(12) 整体刚性、分块刚性、完全弹性等多种楼板假定方式;

(13) 针对侧刚和总刚模型的快速广义特征值算法;

(14) 三维与平面相结合的图形前、后处理;

(15) 与墙梁柱施工图、钢结构、基础及非线性模块的全面接口。

5.1.2 PMSAP 的适用范围

PMSAP 的适用范围见表 5-1。

表 5-1 PMSAP 的适用范围

序号	内容	适用范围	序号	内容	适用范围
1	结构层数	≤1000	5	每层简化墙数	≤5000
2	每层桁杆数	≤20000	6	每层细分墙数	≤5000
3	每层梁数	≤20000	7	每层多边壳(房间)数	≤5000
4	每层柱数	≤20000	8	每层三维元数	≤6000
			9	结构节点数、自由度	不限

5.1.3 PMSAP 的功能介绍

PMSAP 从力学上看是一个线弹性组合结构有限元分析程序,它适合于广泛的结构形式和相当大的结构规模。该程序能对结构做线弹性范围内的静力分析、固有振动分析、时程响应分析和地震反应谱分析,并依据规范对混凝土构件、钢构件进行配筋设计或验算。除了程序结构上的通用性,PMSAP 在开发过程中着重考虑了结构分析在建筑领域中的特殊性,对于多高层建筑的剪力墙、楼板、厚板转换层等关键构件提出了基于壳元子结构的高精度分析方法,并可做施工模拟分析、温度应力分析、预应力分析、活荷载不利布置分析等。与一般通用与专用程序不同,PMSAP 中提出了"二次位移假定"的概念并加以实现,使得结构分析的速度与精度得到兼顾,这也是 PMSAP 区别于其他程序的一个突出特点。

PMSAP 程序的分析功能和设计功能见表 5-2。

表 5-2 PMSAP 的功能介绍

基本功能	功能说明
力学模型	基于广义协调理论和子结构技术开发了能够任意开洞的细分墙单元和多边形楼板单元，它们的面内刚度和面外刚度分别由平面应力膜和弯曲板进行模拟，可以很好地体现剪力墙和楼板的真实变形和受力状态。对细分墙元，广义协调技术使得墙的剖分局部化。也就是说，任一片墙元在其边界上的由网格细分生成的节点，不必与其相邻墙边界上的节点对齐，从而任一片墙元的网格划分可以与其相邻墙元无关。这样，几乎总是能够保证墙元网格的良态，进而保证墙元刚度计算的准确性
适用结构类型	程序可接受任意的结构形式，对建筑结构中的多塔、错层、转换层、楼面大开洞等情形提供了方便的处理手段
计算功能	(1) 在线弹性范围内，可以对组合结构完成下列分析。 ① 静力分析； ② 固有振动分析(Guyan 法、多重 Ritz 向量法)； ③ 时程响应分析； ④ 地震反应谱分析。 (2) 针对钢筋混凝土结构、钢结构，可以完成下列分析。 ① 施工模拟分析； ② 预应力荷载分析； ③ 温度荷载分析； ④ P-Δ 效应分析； ⑤ 活荷载不利布置分析； ⑥ 风荷载自动倒算； ⑦ 双向地震的扭转效应； ⑧ 考虑偶然质量偏心的地震反应谱分析； ⑨ 地下室人防荷载、水土压力荷载分析与设计； ⑩ 吊车荷载分析与设计； ⑪ 梁、柱、墙配筋计算； ⑫ 钢构件、组合构件的验算
其他	为了保证分析结果的合理性，程序还具备下列功能。 (1) 楼层间协调性自动修复，消除悬空墙、悬空柱； (2) 自动实现梁、楼板和剪力墙的相互协调细分

5.2 PMSAP 前处理

使用 PMSAP 计算之前，必须由 PMCAD、STS 或 SPASCAD 建立结构的三维计算模型，完成材料、截面、荷载等数据的输入。

对一个工程而言，完成 PMCAD 或 STS 的模型输入后，其生成如下数据条件(假定工程文件名为 AAA)：AAA·* 和 *·PM。

这些文件是使用 PMSAP 所必需的。当在工程目录中存在这些文件时，说明已经完成了 PMCAD 或 STS 框架的建模操作，可进入 PMSAP 主菜单执行 PMSAP 的操作步骤。

单击 PMSAP 菜单后，屏幕顶端显示【复杂空间结构分析与设计软件】主菜单，如图 5.1 所示。

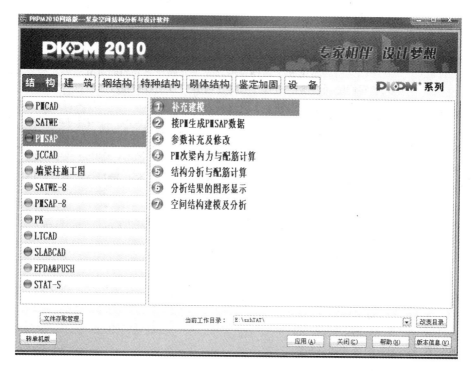

图 5.1　PMSAP 主菜单

PMSAP 主菜单的前三项是 PMSAP 计算的数据准备阶段，也就是前处理阶段。它们分别是主菜单【1 补充建模】、主菜单【2 接 PM 生成 PMSAP 数据】、主菜单【3 参数补充及修改】。

这三项可以看做三维建模输入的延续或补充，将在下面分别介绍。

[注意事项]：

采用 PMCAD 或 STS 框架（非 SPASCAD）建立的结构三维模型，在使用 PMSAP 时，这三项菜单都是必须按顺序执行的，不应省略其中的任何一项，否则可能会导致 PMSAP 的计算结果错误。

5.3　补 充 建 模

5.3.1　补充建模的功能介绍

通过【补充建模】菜单，用户可以补充定义一些特殊构件的信息，包括不调幅梁、连梁、铰接梁、转换梁、角柱、转换柱、转换角柱、铰接柱、转换构件、弹性楼板单元、温度荷载、多塔信息、吊车荷载等信息。

[注意事项]：

（1）如果不需要做这些特殊构件定义，也必须进入本菜单，然后直接退出。一旦执行过本菜单，补充输入的信息将被保存在硬盘当前工程目录下名为 SAP＊＊＊.PM 的多个文件中。当需要再次执行本菜单时，程序自动读入 SAP***.PM 文件中的有关信息。

（2）若想取消对一个工程已作出的补充定义，可简单地将 SAP***.PM 文件删掉。SAP***.PM 文件中的信息与三维模型密切相关，如果对三维模型的某一标准层的柱、梁布置作过增减修改，则应相应地修改该标准层的补充定义信息，而其他标准层的特殊构件信息无须重新定义，程序会自动保留。

（3）如果对三维模型进行了较大改动，特别是楼层数有所增减时，应重新进入本菜单，根据修改后的结构，对各项信息(如多塔信息)进行确认、修改，以免产生后续的计算错误；如果改动较多，可以将某项或全部信息完全删除，然后进行重新定义。

5.3.2 基本操作

双击图 5.1 中的主菜单【1 补充建模】，在屏幕绘图区会显示结构首层平面简图，并在屏幕右侧显示其菜单区，如图 5.2 所示。

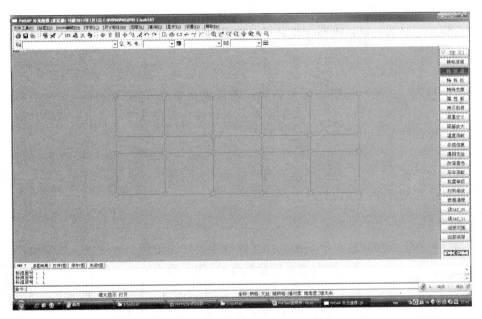

图 5.2 【补充建模】的屏幕菜单及图形显示

1. 换标准层

菜单【换标准层】的功能在于对各标准层进行切换，用光标选取各标准层，则在屏幕的绘图区就会相应地显示该标准层的平面简图。此处的标准层与 PMCAD 建模中定义的标准层是一致的。单击鼠标右键或按键盘 Esc 键可返回到前一级子菜单。

2. 特殊梁

特殊梁包括不调幅梁、连梁、转换梁、铰接梁、滑动支座，如图 5.3 所示。各种特殊梁的含义及定义方法如下。

1) 不调幅梁

不调幅梁是指在配筋计算时不作弯矩调幅的梁。程序对全楼的所有梁都自动进行判断，首先把各层所有的梁以轴线关系为依据连接起来，形成连续梁；然后，以墙或柱为支座，把在两端都有支座的梁作为普通梁，以暗青色显示。在配筋计算时，对其支座弯矩及跨中弯矩进行调幅计算。把两端都没有支座或仅有一端支座的梁（包括次梁、悬臂梁等）隐含定义为不调幅梁。设计人员可以按自己的设计意愿进行修改定义，若想将普通梁定义为不调幅梁，则可用光标在该梁上单击一下，则该梁的颜色变为亮青色，即表明该梁已被定义为不调幅梁；反过来，若想把隐含的不调幅梁改为普通梁或想把定义错的不调幅梁改为普通梁，则只需用光标在该梁上单击一下，此时该梁的颜色变为暗青色，即表明该梁已被改为普通梁。

图 5.3 【特殊梁】子菜单

2）连梁

连梁是指与剪力墙相连、允许开裂、可做刚度折减的梁。程序对全楼所有的梁都自动进行判断，当梁两端都与剪力墙相连，且至少有一端与剪力墙轴线的夹角不大于 25°时，程序隐含将其定义为连梁，以亮黄色显示。连梁的定义及修改方法与不调幅梁一样。

3）铰接梁

PMSAP 软件中考虑了两种情况：梁一端铰接与梁两端都铰接。铰接梁没有隐含定义，需设计人员指定。用光标选取需定义的梁，则该梁在靠近光标的一端出现一个红色小圆点，表示梁的该端为铰接；若一根梁的两端都为铰接，选择【两端铰接】菜单并指定相应的梁，则该梁的两端各出现一个红色小圆点。

4）刚性梁

程序会自动将两端都在柱截面范围内的梁定义为刚性梁，该梁的刚度无穷大，且无自重。绘图区会将刚性梁的颜色显示为亮红色。

3. 特殊柱

特殊柱包括上端铰接柱、下端铰接柱、两端铰接柱、角柱、框支柱、框支角柱、转换构件 H（水平转换构件），如图 5.4 所示。其中转换柱由程序自动生成，角柱、框支角柱、转换构件 H 和铰接柱的定义方法如下。

1）上铰接柱、下铰接柱和两端铰接柱

PMSAP 软件中对柱考虑了有铰接约束的情况，铰接柱的定义方法与角柱相同，上端铰接柱为亮白色，下端铰接柱为暗白色，两端铰接柱为亮青色。

图 5.4 【特殊柱】子菜单

2）角柱

角柱没有隐含定义，须设计人员用光标依次选取须定义成角柱的柱；若该柱变成亮紫色，则表示该柱已被定义为角柱，若想把定义错的角柱改为普通柱，只需用光标在该柱上单击一下，此时该柱的颜色变为暗黄色，则表明该柱已被定义为普通柱了。

3）框支柱

框支柱的定义与角柱相同，定义后该柱变成暗紫色。在后面对该柱的设计中会自动考虑规范对框支柱的内力调整。

4）框支角柱

框支角柱的定义与角柱相同，定义后该柱变成亮黄色。在后面对该柱的设计中会自动同时考虑规范对框支柱及角柱的内力调整。

5）转换构件 H(10 版新增功能)

转换构件 H 的定义与角柱相同，定义后该柱变成暗黄色。在后面对该柱的设计中会自动考虑规范对水平转换构件的内力调整。

4. 特殊支撑

PMSAP 软件对支撑考虑了一端铰接或两端铰接的约束情况。铰接支撑的定义方法与铰接梁相同，铰接支撑的颜色为亮紫色。同时，也可对支撑进行与柱相同的设计。在此菜单中能够将支撑定义为角柱、框支柱、框支角柱或转换构件 H 中的一种，从而程序执行规范中相应的内力调整。

5. 弹性板

【弹性板】的子菜单如图 5.5 所示。

【弹性板 6】：表示完全弹性的有限元壳，其面内刚度用平面应力膜模拟，面外刚度用厚薄通用的中厚板元模拟。单击图 5.5 中的【弹性板 6】命令，用光标或窗口方式选取房间，则相应房间的楼板元就被设为【弹性板 6】。若对已经设为【弹性板 6】的房间再次选取，就取消了该房间【弹性板 6】的定义。

【弹性板 3】：表示采用了刚性楼板假定的有限元壳，面内刚度无穷大，面外刚度用厚薄通用的中厚板元模拟。用法同【弹性板 6】命令。

【弹性膜】：采用平面应力膜描述楼板面内刚度，不考虑楼板面外抗弯刚度。用法同【弹性板 6】命令。

【全层设 6】：表示整个标准层的楼板都将被设为【弹性板 6】。

【全层设 3】：表示整个标准层的楼板都将被设为【弹性板 3】。

【全层设膜】：表示整个标准层的楼板都将被设为【弹性膜】。

图 5.5 【弹性板】子菜单

【全层删除】：单击此命令，整个标准层的弹性板定义将被全部删除。

【全楼设 6】：单击此命令，全部楼层的楼板都将被设为【弹性板 6】。

【全楼设 3】：单去此命令，全部楼层的楼板都将被设为【弹性板 3】。

【全楼设膜】：单击此命令，全部楼层的楼板都将被设为【弹性膜】。

【全楼删除】：单击此命令，全部楼层的弹性板定义将被全部删除。

【夹心厚度】：如果存在夹心楼板，可以在此输入【夹心厚度】，输入【夹心厚度】后再定义的【弹性板 6】、【弹性板 3】或【弹性膜】，都将会按夹心板计算。也就是说，在定义弹性板时，如果屏幕左上方显示的夹心厚度不为零，则此时定义的板是夹心板，若为零则是实心板。

6. 吊车荷载

单击图 5.2 中的【吊车荷载】|【定义吊车】命令，弹出的对话框如图 5.6 所示。

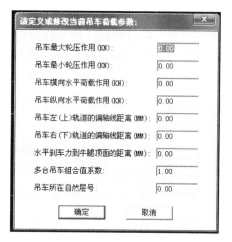

图 5.6 【定义吊车】对话框

吊车最大轮压作用：指吊车在运动中影响该柱的最大压力。

吊车最小轮压作用：指吊车在运动中影响该柱的最小压力。

吊车横向水平荷载作用：指吊车在运动中影响该柱的最大横向水平刹车力。

吊车纵向水平荷载作用：指吊车在运动中影响该柱的最大纵向水平刹车力。

吊车左（上）轨道的偏轴线距离：指吊车左（上）轨道中心线到柱中心线之间的距离。

吊车右（下）轨道的偏轴线距离：指吊车右（下）轨道中心线到柱中心线之间的距离。

水平刹车力至牛腿顶面的距离：这里认为吊车横向和纵向水平刹车力在同一高度。

吊车所在自然层号：对于吊车所在的层须单独定义一个标准层，一般就是指吊车梁所在位置。

7. 抗震等级

图 5.2 中的子菜单【抗震等级】，是指此处可对某些指定的梁、柱、墙、支撑等进行个别的抗震等级调整。

5.4 接 PM 生成 PMSAP 数据

双击图 5.1 中的主菜单【2 接 PM 生成 PMSAP 数据】，程序将自动把在 PMCAD 或 STS 和 PMSAP 补充建模所生成的数据转换成 PMSAP 计算所需要的格式。

［注意事项］：

这一步是必须要执行的，不能省略。

5.5 参数补充及修改

双击图 5.1 中的主菜单【3 参数补充及修改】后，弹出【PMSAP 参数修改菜单】对话框，共有 8 个选项卡，如图 5.7 所示。下面主要对各选项卡的一些特殊参数作出解释，其余的相关参数可以参照第 4 章 SATWE 的相关内容。

［注意事项］：

本菜单必须执行，否则不能形成完整的 PMSAP 计算数据。所有参数都有一个缺省值，设计时应当逐步查看，看其是否与工程具体情况相符，若不相符，须修改。

5.5.1 总信息

【总信息】选项卡如图 5.7 所示。

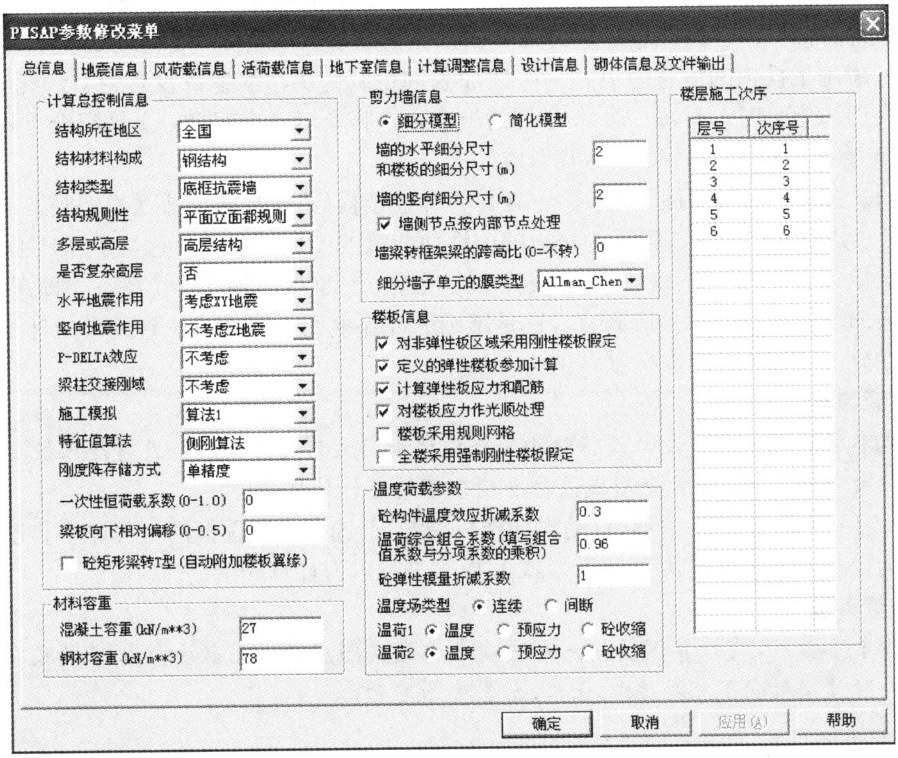

图 5.7 【总信息】选项卡

1. 计算总控制信息

(1) 结构所在地区：有两个选择，即全国和上海。若选上海，则表示地震力的计算按上海规范进行。

(2) 施工模拟：提供以下 4 个选择，即【不考虑】、【算法 1】、【算法 2】、【算法 3】。

【算法 1】：采用整体刚度分层加载模型。施工模拟 1 对刚度矩阵的组装和求解只需要一次，计算速度快，但误差较大。

【算法 2】：是一种经验处理方法，它是在将柱和墙的轴向刚度放大 10 倍的前提下作的恒荷载分析，该方法最初是专门针对框剪结构将荷载传到基础而设的。

【算法 3】：它是对【算法 1】的改进，即用分层刚度取代了【算法 1】中的整体刚度。该算法是对分层形成刚度、分层施加荷载的实际施工过程的完整模拟。由于【算法 3】要分层形成刚度，对刚度矩阵的组装和求解的次数与层数相同，故其计算工作量较大。但是，目前计算机的能力完全能够胜任。采用该算法的计算结果一般更为合理，应优先选择。

(3) 特征值算法：提供两个选择，即【侧刚算法】和【总刚算法】。【侧刚算法】仅适用于采用刚性楼板假定的结构；【总刚算法】适用于任意结构，但效率比【侧刚算法】低。一般来讲，可以总是选择【侧刚算法】，当不适用时，程序会自动改成【总刚算法】进行计算。

（4）一次性恒荷载系数：因为混凝土结构在施工完成后的一两年内，会有明显的徐变变形发生，从而导致结构出现内力重分布现象，重分布后的结构内力，有明显的、趋于一次性加载计算的倾向。因此程序通过【一次性恒荷载系数(0-1.0)】来考虑这种情况的影响，即考虑施工模拟的恒载为 A，一次性加载的恒载为 B，本参数设置为 C($0 \leqslant C \leqslant 1.0$)时，则在内力组合时，对每一个 A 参与的组合，都将新增一个组合，新增组合是将原有组合中的 A 替换为$(1-C) \times A + C \times B$形成的。

（5）梁板向下相对偏移(0-0.5)：在计算弹性楼板（将楼板定义成【弹性膜】或【弹性板6】）时，如不考虑偏移，则认为楼板的中性面与梁的中性轴重合，这与实际是不相符的。若本参数填入 0.5，则表示对板向下偏移半个板厚，对梁向下偏移半个梁高，即意味着梁、板的上表面与柱顶对齐。一般而言，这是准确的计算模型。但是考虑到过去的计算习惯以及计算结果的连续性，本参数默认值为 0。

[注意事项]：

当本参数填入 0.5 时，必须将结构的全楼楼板定义为【弹性膜】或【弹性板6】，并且梁刚度放大系数置为 1，才会形成最为准确合理的设计计算模型。

（6）混凝土矩形梁转 T 形（自动附加楼板翼缘）：选择本复选框后，程序将自动搜索与梁相邻的楼板，将矩形梁转变为 T 形或 L 形梁进行内力计算和配筋。

[注意事项]：

选择本参数后，【计算调整信息】选项卡中的梁刚度放大系数和梁扭矩折减系数将不起作用，且【梁板向下相对偏移(0-0.5)】参数应填 0。

2. 剪力墙信息

（1）墙元模型：提供两种选择，即【细分模型】和【简化模型】。当选用【细分模型】时，需要首先输入墙元在水平方向和竖向的细分尺寸，可依据精度要求输入 0.5m 到 5.0m 之间的数值。由于【细分模型】精度高，功能全面，建议总是选择【细分模型】。

[注意事项]：

墙的水平方向细分尺寸还同时控制楼板和梁的细分，所以当定义了弹性楼板时，即使墙元采用【简化模型】，墙的水平方向细分尺寸的合理输入也是很有必要的。

（2）墙侧节点按内部节点处理：当剪力墙采用【细分模型】时，建议选择此项参数。该参数是采用广义协调技术将墙侧自由度预先消去，其大大提高了分析效率，同时对精度的影响甚微。若不选择此项参数，墙侧自由度将作为出口自由度出现在总控制方程中，这样精度虽然略有提高，但耗时较多。

（3）墙梁转框架梁的跨高比(0=不转)：该选项提供了将墙梁自动转成框架梁的功能。对于开洞墙输入形成的墙梁，在 PMSAP 中将按照有限壳单元进行分析。选择该选项意味着对于含剪力墙的结构，用户只需建立一个模型（墙体按开洞墙输入）就可以获得两种墙梁计算方式的结果。

[注意事项]：

对于上下层不对齐洞口形成的墙梁，程序将不作转换；对于上下层不同厚度的墙开洞形成的连梁，梁宽取两个厚度的加权平均值。

3．楼板信息

（1）对楼板应力作光顺处理：由于采用有限元分析方法所得的楼板应力分布不连续，而实际中应力一般是连续的，因此，选择该选项，程序取节点周围单元应力平均值，这样可使分析结果更接近真实的情况。

（2）全楼采用强制刚性楼板假定：当计算结构位移比或周期比时，需要选择此项参数。

[注意事项]：

除了位移比、周期比计算，其他的结构分析和设计不应选择此项参数。

（3）定义的弹性楼板参与计算：这表示在补充建模中定义的弹性楼板可以参加计算，也可以不参加计算。当不选择此项参数时，表明不参加计算，相当于楼板开洞。

[注意事项]：

正常设计时必须选择此项参数。

5.5.2 地震信息

【地震信息】选项卡如图 5.8 所示。

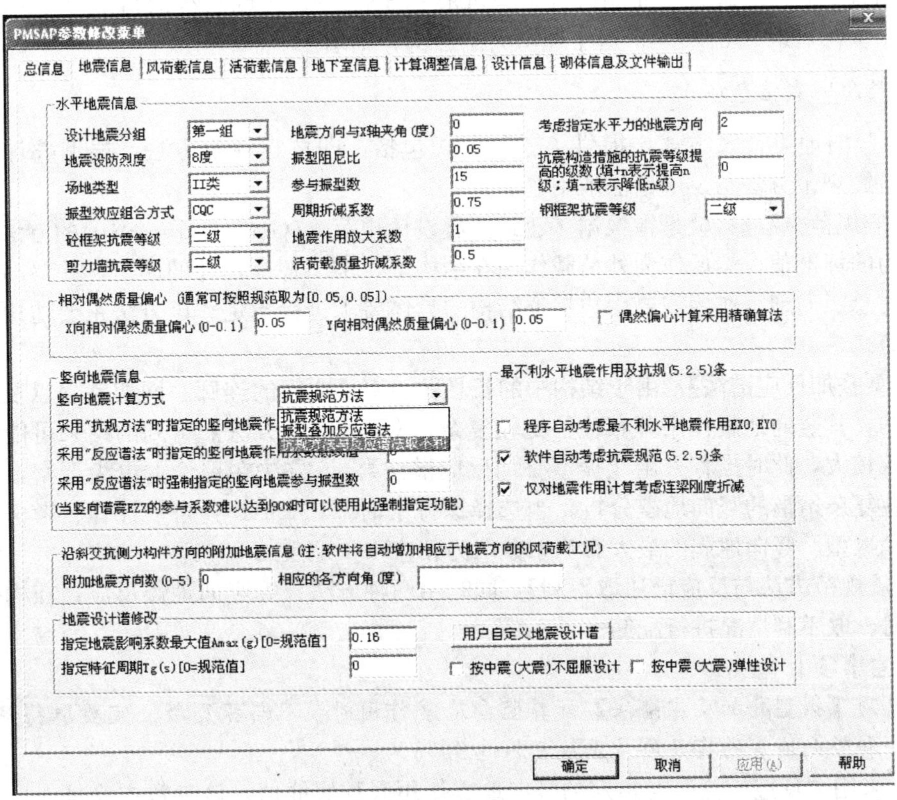

图 5.8 【地震信息】选项卡

1. 水平地震信息

(1) 振型效应组合方式：提供两种方式，即 CQC 和 SRSS。空间结构一般不应采用 SRSS 组合方式。

(2) 参与振型数：这里的振型数是指总的空间振型数，不是单向振型数。振型数应该足够多，使得各地震方向的有效质量系数超过 90%。

(3) 考虑指定水平力的地震方向：这是 2010 版新增加的参数，一般填偶数。如填 2，则在结构的地震方向 EX 和 EY 每个方向上各增加 3 个规定水平力工况，即 LX、PX、MX 和 LY、PY、MY 工况；如填 4，则在对应于一组附加地震 EX1 和 EY1 方向上增加 6 个工况；即 LX1、PX1、MX1 和 LY1、PY1、MY1 工况；以此类推。

规定水平力工况的名称含义是这样的：LX 为对应于 EX 的规定水平力；PX 为对应于 EX 的正偏心规定水平力；MX 为对应于 EX 的负偏心规定水平力；LY 为对应于 EY 的规定水平力；PY 为对应于 EY 的正偏心规定水平力；MY 为对应于 EY 的负偏心规定水平力。

[注意事项]：

规定水平力工况用于计算结构的位移比和框架倾覆力矩百分比，并不会影响构件的设计内力和配筋。

(4) 周期折减系数：用于考虑填充墙等对结构周期的影响，一般会使地震力增大。对于框架结构，若砖墙较多，周期折减系数可取 0.6～0.7，砖墙较少时可取 0.7～0.8；对于框剪结构，可取 0.8～0.9；对于纯剪力墙结构，则填 1，即不折减。

2. 竖向地震信息

(1) 竖向地震计算方式，提供了三种方式包括：即抗震规范方法、振型叠加反应谱法、和抗震规范方法与反应谱法取不利。

【抗震规范方法】：就是指根据《建筑抗震设计规范》(GB 50011—2010)的方法计算竖向地震力的标准值，然后作为外荷载作用在结构上，求出各个构件的内力，并参与内力组合。此时总竖向地震作用需要用户根据结构的具体要求进行指定。该方法主要适用于规则高层建筑。

【振型叠加反应谱法】：由于结构中的长悬臂、多塔之间的连廊、网架屋顶以及各种空间大结构，其竖向地震作用分布往往比较复杂，【抗震规范方法】得到的结果可能与实际情况出入较大，此时推荐采用【振型叠加反应谱法】。该方法在理论上更为严密，可以更好地适应复杂情形的竖向地震分析。当选择该方法时，PMSAP 会自动计算、考虑结构的竖向振动振型。竖向地震的最大影响系数取为相应水平地震的 65%。

【抗震规范方法与反应谱法取不利】：同时用两种方法计算竖向地震反应，在构件承载力设计时，取不利情况进行配筋。

[注意事项]：

当选用【振型叠加反应谱法】计算竖向地震作用时，参与振型数一定要取得足够多，使得水平和竖向地震的有效质量系数都超过 90%。

(2) 采用"反应谱法"时指定的竖向地震作用系数底线值：该参数主要是根据《高层建筑混凝土结构技术规程》(JGJ 3—2010)第 4.3.15 条的规定而设置的。当振型分解反应谱法计算的竖向地震作用小于按本参数计算的值时，程序将自动取本参数的底线值，该底线值可根据《高层建筑混凝土结构技术规程》(JGJ 3—2010)中第 4.3.15 条中的竖向地震作用系数值来取。

3. 地震设计谱修改

(1) 按中震(大震)不屈服设计：选择此项参数，地震影响系数最大值 ALPHAmax 就按中震(2.8 倍小震)或大震(4.5~6 倍小震)取值。含义包括取消组合内力调整(取消强柱弱梁，强剪弱弯调整)、荷载作用分项系数取 1.0(组合值系数不变)、材料强度取标准值、抗震承载力调整系数 r_{RE} 取 1.0、不考虑风荷载。

(2) 按中震(大震)弹性设计：选择此项参数，地震影响系数最大值 ALPHAmax 按中震(2.8 倍小震)或大震(4.5~6 倍小震)取值。含义包括取消组合内力调整(取消强柱弱梁，强剪弱弯调整)、不考虑风荷载。

[注意事项]：

若同时选择【按中震(大震)弹性设计】和【中震(大震)不屈服设计】复选框，则程序将按照【中震(大震)弹性设计】考虑。

5.5.3 风荷载信息

【风荷载信息】选项卡如图 5.9 所示。

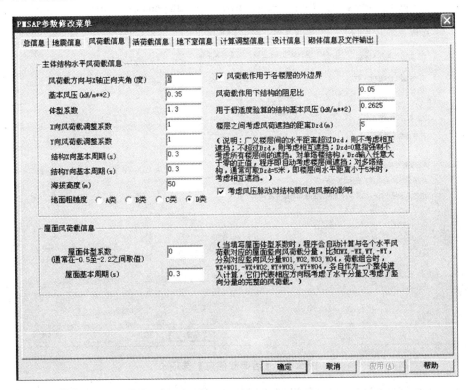

图 5.9 【风荷载信息】选项卡

(1) X、Y 向风荷载调整系数：对于由于设缝而形成的多塔结构，如果在 PMSAP 中按照多塔计算，则垂直于缝方向的风荷载会被算大(因为接缝处也被算做了迎风面)，这时可利用【X方向风荷载调整系数】和【Y方向风荷载调整系数】值进行调整,在相应方向填写一个小于1的系数。例如：X方向的风荷载被算大了一倍,则【X方向风荷载调整系数】可以填 0.5。

(2) 用于舒适度验算的结构基本风压：用于舒适度验算的基本风压不同于变形验算和承载力计算的基本风压,通常重现期取为10年。也就是说,该基本风压值填写10年一遇的数值。

(3) 风荷载作用下结构的阻尼比：一般情况下,对混凝土结构可按 0.02 取值；对钢结构可按 0.01 取值。

(4) 风荷载作用于各楼层的外边界：选择此项参数后,程序自动搜索每个楼层的外边界,在迎风边界和背风边界上,按照每个边界节点的受风面积分配风荷载。若不选择此项参数,风荷载将在所有楼层节点上平均分配。作用于楼层外边界更符合风荷载的实际情况,对于空旷结构,应该选择此种方式,否则位移角的计算结果可能偏小。

5.5.4 活荷载信息

【活荷载信息】选项卡如图 5.10 所示。

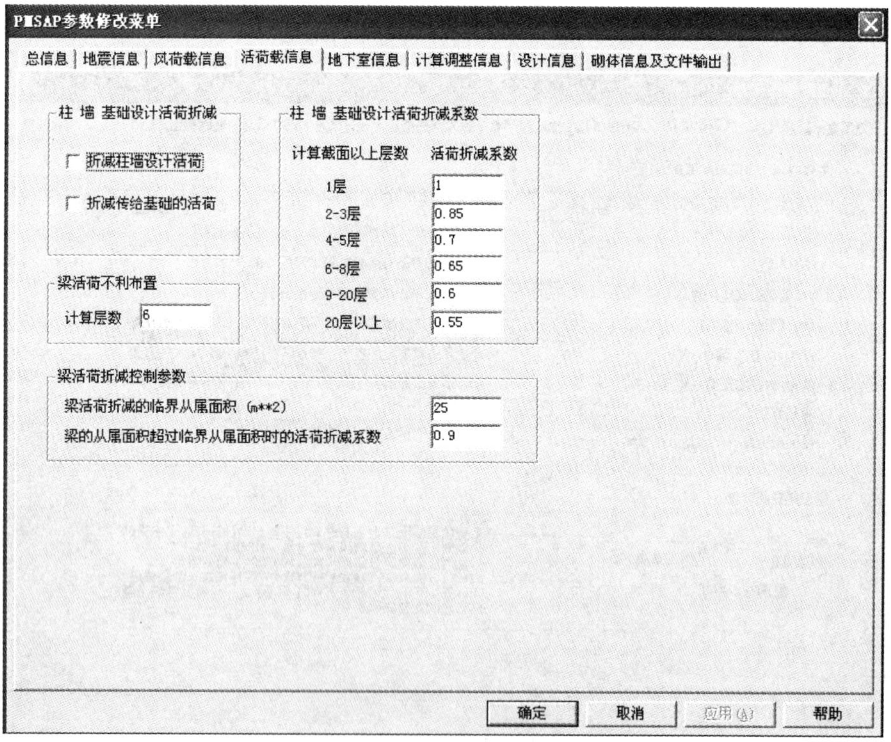

图 5.10 【活荷载信息】选项卡

可以通过梁活荷折减控制参数设置梁活荷载相对于从属面积的折减系数。

[注意事项]：
此折减系数并不影响柱和墙上的活荷载。

5.5.5 地下室信息

【地下室信息】选项卡如图5.11所示。

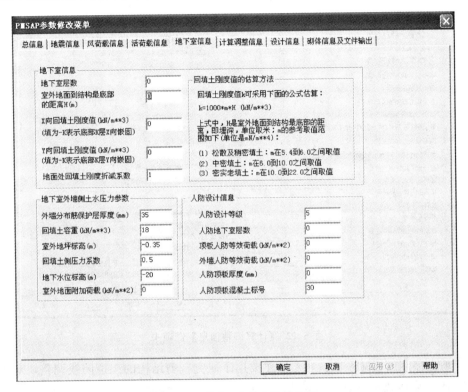

图5.11 【地下室信息】选项卡

(1) 室外地面到结构最底部的距离：程序提供该选项的目的有两个，即用来倒算风荷载和对地面以下的楼层施加侧向土约束。

(2) 室外地坪标高、地下水位标高：这两项在填写时，都是以结构正负零标高为基准，高于此值为正，低于此值为负。

5.5.6 计算调整信息

【计算调整信息】选项卡如图5.12所示。

(1) 连梁刚度折减系数：在多、高层结构设计中允许连梁开裂，开裂后连梁的刚度有所降低，故程序通过【连梁刚度折减系数】来反映开裂后的连梁刚度。为避免连梁开裂过大，此系数取值不宜过小，一般不小于0.5。对于剪力墙洞口间部分(连梁)也采用此参数进行刚度折减。

(2) 梁扭矩折减系数：对于现浇楼板结构，当采用刚性楼板假定时，可以考虑楼板对梁扭矩的作用而对梁的扭矩进行折减。若考虑楼板的弹性变形，则梁的扭矩不应该折减。

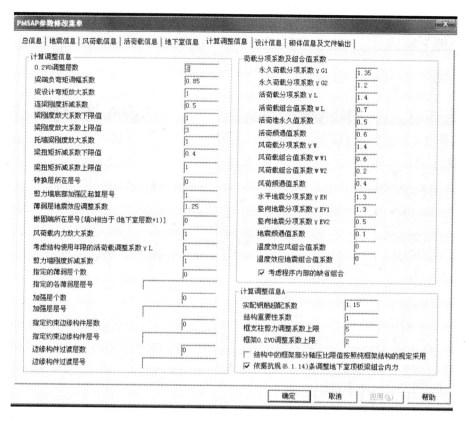

图 5.12 【计算调整信息】选项卡

（3）剪力墙刚度折减系数：本参数主要用于研究框剪结构的二道防线调整，对工程设计而言，不需要修改本参数，取默认值为 1。

（4）考虑结构使用年限的活荷载调整系数：根据《高层建筑混凝土结构技术规程》（JGJ 3—2010）第 5.6.1 条的要求，当设计使用年限为 50 年时该系数取 1.0，设计使用年限为 100 年时该系数取 1.1。

（5）风荷载内力放大系数：根据《高层建筑混凝土结构技术规程》（JGJ 3—2010）第 4.2.2 条的规定，对风荷载比较敏感的高层建筑，承载力设计时应按基本风压的 1.1 倍采用。选择此项参数，则按正常使用极限状态确定基本风压值，程序将自动按本参数对风荷载效应进行放大，相当于对承载力设计时的基本风压进行了提高。

（6）实配钢筋超配系数：对于 9 度设防烈度的各类框架和一级抗震等级的框架结构，框架梁和连梁端部剪力、框架柱端部弯矩、剪力调整应按实配钢筋和材料强度标准值来计算实际承载设计内力，但是在计算时因为得不到实际承载设计内力，而采用计算设计内力，所以只能通过调整计算设计内力的方法进行设计。超配系数就是按规范考虑材料、配筋因素的一个附加放大系数。

[注意事项]：

对于 9 度设防烈度的各类框架和一级抗震等级的框架结构，如果严格按规范要求进行设计，用一个超配系数是不全面的，不能涵盖所有构件，所以对这类结构的抗震设计还应专门进行研究。

（7）结构中的框架部分轴压比限值按照纯框架结构的规定采用：根据《高层建筑混凝土结构技术规程》(JGJ 3—2010)第 8.1.3 条，对框架-剪力墙结构，底层框架部分承受的地震倾覆力矩的比值在一定范围内时，框架部分的轴压比需按纯框架结构的规定采用。选择此项参数后，程序将按照纯框架结构的规定控制结构中框架的轴压比，除轴压比外，其余设计仍遵循框剪结构的规定。

5.5.7 设计信息

【设计信息】选项卡如图 5.13 所示。

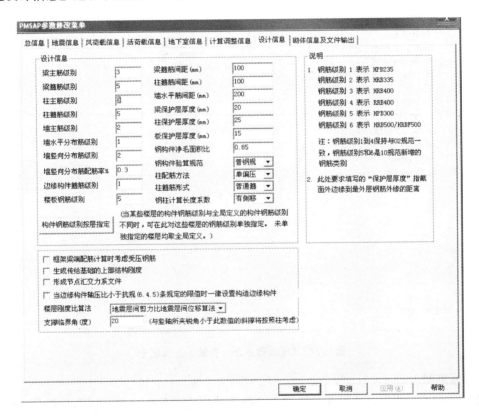

图 5.13 【设计信息】选项卡

（1）保护层厚度：以最外层钢筋（包括箍筋、构造筋、分布筋等）的外缘为准计算保护层厚度。

（2）形成节点汇交力系文件：选择此项参数后，程序自动将汇交于各节点的杆件进行统计，并输出杆件在各工况下的内力。主要用于对复杂的钢结构进行节点验算。

5.5.8 砌体信息及文件输出

【砌体信息及文件输出】选项卡如图 5.14 所示。

（1）底部框架层数：对于底部框架上部砖房（或砌块结构），此参数应填入大于 0 的数，即底部框架层数。

（2）构造柱刚度折减系数：通过这个参数，可以有保留地考虑构造柱的作用。默认值为0.3。

（3）托墙梁内力放大系数：根据《建筑抗震设计规范》（GB 50011—2010）第7.2.5条，该项是为了考虑地震时墙体开裂对组合作用的不利影响。

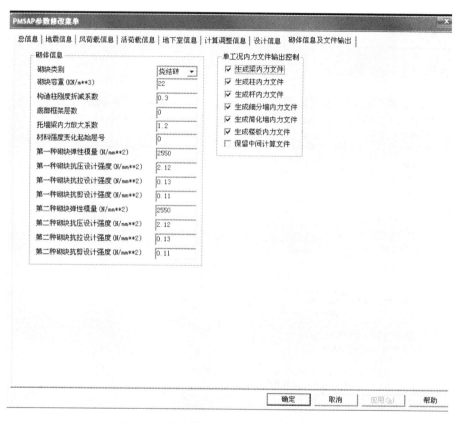

图5.14 【砌体信息及文件输出】选项卡

[注意事项]：

PMSAP可以用有限元整体算法对底框砖混结构进行分析，并给出底框部分的框架和剪力墙的配筋设计结果以及砌体部分的混凝土梁的配筋设计结果，而对砌体墙部分仅作分析，不做设计和验算。

当分析底框砖混结构时，必须正确填写砌体信息，尤其是底部框架层数一定要填写正确。

5.5.9 时程参数修改

完成图5.7～图5.14的参数输入后，单击【确定】按钮进入PMSAP【参数修改】程序主界面，屏幕右侧菜单如图5.15所示。单击【时程参数】命令弹出的对话框如图5.16所示。

PMSAP中的三向地震波库中的每条波都含有主分量（本方向）、垂直方向分量（次分量)和竖向分量 3 种成分,主、次和竖向 3 个方向的加速度峰值宜按照 1∶0.85∶0.65 的比例取值。

图 5.15 【参数修改】屏幕菜单

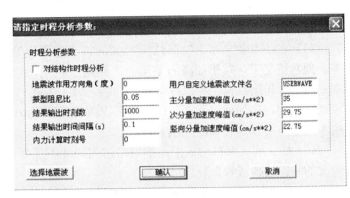

图 5.16 【请指定时程分析参数】对话框

单击图 5.16 左下方的【选择地震波】按钮,弹出的对话框如图 5.17 所示。可以根据需要从【备选地震波】列表中选取数条地震波参加计算。

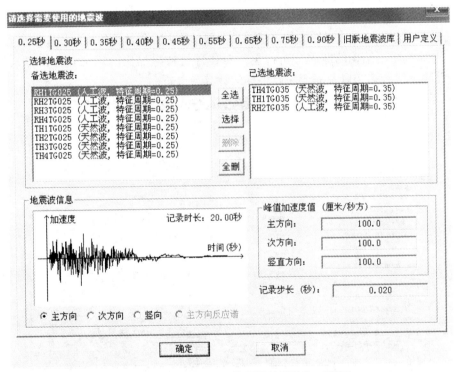

图 5.17 【请选择需要使用的地震波】对话框

[注意事项]:

(1) 当需要考虑地震波的竖向分量时,必须将【地震信息】选项卡中的【竖向地震计算方式】选为【振型叠加反应谱法】,只有如此,程序才会计算竖向振型。

(2) 时程分析的主要结果可在"详细摘要"文件中查到。

(3) 地震波的选取必须要考虑工程场地条件,选取适合的地震波。

5.5.10 高级参数

单击图 5.15 中的【高级参数】命令，弹出的对话框如图 5.18 所示。

(1) 节点排序方式：根据结构形式的特点选取适合的节点排序方式可以显著提高效率。通常情况下，对于细高的结构，比如超过 35 层的单塔，可以选 XYZ 方式或 YXZ 方式；对于矮粗的结构，可以选 ZXY 方式或 ZYX 方式；也可以让程序自动确定。对于非常规则的结构，比如球形网壳、体育馆可以选择【反 Cuthill－Mckee】方式。如果设计人员搞不清楚，可以不必修改此项参数。

(2) 柱、墙底部自动嵌固：如果结构为底部不等高嵌固，应选择【是】复选框；其余情况的结构选择【否】复选框。

(3) 协调性修复：此功能可以弥补用户建模时的一些错误，程序将根据设计填写的参数进行协调性修复。

(4) 弹性楼板导荷方式：程序提供两种导荷方式，即【传统方式】和【有限元方式】。

【传统方式】：按照塑性铰线的形状，将板上的荷载分配到周边的梁和墙上。此方式为常用的工程模式，也为默认模式。

【有限元方式】：对于定义成弹性板的楼板，其上的荷载将按照有限元弹性分析，向周边梁、墙传递；对于未定义成弹性板的楼板，其荷载导算方式仍然为传统的塑性铰线方式。

(5) 非比例阻尼结构的地震分析：包括对各种材料阻尼比的定义和分析方式的指定。用于钢-混凝土组合结构以及隔震减震结构的计算与分析。

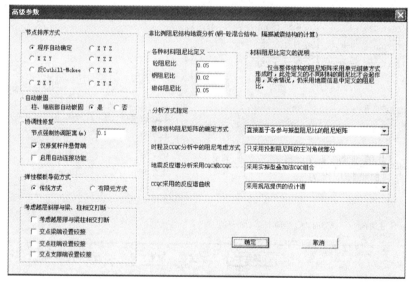

图 5.18 【高级参数】对话框

5.5.11 读 SATWE 参数

在此可以读取同一工程中的 SATWE 相关参数设置，此处主要读取了除特殊构件以外的其他 SATWE 中的分析与设计参数补充定义中的设置。

5.6 结构分析与配筋计算

前处理工作完成后，双击 PMSAP 主菜单【5 结构分析与配筋计算】，此时屏幕弹出【计算选择】对话框，如图 5.19 所示。

如果设计人员对前处理中的输入数据感到没有把握，可以选择【只执行第一段】单选按钮，然后直接进入后处理程序 3DP 对输入的结构进行检查，若发现问题，可回到 PMCAD 中进行修改；若没有发现问题，就可以紧接着选择【只执行第二段】单选按钮将整个计算做完。如果设计人员对前处理中的输入数据有把握，就可以直接选择【全部执行】单选按钮，将计算工作一步完成。

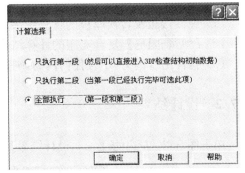

图 5.19 【计算选择】对话框

5.7 三维结构分析后处理

双击 PMSAP 主菜单【6 分析结果的图形显示】，弹出如图 5.20 所示的【三维结构分析后处理程序 3DP 主菜单】对话框。该主菜单包含【一．分析结果】、【二．设计结果】、【三．文本文件】、【四．荷载图检】、【五．修改柱长度系数】、【六．PMSAP 最新改进】。其中，【一．分析结果】更侧重程序的分析功能，而【二．设计结果】给出的数值则更为具体。

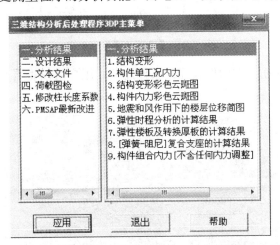

图 5.20 【三维结构分析后处理程序 3DP 主菜单】对话框

5.7.1 分析结果

单击图 5.20 左边的【一．分析结果】选项即可在右边显示 9 项次级菜单。

(1) 结构变形;
(2) 构件单工况内力;
(3) 结构变形彩色云斑图;
(4) 构件内力彩色云斑图;
(5) 地震和风作用下的楼层位移简图;
(6) 弹性时程分析的计算结果;
(7) 弹性楼板及转换厚板的计算结果;
(8)【弹簧-阻尼】复合支座的计算结果;
(9) 构件组合内力(不含任何内力调整)。

5.7.2 设计结果

单击图5.20左边的【二．设计结果】选项即可在右边显示11项子菜单。

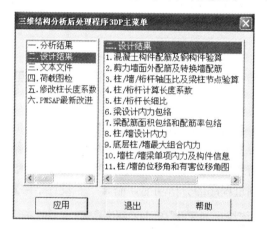

图5.21 【设计结果】子菜单

(1) 混凝土构件配筋及钢构件验算：选择此项，用户可以查看和输出结构各层的配筋简图，如图5.22所示。

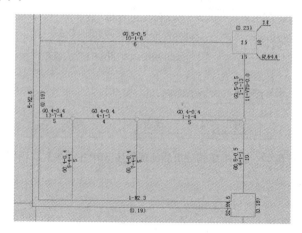

图5.22 楼层配筋简图

[**注意事项**]：

各种构件的表示方法可参照 SATWE 部分。

(2) 梁设计内力包络：选择此项，可以直接查看和输出各层梁、柱、墙和支撑的标准内力图，如图 5.23 所示。

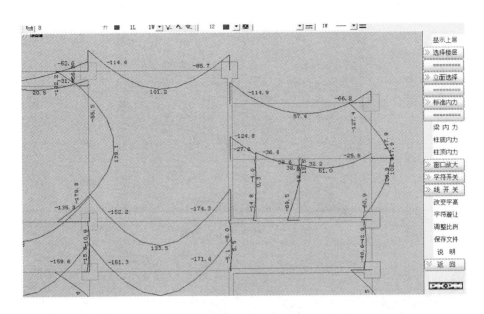

图 5.23 楼层构件内力标准值图

标准内力图是指地震、风、恒、活荷载标准值作用下的弯矩图、剪力图和轴力图；在弯矩图中，标出支座、跨中的最大值，在剪力图中，标出两端部的最大值。

在图 5.23 所示的右侧屏幕菜单中，选择【标准内力】命令，可弹出下级子菜单，如图 5.24 所示；利用此菜单，可对内力组合方式进行指定。在图 5.24 中，【活 2】表示梁活荷载不利布置的负弯矩包络，【活 3】表示梁活荷载不利布置的正弯矩包络，【活荷载 1】表示梁活荷载一次性作用下的弯矩。如果不考虑活荷载不利分布，则只有【活荷载 1】，在剪力标准图中与弯矩标准图情况相同。

单击图 5.23 中的【立面选择】命令，程序会提示："选择一条直线的起点和终点"，再提示："选择绘制立面的起始层号和终止层号"，指定后程序将这条直线上从起始层到终止层的全部构件内力立面图绘制出来，如图 5.25 所示。

图 5.24 【标准内力】子菜单

(3) 梁配筋面积包络和配筋率包络：选择此项，可以查看和输出各层柱、梁、墙和支撑的控制配筋的设计内力包络图和配筋包络图，同时屏幕右侧显示一列菜单，如图 5.26 所示。

在图 5.26 所示的右侧菜单中，单击【设计包络】命令，将弹出其子菜单，如图 5.27

所示，通过该菜单可指定要绘制包络图的项目。

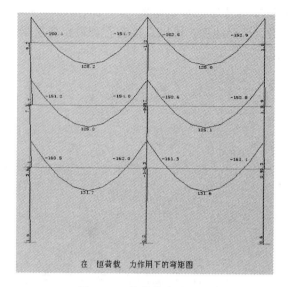

图 5.25　构件内力立面图

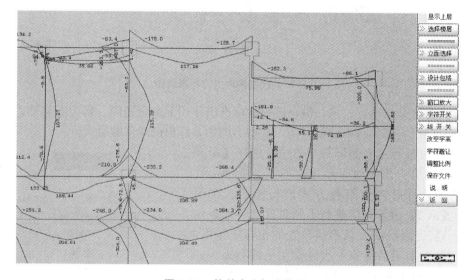

图 5.26　构件内力标准值图

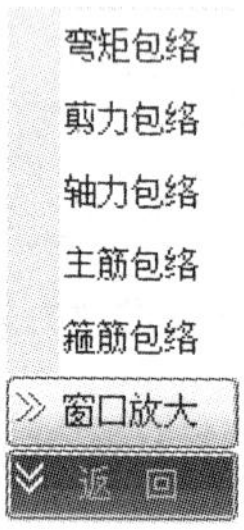

（4）底层柱/墙的最大组合内力：选择此项后，可以把专用于基础设计的上部荷载，以图形的方式进行查看，如图 5.28 所示。

图 5.28 所示的屏幕右侧菜单控制了要显示的最大内力项目，其中，Vxmax、Vymax 为最大剪力；Nmin、Nmax 为最大轴力，Mxmax、Mymax 为最大弯矩。以上这些荷载项目以及【恒＋活】，均为设计荷载，即已含有分项系数，但不考虑抗震的调整系数以及框支柱等调整系数。

图 5.27　【设计包络】子菜单

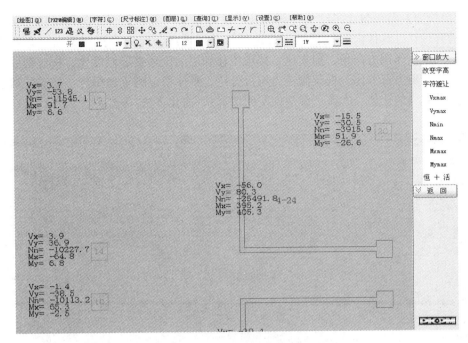

图 5.28　最大组合内力图

5.7.3　文本文件查看

单击图 5.20 左边的【三．文本文件】选项即可在右边显示图 5.29 所示的对话框，窗口右侧显示 PMSAP 计算后产生文本文件的相关内容，当选择查看输出结果【查看主要结果文件】、【查看单工况内力文件】和【PMSAP 计算报告书】时，屏幕弹出对应项目的内容列表供选择，相关具体内容在本章实例中重点介绍。

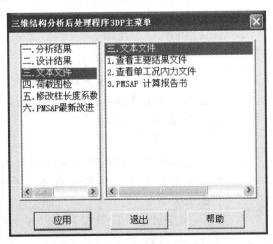

图 5.29　【文本文件】查看

（1）查看主要结果文件：双击【查看主要结果文件】选项，即可进入查看主要结果文件主界面，如图 5.30 所示，可以通过屏幕右侧的工具条进行文本的查询。

【简单摘要】菜单包含了结构分析的几个关键结果,主要用于快速判断和把握结构分析结果的合理性。具体内容包括结构总重量、总风荷载、周期及振型方向、有效质量系数、最不利地震作用方向角、剪重比、楼层位移和层间位移楼层刚度比、抗倾覆验算、各层框架剪力及剪力百分比、框架倾覆力矩百分比、整体稳定刚重比验算、楼层抗剪承载力及与上层承载力的比值、大震下弹塑性层间位移角(简化方法)等。

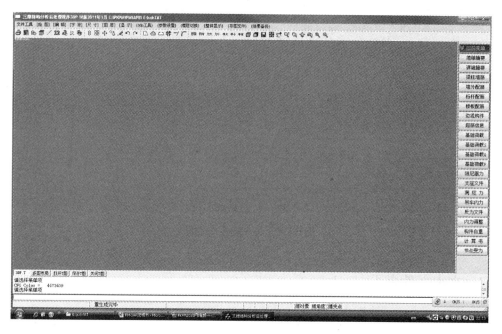

图5.30 【查看主要结果文件】的柱截面及右侧屏幕菜单

图5.31 【查看单工况内力文件】子菜单

[注意事项]:

弹塑性计算仅适合于不超过12层的规则框架结构。

【详细摘要】菜单提供了结构计算分析所得的绝大部分计算结果。

(2)查看单工况内力文件:【查看单工况内力文件】的子菜单如图5.31所示。在此可以查看各种构件的单工况内力文件。对于【细分模型】的墙元,还可以查看其板部分的内力(面外内力)文件。

[注意事项]:

如果要查看构件的单工况内力文件,必须在【参数补充与修改】中将文件开关打开,否则内力文件不能生成,也就无从查看。

(3)PMSAP计算报告书:双击图5.29中的【PMSAP计算报告书】,打开相关文件*.JSS,该文件中给出了通常情况下工程设计计算书所需的信息。在文件的开头部分给出了PMSAP计算书的目录,局部显示如图5.32所示,可以根据需要查看相信息。

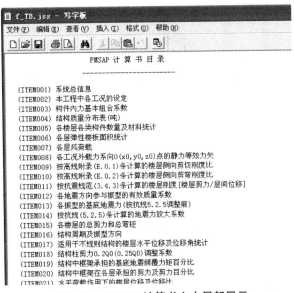

图 5.32　PMSAP 计算书文本局部显示

5.7.4　荷载图检

单击图 5.20 左边的【四．荷载图检】选项，右边显示【构件荷载检查】和【楼面荷载检查】，如图 5.33 所示。可以分层或是单个查看梁上荷载、温度荷载及楼面荷载值。

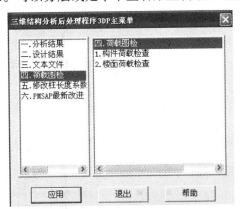

图 5.33　【荷载图检】子菜单

5.8　PMSAP 的设计实例

本节通过对一个文化中心结构进行实例分析计算，介绍应用 PMSAP 软件进行复杂结构工程计算和设计的过程。

本工程位于宁夏回族自治区固原市，为一栋 4 层现浇钢筋混凝土框架结构的文化活动中心，在⑥、⑦轴之间设有一变形缝将建筑平面分为左右两个部分；由于建筑功能要求平面局部设大开洞。抗震设防烈度为 8 度，建筑平面图如图 5.34～图 5.35 所示、立面图和放映厅剖面图如图 5.36 所示。

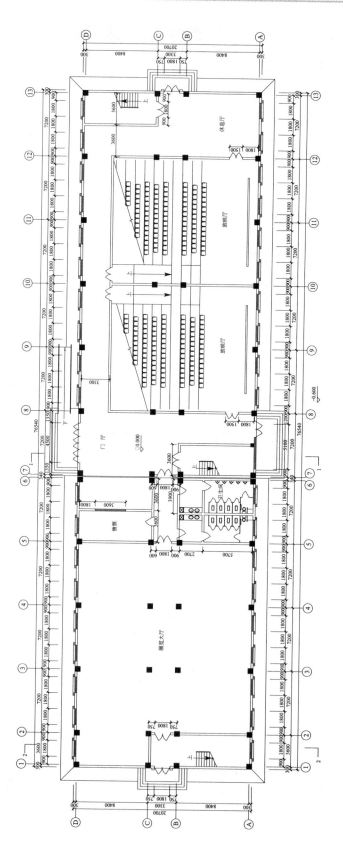

图 5.34 一层平面图

第5章 复杂空间结构分析与设计软件——PMSAP

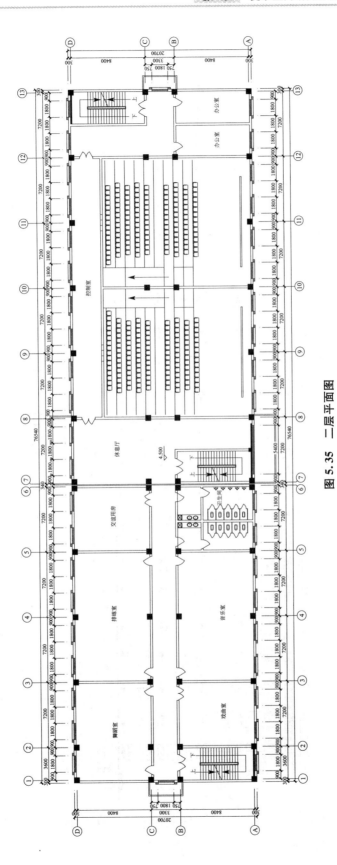

图 5.35 二层平面图

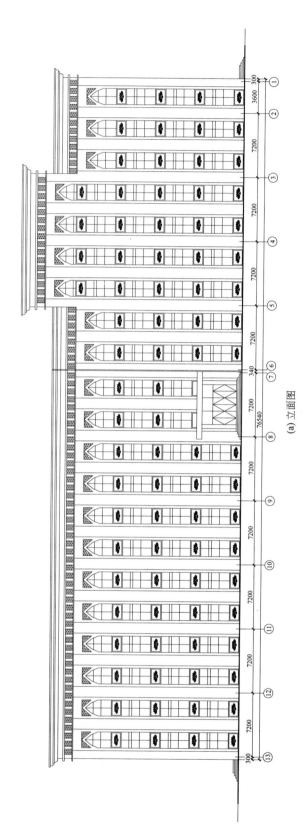

图 5.36 立面图和放映厅剖面图
(a) 立面图

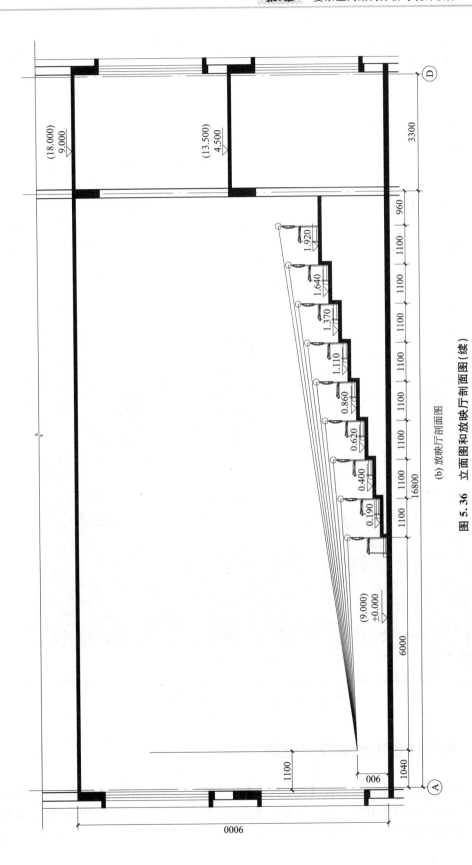

图 5.36 立面图和放映厅剖面图（续）
(b) 立面图和放映厅剖面图

由于建筑平面设有变形缝，故在结构建模时将整个结构依变形缝位置分为两个单元，对每个单元分别进行计算与配筋，由于右侧为放映厅，比较复杂，故取右侧单元为例进行分析与计算。

5.8.1 PMSAP 设计实例的结构 PM 建模

首先根据建筑图应用 PMCAD 建立结构模型，具体建模过程同第 2 章 PMCAD。得到的结构各层平面图如图 5.37～图 5.41 所示，楼层组装如图 5.42 所示。

【注意事项】：

在建模过程中，对于楼板开洞的处理，程序提供了两种楼板开洞的方法，本工程选用【房间开洞】的操作方法；楼层的荷载输入均按《荷载规范》中要求的进行取值；可以通过 PMCAD 主菜单【2 平面荷载显示校核】进行输入荷载的校核。

完成输入楼板信息和输入荷载数据后，结构的 PM 模型和荷载输入完成，即可以接 PMSAP 进行计算分析。

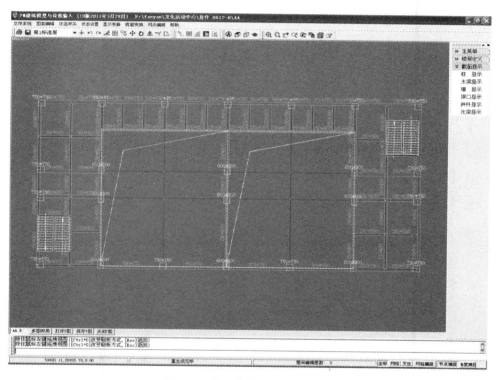

图 5.37 第一标准层结构平面图

5.8.2 PMSAP 设计实例的补充建模

根据本工程实例的特点，在【补充建模】中主要完成弹性板和角柱的指定。由于该结构大开洞，故须定义弹性板，本实例采用【弹性膜】命令定义，布置结果如图 5.43 所示。对于角柱的定义如图 5.44 所示。

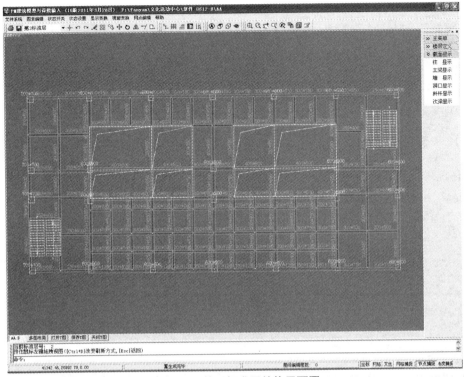

图 5.38 第二标准层结构平面图

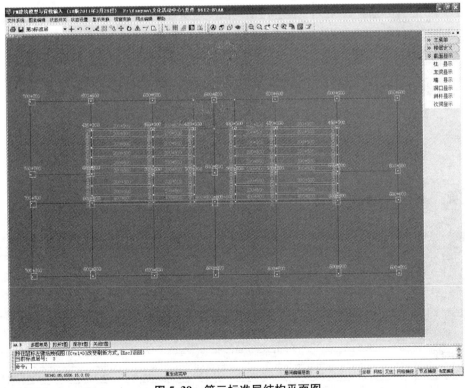

图 5.39 第三标准层结构平面图

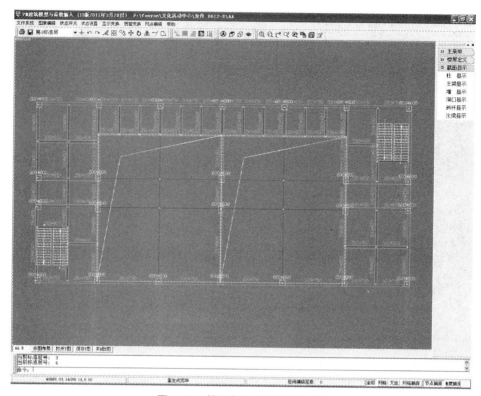

图 5.40　第四标准层结构平面图

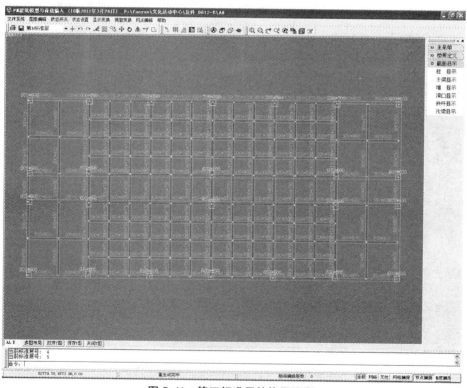

图 5.41　第五标准层结构平面图

第5章 复杂空间结构分析与设计软件——PMSAP

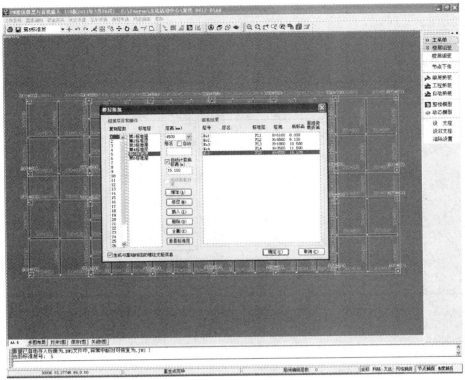

图 5.42 【楼层组装】界面

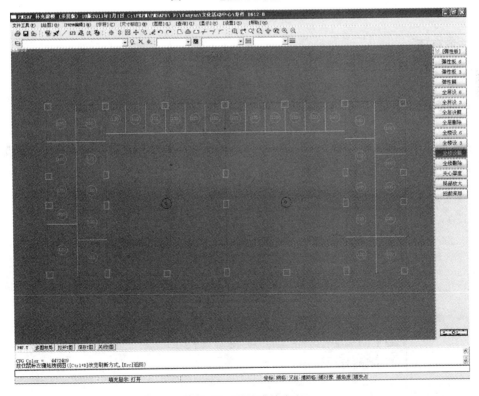

图 5.43 弹性膜的定义

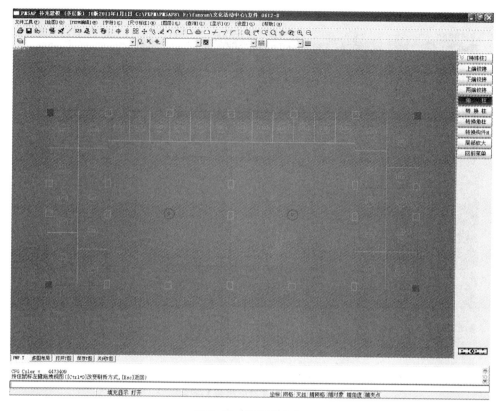

图 5.44 角柱的定义

[注意事项]：

当选择【全楼采用强制刚性楼板假定】参数时，楼层弹性板定义不起作用。

5.8.3 接 PM 生成 PMSAP 数据

完成【补充建模】后，即可双击图 5.1 所示的主菜单【2 接 PM 生成 PMSAP 数据】，程序弹出如图 5.45 所示的计算界面，最后可按任意键完成 PMSAP 的数据生成工作。

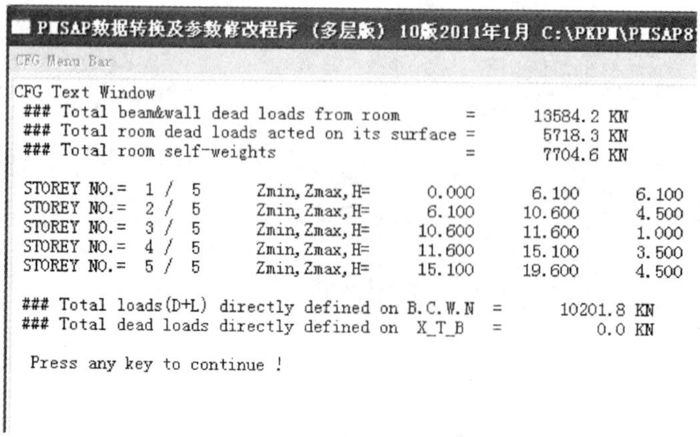

图 5.45 PMSAP 计算界面

5.8.4 参数补充与修改

在【参数补充与修改】中，需要完成相关参数的输入，考虑结构的特点，本例须进行多次计算与分析，第一次整体分析计算，参数选择如下。

1. 总信息

选择【全楼采用强制刚性楼板假定】参数。
结构规则性：平立面都不规则性。
是否复杂：是。

2. 地震信息

设计地震分组：第二组。
抗震设防烈度：8 度。
场地类型：Ⅱ类。

3. 风荷载信息

基本风压：$0.35kN/m^2$。
地面粗糙度：B 类。

4. 活荷载信息

柱墙基础设计活荷载折减：选择【折减柱墙设计活荷】参数。
其他参数均取默认值。
完成参数输入后，单击【确定】按钮，即可进入下一步。

5.8.5 PMSAP 设计实例的结构分析与配筋计算

在这里选择【全部执行】命令，程序即进行结构分析与计算，计算过程如图 5.46 所示。

5.8.6 分析结果与图形显示

在这里通过【文本文件】来查看结构的整体计算情况，单击【文本文件】|【查看主要结果文件】|【简单摘要】命令，弹出文本，如图 5.47 所示，在这里主要关注的是结构的整体计算参数，包括结构基本自振周期、周期比、位移比、剪重比、刚重比、层间位移角等。

1. 周期及振型方向

周期比侧重控制的是侧向刚度和扭转刚度之间的一种相对关系，而非其绝对大小，它的目的是使抗侧力构件的布置更有效、更合理。所以一旦出现周期比不满足要求的情况，一般只能通过调整平面布置来改善这一状况，这种改变一般是整体性的，局部小的调整往往收效甚微。周期比控制不是在要求结构足够结实，而是在要求结构方案布置的合理性。

```
■ 复杂多、高层建筑结构有限元分析与设计软件 PMSAP (多层版) 10版2011年1月 C:\PKPM\PMSAP8
CFG Menu Bar
CFG Text Window

            ######  ###   ###    ######    ##      ######
            ##  ## #### ####    ##    ##  ####    ##   ##
            ######  ## ### ##   ######    ##  ##  ######
            ##      ##  #  ##   ##, ########   ##  ##
            ##      ##     ##   ## ######  ##       ## ##

===========================================================
                BUILDING STRUCTURE ANALYSIS PROGRAM
                          Version 7.0
Institute of Building Structure, China Academy of Building Research.
Copyright (C) 1997-2011. All Rights Reserved.
Address : 30, Bei San Huan Dong Road, Beijing, P.R.China. Post : 100013
Telephone : (010)84276262, 64517586

Current Date   :  2011/ 7/18
Current Time   :  21:25:51

工程名       :  AA_TB

机器物理内存  :  2047.0 MB
当前可用内存  :   475.2 MB

第一步 : [ 数据检查及数据预处理 ]
         利用内存缓冲处理输入文件
第二步 : [ 形成单元刚度矩阵、质量矩阵及荷载矩阵 ]
         结构总层数              =     5
         结构中刚性板总数         =     5
         结构中多边形壳元总数     =   308
         结构中梁单元总数         =  1600
         结构中柱单元总数         =   130
         结构节点总数             =   512      1328
第三步 : [ 组装整体结构刚度矩阵、质量矩阵及荷载矩阵 ]
         计算该工程需要的空闲硬盘空间 :    12 MB (单精度)
第四步 : [ 分解总刚度矩阵及静力工况求解 ]
         自由度总数       :    3937
         荷载矩阵列数     :      22
         总刚度矩阵大小   :    3.2 MB
         BEC : 迭代次数=    1 误差=   0.000E+00         0.00%
第五步 : [ 固有振动特性分析 ]
         参与振型数 = 15 (侧刚分析方法)
         F( 1 )=  1.056983 Hz      T( 1 )=  0.946089 Sec
         F( 2 )=  1.264994 Hz      T( 2 )=  0.790518 Sec
         F( 3 )=  1.385666 Hz      T( 3 )=  0.721675 Sec
         求解偏心系统特征值问题
第六步 : [ 地震反应谱分析 ]
第七步 : [ 线弹性时程响应分析 (比例阻尼算法) ]
第八步 : [ 计算构件内力 ]
```

图 5.46 PMSAP 分析与计算过程

周期 1 及振型方向角：   0.946   −0.1   X
周期 2 及振型方向角：   0.791   89.8   Y
周期 3 及振型方向角：   0.722   90.4   TORSION

可以看出第一周期为 0.946，振型方向为 X 向平动，周期比 $0.763 < 0.9$，满足规范要求。

2. 最不利地震作用方向角

最不利地震作用方向角 $= 0.08$ (度)。

3. 地震作用引起的楼层层间位移

全楼最大层间位移角 $= 1/653 < 1/550$。

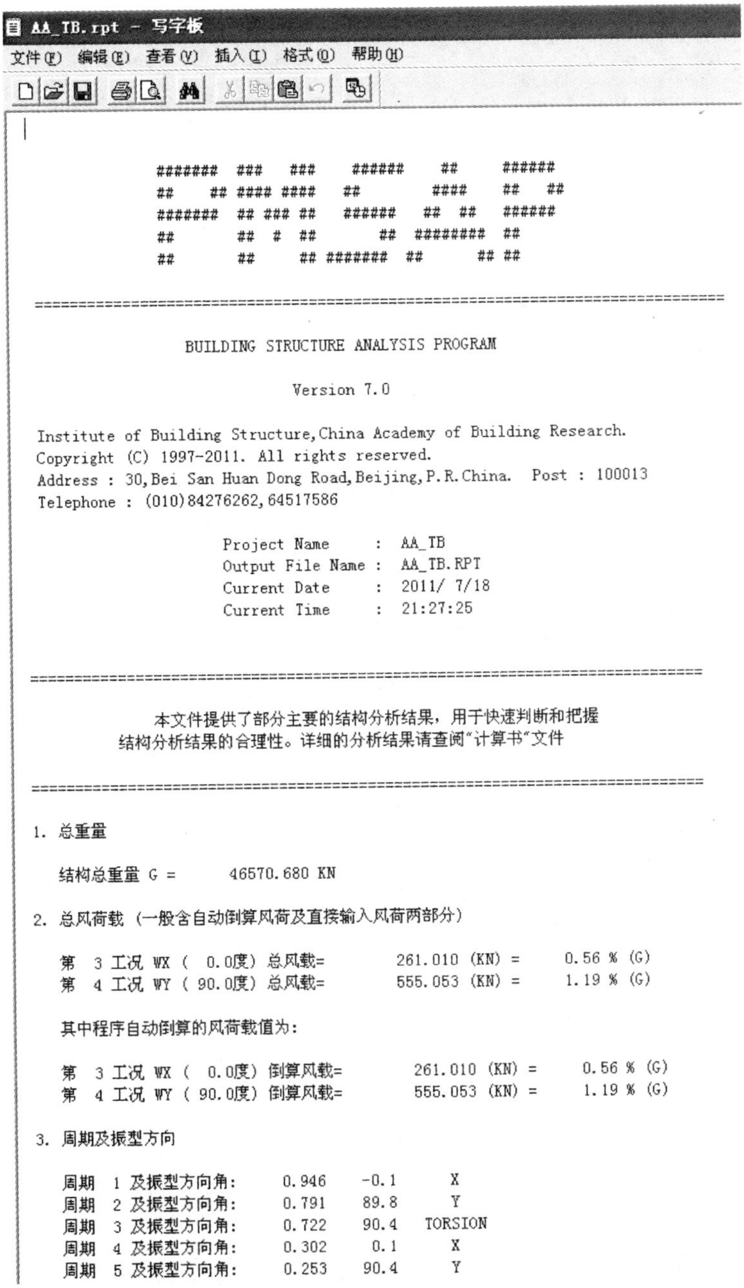

```
######   ###  ###   ######    ##      ######
##   ##  #### ####  ##       ####     ##   ##
######   ## ### ##  ######  ##  ##    ######
##       ##  #  ##      ##  ########  ##
##       ##     ##  ######  ##    ##  ##
```

==

BUILDING STRUCTURE ANALYSIS PROGRAM

Version 7.0

Institute of Building Structure, China Academy of Building Research.
Copyright (C) 1997-2011. All rights reserved.
Address : 30, Bei San Huan Dong Road, Beijing, P.R. China. Post : 100013
Telephone : (010)84276262, 64517586

         Project Name   : AA_TB
         Output File Name : AA_TB.RPT
         Current Date   : 2011/ 7/18
         Current Time   : 21:27:25

==

              本文件提供了部分主要的结构分析结果，用于快速判断和把握
              结构分析结果的合理性。详细的分析结果请查阅"计算书"文件

==

1. 总重量

      结构总重量 G =   46570.680 KN

2. 总风荷载 （一般含自动倒算风荷及直接输入风荷两部分）

      第 3 工况 WX （ 0.0度）总风载=   261.010 (KN) =   0.56 % (G)
      第 4 工况 WY （90.0度）总风载=   555.053 (KN) =   1.19 % (G)

      其中程序自动倒算的风荷载值为：

      第 3 工况 WX （ 0.0度）倒算风载=   261.010 (KN) =   0.56 % (G)
      第 4 工况 WY （90.0度）倒算风载=   555.053 (KN) =   1.19 % (G)

3. 周期及振型方向

      周期 1 及振型方向角：   0.946   -0.1   X
      周期 2 及振型方向角：   0.791   89.8   Y
      周期 3 及振型方向角：   0.722   90.4   TORSION
      周期 4 及振型方向角：   0.302   0.1   X
      周期 5 及振型方向角：   0.253   90.4   Y

图 5.47 【简单摘要】显示

4. 楼层刚度比

层号	X 刚度	Y 刚度	薄弱层调整系数
1	0.489E+06	0.708E+06	1.25
2	0.496E+06	0.734E+06	1.25
3	0.343E+07	0.627E+07	1.25

4	0.617E+06	0.910E+06	1.25
5	0.471E+06	0.724E+06	1.25

[注意事项]：

结构经过第一次计算后，如果发现计算结果不满足要求，比如周期比、位移比、刚度比等超过规范允许值或是远小于规范允许值，说明结构方案不合理，需要重新调整方案。

完成结构的整体分析后可以进行结构第二次配筋计算。因为本例的局部开大洞，属竖向不规则结构，需要在楼板大开洞处定义弹性板，以准确计算结构的位移和内力，并进行配筋计算。

重复计算过程，只是在【总信息】选项卡中不选择【强制刚性楼板假定】，特征值算法选用【总刚分析方法】，如图 5.48 所示。在特殊构件中定义弹性楼板，本例中弹性楼板选择为【弹性膜】。完成上述各项参数的修改后，选择主菜单【5 结构分析与配筋计算】，即可完成 PMSAP 的计算工作。

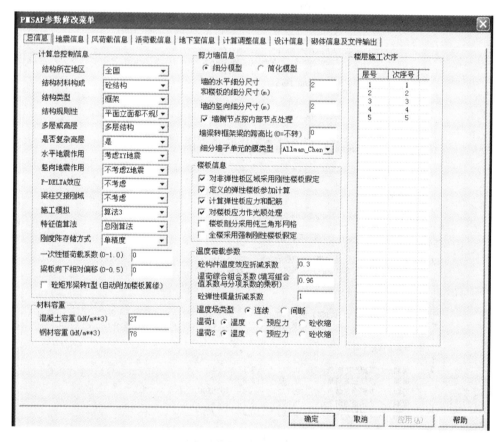

图 5.48 【总信息】选项卡中的参数修改

5.8.7 分析结果的图形显示

对于图形文件，主要查看内容包括混凝土构件配筋及钢构件验算，如图 5.49、图 5.50 所示；柱/墙/桁架轴压比及梁柱节点验算如图 5.51 所示。

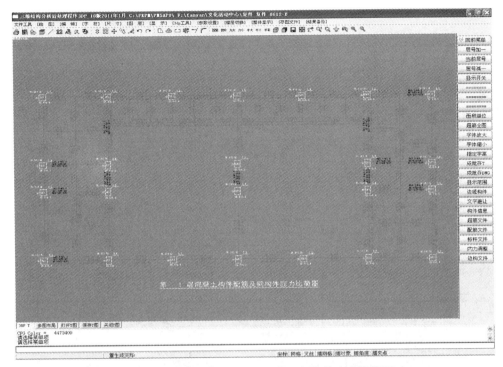

图 5.49 第一层混凝土构件配筋及钢构件应力比简图

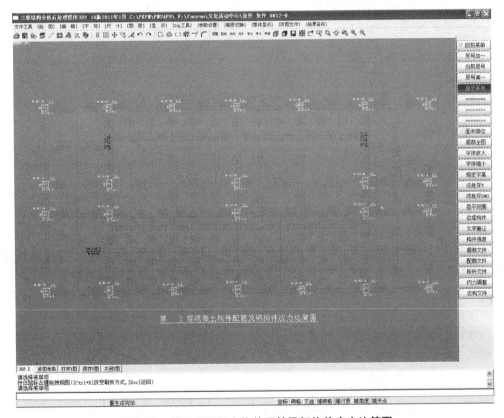

图 5.50 第二层混凝土构件配筋及钢构件应力比简图

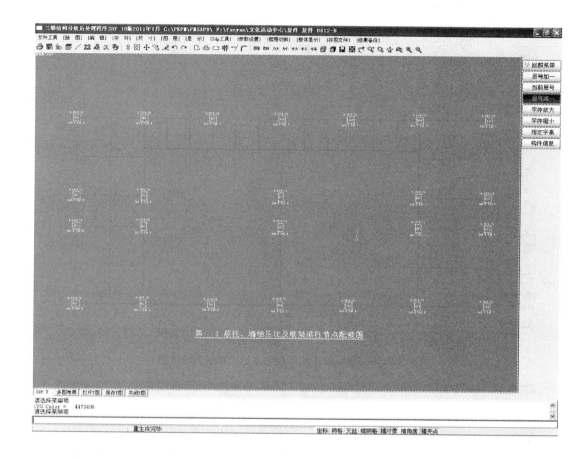

图 5.51　第一层柱、墙轴压比及框架梁柱节点配筋图

[注意事项]:

(1) 超筋标记,若钢筋面积前面有一符号"&",意指超筋;画配筋简图时,超筋、超限均以红色提示。

(2) 如果计算结果不满足要求,比如较多构件超筋、轴压比等信息超过规范或远小于规范允许值,则需要调整方案重新进行计算。此时,应回到 PM 菜单中修改结构布置情况,重新进行计算,直到满足规范要求。

可以从 PMSAP 的分析结果中查询弹性板的内力信息,选择【分析结果】|【弹性楼板及转换厚板的计算结果】命令,然后在屏幕右侧次级菜单中单击【板面弯矩】命令,则屏幕显示分析得到的弹性板板面弯矩如图 5.52 所示;在屏幕右侧次级菜单中单击【等值/填充】命令,即可显示等值线图,如图 5.53 所示。另外,也可以在屏幕右侧菜单中分别查询反力等各项信息。

通过上述的计算结果,可以按第 7 章进行结构的施工图设计。

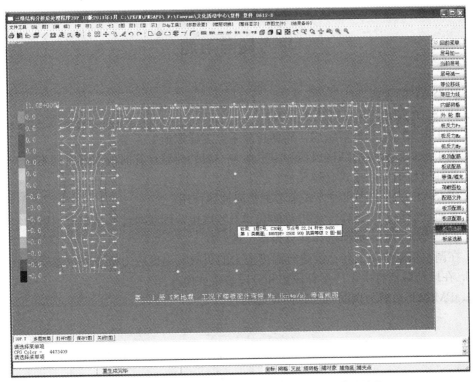

图 5.52　第一层 X 向地震工况下楼板面外弯矩等值线图

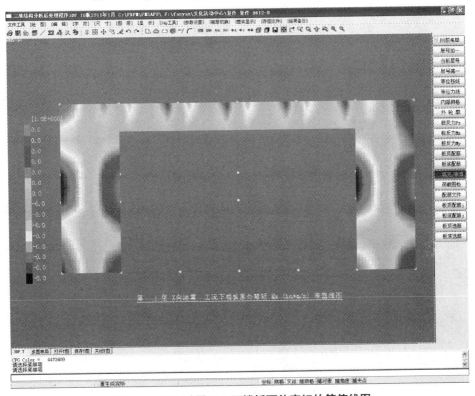

图 5.53　X 向地震工况下楼板面外弯矩的等值线图

思考题与习题

1. PMSAP 的主要功能是什么？
2. PMSAP 前处理包括哪几个步骤？
3. 对于框架结构和框剪结构，周期折减系数怎样取值？
4. 用于舒适度验算的结构风压和阻尼比与一般的荷载计算时的取值有何不同？
5. 弹性楼板的导荷方式有哪几种？
6. PMSAP 提供了哪几种方式来考虑竖向地震作用？
7. 在地震信息中，选择考虑扭转耦联和不考虑扭转耦联对计算结构有何影响？
8. 在地震信息中，如何选择计算振型个数？
9. 在调整信息中，为什么要进行温度应力的折减？温度应力折减系数怎样取值？
10. 在风荷载信息中，体型分段数和分段参数如何选择？
11. PMSAP 对剪力墙洞口是如何处理的？

第6章 基础设计软件——JCCAD

教学目标

了解和熟悉 JCCAD 的基本功能。
掌握地质资料输入及基础人机交互输入。
深入理解各种形式基础参数的取值。
熟练掌握绘制各种基础施工图的方法。

教学要求

知识要点	能力要求	相关知识
地质资料输入	熟练掌握地质资料的输入与参数编辑	土参数概念 孔点概念
人机交互输入	(1) 熟练掌握荷载输入； (2) 熟练掌握各种基础构件，包括筏板、地基梁、桩基、条基的输入	各种基础形式
计算与分析	(1) 熟练掌握弹性地基梁元法计算分析； (2) 熟练掌握板元法计算分析； (3) 掌握桩基基础计算与分析	梁元法概念 板元法概念
基础施工图绘制	(1) 掌握基础梁平法施工图； (2) 掌握筏板基础配筋施工图	施工图绘制与修改

基础设计软件(JCCAD)是 PKPM 的重要组成部分，是基于二维、三维图形平台的人机交互技术建立模型，界面友好，操作顺畅，可与 PMCAD 接口读取柱网轴线和底层结构布置数据以及读取上部结构计算(PK、TAT、SATWE、PMSAP)传来的基础荷载，并可人机交互布置和修改基础，适应复杂多样的多种基础形式，提供全面的解决方案。JCCAD 不仅能提供完整的计算结果，而且提供辅助计算工具，保证设计方案的经济合理，使设计计算结果与施工图设计密切集成，极大地方便了应用。

6.1 基本功能及特点

6.1.1 JCCAD 的基本功能

(1) 适应多种类型基础的设计。可完成柱下独立基础(包括倒锥形、阶梯形、现浇或预制杯口基础、单柱和双柱或多柱基础)、墙下条形基础、墙下筏板基础、弹性地基梁基础、带肋筏板基础、柱下平板基础、柱下独立桩基承台基础、桩筏基础、桩格梁基础、单桩基础的设计工作。

可完成上述多种类型基础组合起来的大型混合基础的结构计算、沉降计算和施工图绘制。其中，施工图绘制包括基础平面图、梁立面图、剖面图、大样详图等。

(2) 接力上部结构模型。可读取上部结构中与基础相连的各层柱、墙布置，并在交互输入和基础平面施工图中将其绘制出来。

(3) 接力上部结构计算生成的荷载。可从 PMCAD 软件生成的数据中自动抽取上部结构中与基础相连的各层柱网、轴线、柱子和墙的布置信息；还可读取 PMCAD、PK、TAT、SATWE、PMSAP 传下来的各种荷载，并按需要进行不同的荷载组合，且读取的上部结构荷载可同人工输入的荷载相互叠加。

(4) 能够较好地实现上部结构、基础与地基的共同作用。对地基梁、筏板、桩筏等整体基础，可采用上部结构刚度凝聚法、上部结构刚度无穷大的倒楼盖法、上部结构等代刚度法等多种方法考虑上部结构对基础的影响，其主要目的是为了控制整体性基础的非倾斜性沉降差，即控制基础的整体弯曲。

(5) 对于整体基础的计算，提供多种计算模型，如交叉地基梁既可以采用文克尔模型，也可以使用考虑土壤之间相互作用的广义文克尔模型进行分析。对于筏板基础既可以按弹性地基梁有限元计算，也可按 Mindlin 理论的中厚板有限元计算，还可以按一般薄板理论的三角形板有限元法分析。对筏板的沉降计算提供了假设附加压应力已知的方法和刚性底板假定、附加应力未知的两种计算方法。

(6) 可根据荷载和基础设计的参数自动计算出独立基础和条形基础的截面面积与配筋，自动进行柱下承台桩设置，自动调整交叉地基梁的翼缘宽度，自动确定筏板基础中梁翼缘宽度，自动进行独立基础和条形基础的碰撞检查。如发现有底面叠合的基础，能自动选择双柱基础、多柱基础或双墙基础。同时，提供充分的人工干预功能，使软件既有较高的自动化程序，又有极大的灵活性。

(7) 对于地质资料输入和基础平面建模等工作，可以自动读取并转换 AutoCAD 的图形格式文件，操作简便，充分利用周围数据接口资源，提高工作效率。

(8) 提供快捷的人机交互方式输入地质资料，充分利用勘察设计单位提供的地质资料，完成基础沉降计算和桩的计算。

(9) 通过基础交互输入菜单可以很方便地布置各种类型、形状各异的基础，以及确定各种计算参数，供随后的计算分析使用。通过绘平面图菜单可将所布置的基础全部绘制在一张图纸上，画出筏板钢筋，标注各种尺寸和说明。通过绘制基础梁菜单可画出不同分析方法计算出的梁施工图。利用画详图菜单可给出独基、条基、连梁、桩基、承台的大样图、地沟、电梯井图等内容。

(10) 工具箱提供有关基础的各种计算工具，包括地基验算、基础构件计算、人防荷载计算、人防构件计算等。工具箱是脱离基础模型单独工作的计算工具，也是基础设计工程中必备的手段。

6.1.2 JCCAD 的特点

在基础结构分析中，程序采用了多种力学模型：弹性地基梁单元、四边形中厚板单元、三角形薄板单元以及周边支撑弹性板的边界元方法与解析法。在基础分析中可采用多种方式考虑上部结构刚度。沉降计算方法包括最常用的基础底面柔性假设的沉降计算、基础底面刚性假设的沉降计算及考虑基础实际刚度的沉降计算。

6.2 JCCAD 主菜单及操作过程

双击桌面的 PKPM 图标，进入 PKPM 主菜单后，选择【结构】模块下左侧的 JCCAD 软件，使其变成蓝色，此时，右侧将显示 JCCAD 主菜单，如图 6.1 所示。可以通过移动光标选择主菜单中的各项内容。

进入 JCCAD 的主菜单【2 基础人机交互输入】之前，必须完成【结构】模块中 PMCAD 的主菜单【1 建筑模型与荷载输入】、【砌体结构】模块中的主菜单【1 砌体结构模型与荷载输入】或者【钢结构】模块中的主菜单【三维模型与荷载输入】。另外，如果要接力上部结构分析程序的计算结果，就必须运行完成 TAT、SATWE、PK 或 PMSAP 的内力计算。

图 6.1 JCCAD 主菜单

进行独立条形基础设计需运行主菜单 2、主菜单 3 第 1 项或主菜单 4 项；进行弹性地基梁板基础设计需运行主菜单第 1、2、3、6、7 项内容；而进行桩基、桩筏基础设计需运行主菜单第 1、2、4、5、7 项内容。

6.3 地质资料输入

地质资料是对建筑物周围场地地基状况的描述，是基础设计的重要信息，可以通过人机交互方式或填写数据文件方式输入地质资料。如果要进行沉降计算，就必须要执行【地质资料输入】命令。在进行基础设计时,必须要在地质资料文件中描述建筑场地各个勘测孔的平面坐标、竖向土层标高以及各个土层的物理力学指标等信息。由于用途不同,对土的物理力学指标要求也不同,JCCAD将地质资料分为两类:一种是供桩基础使用的地质资料,另一种是供无桩基础(弹性地基筏板)使用的地质资料。

建立地质资料(*.dz)的主要内容包括以下几点。

(1) 建立每个勘探孔柱状图的土层分布及各土层的物理力学参数。物理力学参数包括土重 Gv(用于沉降计算)、相应压力状态下的压缩模量 Es(用于沉降计算)、摩擦角 ϕ(用于沉降及支护结构计算)、内聚力 c(用于支护结构计算)及计算桩基承载力的状态参数(对于各种土有不同的含义)。

(2) 确定所有孔点在任意坐标系下的位置坐标。在桩基设计时可通过平移与旋转将勘探孔的平面坐标转成建筑底层平面的坐标。

(3) 以勘探孔点作为节点顺序编号,将节点连线划分成多个不相重叠的三角形单元,并将三角形单元编号。程序将以这种三角形单元为控制网格,利用形函数插值的方法得到控制网格内部和附近的地质土层分布。

双击图 6.1 中的主菜单【1 地质资料输入】,屏幕弹出如图 6.2 所示的对话框,提示指定存放地质资料的目录及文件名。此时可输入一个文件名,如果这个文件在当前目录中存在,则无论这个文件是人工填写的还是以前由人机交互生成的,都会在屏幕上显示地质勘探孔点的相对位置和由这些孔点组成的三角单元控制网格,可利用各子菜单观察地质情况。如果指定文件不存在,程序将引导设计人员采用人机交互方式建立地质资料数据文件。

单击图 6.2 中的【打开】按钮后,弹出屏幕右侧子菜单,如图 6.3 所示;对于新建文件,应依次执行各子菜单项,各菜单的基本操作介绍如下。

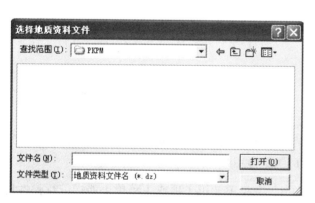

图 6.2 【选择地质资料文件】对话框

图 6.3 【地质资料输入】子菜单

6.3.1 土参数

单击图 6.3 中的【土参数】命令,屏幕弹出如图 6.4 所示的【默认土参数表】窗口,拖动右侧滚动条,将继续显示其他参数。用鼠标单击对应参数框使其变成可编辑状态,即可对某参数进行重新输入,设置完成后,单击 OK 按钮确认输入或 Cancel 按钮取消输入。

土名称	压缩模量	重度	摩擦角	粘聚力	状态参数	状态参数含义
(单位)	(MPa)	(KN/M3)	(度)	(KPa)		
1 填土	10.00	20.00	15.00	0.00	1.00	(定性/-IL)
2 淤泥	2.00	16.00	0.00	5.00	1.00	(定性/-IL)
3 淤泥质土	3.00	16.00	2.00	5.00	1.00	(定性/-IL)
4 粘性土	10.00	18.00	5.00	10.00	0.50	(液性指数)
5 红粘土	10.00	18.00	5.00	0.00	0.20	(含水量)
6 粉土	10.00	20.00	15.00	2.00	0.20	(孔隙比e)
71 粉砂	12.00	20.00	15.00	0.00	25.00	(标贯击数)
72 细砂	31.50	20.00	15.00	0.00	25.00	(标贯击数)
73 中砂	35.00	20.00	15.00	0.00	25.00	(标贯击数)
74 粗砂	39.50	20.00	15.00	0.00	25.00	(标贯击数)
75 砾砂	40.00	20.00	15.00	0.00	25.00	(标贯击数)
76 角砾	45.00	20.00	15.00	0.00	25.00	(标贯击数)
77 圆砾	45.00	20.00	15.00	0.00	25.00	(标贯击数)

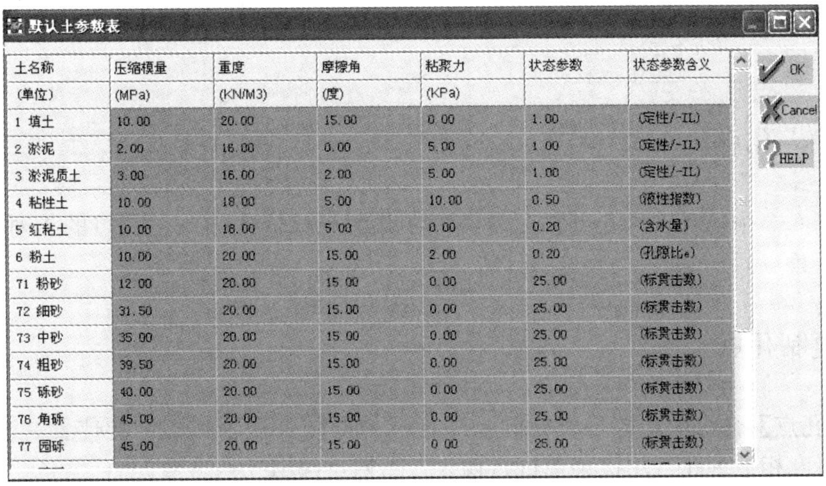

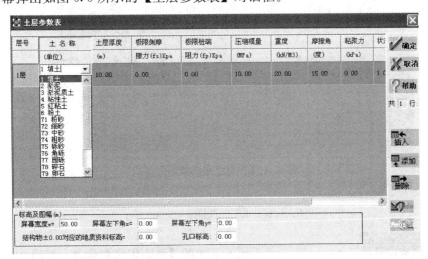

图 6.4 【默认土参数表】窗口

[注意事项]:

土参数表中包括了土的多种参数，如压缩模量、重度等，使用中对其要求不同。对于有桩地质资料须对每层土的压缩模量、重度、状态参数、内摩擦角、内聚力 5 个参数完成定义；而对无桩地质资料只要求完成对压缩模量 1 个参数的定义。

6.3.2 标准孔点

【标准孔点】菜单用于生成土层参数表，它是用来描述建筑场地地基土的总体分层信息，并作为生成各个勘测孔状图的地基土分层数据的模板。单击图 6.3 中的【标准孔点】命令，屏幕弹出如图 6.5 所示的【土层参数表】对话框。

图 6.5 【土层参数表】对话框

根据所有勘探点的地质资料，将建筑物场地土统一分层。先输入代表土层数，再输入每层土的名称。单击【土名称】右侧的下拉按钮，将显示所有土层的名称，如图 6.5 所示。单击菜单右侧【添加】按钮，添加新的土层。单击菜单右侧【插入】按钮，可在某土层前插入新的土层。单击菜单右侧【删除】按钮,可删除某土层;每层土的参数将在以后的分析中采用。

6.3.3 输入孔点

单击图 6.3 中的【输入孔点】命令,可在此用光标依次输入各孔点的相对位置(相对于屏幕左下角点)。

6.3.4 复制孔点

【复制孔点】命令的功能是将相同物理指标的勘测点复制到指定的位置。也可以将对应的土层厚度相近的孔点用该菜单进行输入,然后再编辑孔点参数。

6.3.5 单点编辑

单击图 6.3 中的【单点编辑】命令后,先用光标选择要修改的孔点,这时将弹出【孔点土层参数表】窗口,如图 6.6 所示。在弹出的对话框中输入平面坐标、水头标高、孔口标高、每一土层层底标高、压缩模量、重度及其他的物理力学指标的值,即可完成对其中某一孔位的修改工作。

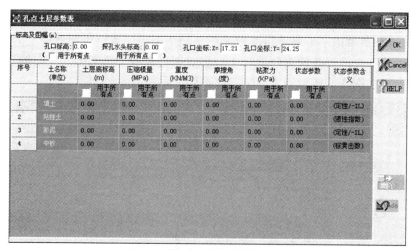

图 6.6 【孔点土层参数表】窗口

6.3.6 动态编辑

单击图 6.3 中的【动态编辑】命令,弹出其子菜单,如图 6.7 所示,界面下部命令行提示:"在平面图中点取位置",选中任一孔位后,弹出如图 6.8 所示的屏幕显示,通过此屏幕显示可查看选定点位的孔点柱状图和孔点剖面图。

图 6.7 【动态编辑】子菜单

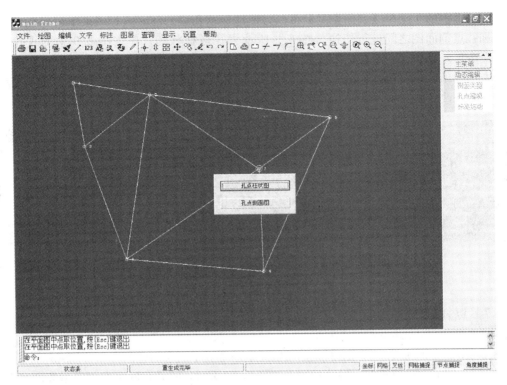

图 6.8 【动态编辑】屏幕显示

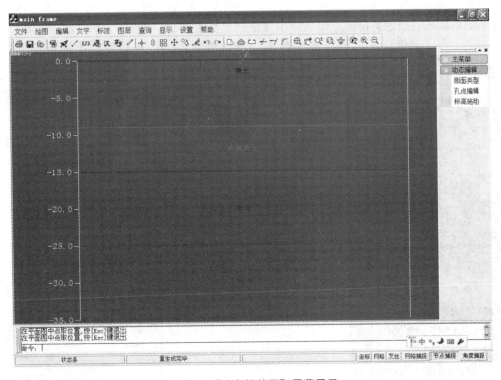

图 6.9 【孔点柱状图】屏幕显示

图6.7中的子菜单【剖面类型】可以方便地显示孔点的剖面图,该菜单可以在孔点柱状图和孔点剖面图之间进行切换。图6.9所示为孔点柱状图;单击图6.9中的【孔点编辑】命令后,选中任一土层,土层被高亮显示,如图6.10所示。在【孔点编辑】命令上单击右键弹出其子菜单,如图6.11所示,单击图6.9中的【标高施动】命令可以对土层标高进行修改。

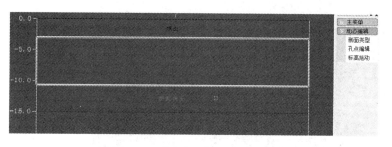
图6.10 【孔点编辑】高亮显示

图6.11 【孔点编辑】子菜单

6.3.7 点柱状图

通过图6.3中的【点柱状图】菜单可以很清楚地显示土层的竖向分布。用光标选择任一平面位置,即显示该位置的土层柱状图,如图6.12所示,同时在屏幕右侧显示如图6.13所示的子菜单,包括【桩承载力】、【参数修改】和【沉降计算】。单击图6.13中的【桩承载力】命令,弹出如图6.14所示的【桩信息】对话框,根据工程的实际情况选用具体参数,选定参数后单击【确定】按钮,则会弹出【输入桩长】窗口,如图6.15所示。此时若输入任一桩长,程序会依据所选标准和参数求出桩的承载能力,从而显示不同桩长的数据,图6.16所示为预制桩或钢管桩在桩长分别为10m、20m、30m时的桩承载能力屏幕显示图。

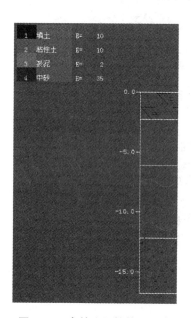
图6.12 点的土层柱状图示意

图6.13 【点柱状图】子菜单

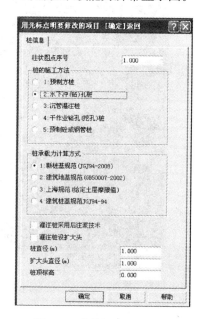
图6.14 【桩信息】对话框

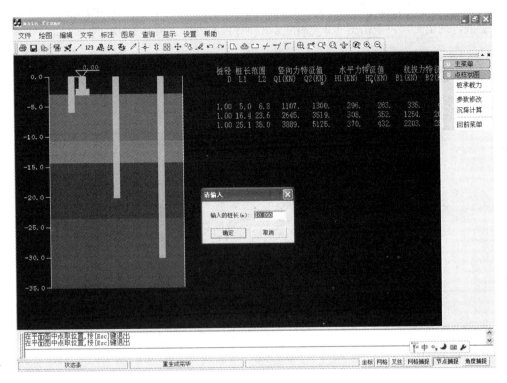

图 6.15 【输入桩长】窗口

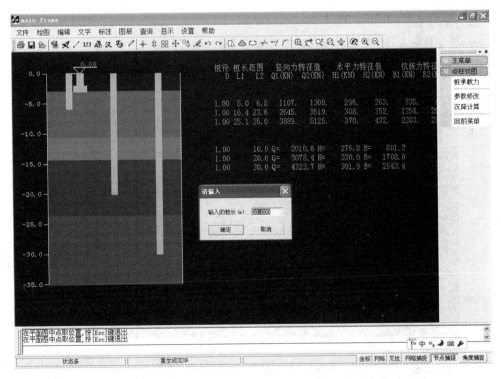

图 6.16 桩长分别为 10m、20m、30m 时的桩承载能力屏幕显示图

单击图 6.13 中的【参数修改】命令，弹出对话框如图 6.17 所示，可以根据需要填入相关的参数，确定后，再单击图 6.13 中的【沉降计算】命令，可计算出沉降值并给出计算书。

图 6.17 【沉降计算】对话框

6.3.8 土剖面图

单击图 6.3 中的【土剖面图】命令，然后指定任一剖面后，屏幕会显示该剖面的地基土剖面，如图 6.18 所示。

[注意事项]：

对地质资料输入的结果的正确性，可以通过【点柱状图】、【土剖面图】等菜单进行校核。

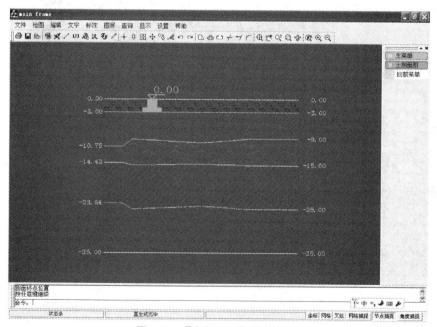

图 6.18 【土剖面图】屏幕显示

6.3.9 孔点剖面

【孔点剖面】提供了一种以孔点为基准的土层剖面显示模式，图6.19为某一孔点的剖面屏幕显示。

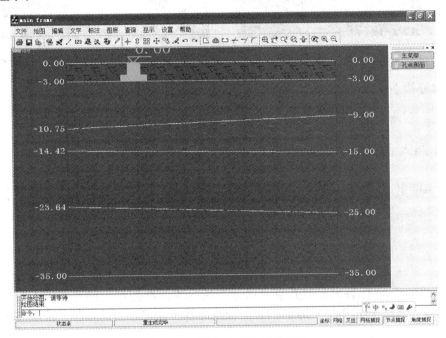

图6.19 【孔点剖面】屏幕显示

6.3.10 画等高线

单击图6.3中的【画等高线】命令，显示如图6.20所示的对话框。利用此菜单可以绘制地表、任意土层或水头的等高线分布图。在图6.21中选择要绘制的条目，图6.22所示为【等值线表示】的沉降图，图6.23所示为【温度色场】表示的沉降图。

图6.20 【画等高线】对话框

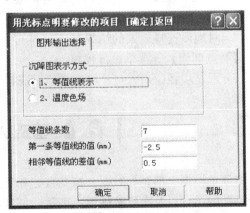

图6.21 【图形输出选择】对话框

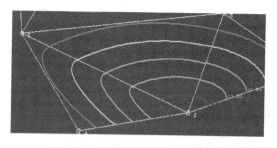

图 6.22 【等值线表示】的沉降图

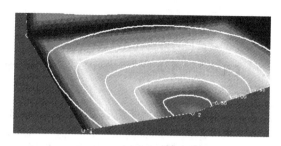

图 6.23 【温度色场】表示的沉降图

[注意事项]：

如果地表、水头或某层图底的标高全场相同，则对应的等高线图将为空白。

6.3.11　插入底图

该菜单可用于插入底层结构平面图，然后参照结构平面图中的节点、网格、构件信息确定孔点坐标。

6.3.12　总结地质资料输入步骤

（1）归纳出能够包容大多数孔点土层分布情况的标准孔点土层，并单击图 6.3 中的【标准孔点】菜单，然后根据实际的勘测报告修改各土层物理力学指标、压缩模量等参数进行输入。

（2）单击图 6.3 中的【输入孔点】菜单，将【标准孔点土层】布置到各个孔点。

（3）单击图 6.3 中的【动态编辑】菜单，可对各个孔点已经布置土层的物理力学指标、压缩模量、土层厚度、顶层土标高、孔点坐标、水头标高等参数进行细部调整。也可以通过添加、删除土层，补充修改各个孔点的土层布置信息。

[注意事项]：

因程序数据结构的需要，程序要求各个孔点的土层从上到下的土层分布必须一致。实际情况中当某孔点没有某种土层时，须将这种土层的厚度设为 0 厚度来处理，因此孔点的土层布置信息中，会有 0 厚度土层存在，程序允许对 0 厚度土层进行编辑。

（4）对地质资料输入的结果的正确性可以通过图 6.3 所示的【点柱状图】、【土剖面图】、【孔点剖面】等菜单进行校核。

（5）重复步骤（3）和（4），可完成地质资料输入的全部工作。

6.4　基础人机交互输入

本菜单根据上部结构数据、荷载数据和有关地基基础的数据进行柱下独立基础和墙下条形基础的设计以及布置基础梁、筏基、桩基等基础的工作。可对程序自动生成的基础尺寸及配筋进行修改补充，并添加基础梁和圈梁数据、独立基础的插筋数据和填充墙数据，最后生成画基础施工图所需的全部数据。如果修改了基础的尺寸，则程序还可以进行基础验算，同时进行碰撞检查，并根据需要自动生成双柱或多柱基础。

该主菜单运行的必要条件是执行过 PMCAD 程序的第 1 项主菜单。双击图 6.1 所示的 JCCAD 主菜单【2 基础人机交互输入】，屏幕上出现当前目录下的工程首层柱网及柱墙布置，并弹出如图 6.24 所示的对话框。

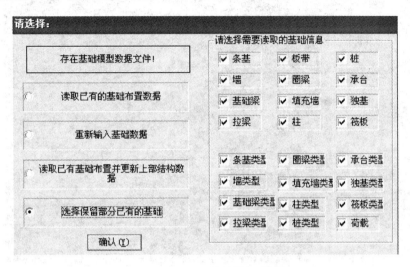

图 6.24 JCCAD 数据选择对话框

如果选择【读取已有的基础布置数据】单选按钮，则表示此前建立的基础数据和上部结构数据都会读出；如果选择【重新输入基础数据】单选按钮，则表示初始化本模块的信息，重新输入各基础的数据。如果选择【读取已有基础布置并更新上部结构数据】单选按钮，则表示既对 PMCAD 中的构件进行了修改，而又想保留基础数据；如果选择【选择保留部分已有的基础】单选按钮，则右侧出现需要读取的基础信息，可以有选择地读取原有的基础数据。

选择任一选项，屏幕绘图区显示 PMCAD 底层的结构布置平面，柱上的标识是柱的标准截面号，如果有上部结构画柱施工图的柱子钢筋数据，还会标出柱插筋的类别号。同时屏幕右侧显示【基础人机交互输入】的子菜单，如图 6.25 所示，各菜单项的含义及用法说明如下。

6.4.1 地质资料

本菜单用于将地质资料与基础对位。单击图 6.25 中的【地质资料】命令，弹出如图 6.26 所示的子菜单，将 JCCAD 主菜单【1 地质资料输入】中已定义的勘探孔点相对位置通过【平移对位】和【旋转对位】操作与实际位置相对应。

［操作方法］：

首先输入之前已定义的地质资料文件，而后选择【平移对位】或【旋转对位】菜单项，用光标拖动地质勘探孔网格单元，将其移动或旋转到实际位置上，即完成所有操作。

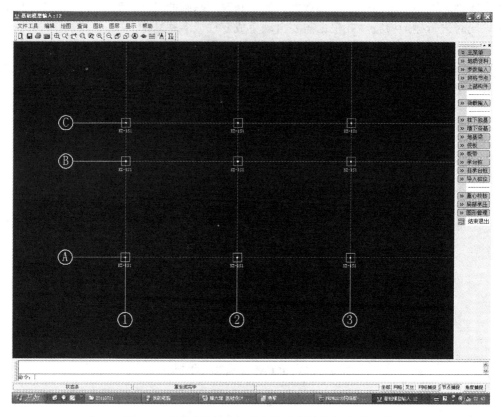

图 6.25 【基础人机交互输入】子菜单及图形显示

6.4.2 参数输入

单击图 6.25 中的【参数输入】菜单，弹出的子菜单如图 6.27 所示。

图 6.26 【地质资料】子菜单　　　　图 6.27 【参数输入】子菜单

1. 基本参数

单击图 6.27 所示的【基本参数】菜单，弹出【基本参数】对话框，如图 6.28 所示，包括 3 个选项卡：【地基承载力计算参数】、【基础设计参数】和【其它参数】。

(1) 地基承载力计算参数：图 6.28 所示为【地基承载力计算参数】选项卡。程序提供了 5 种方法计算地基承载力：综合法、抗剪强度指标法、静桩试验法、抗剪强度指标法（上海）和北京地区建筑地基基础勘察设计规范 DBJ01-501-92。应根据实际场地地基情况合理选用。

覆土重是指基础及基底上回填的平均重度，仅用于独立基础和条基计算。若选择【自动计算覆土重】复选框，则程序自动按 20kN/m³ 的混合重度计算；若不选择【自动计算覆土重】复选框，则需要填写选项卡中显示的【单位面积覆土重】参数，一般设计独立基础和条基并有地下室时，采用人工填写【单位面积覆土重】参数值，且覆土高度应计算至地下室室内地坪处，以保证地基承载力计算正确。

选项卡中所示参数值均为缺省值，如不执行基本参数菜单，则程序自动取缺省值。

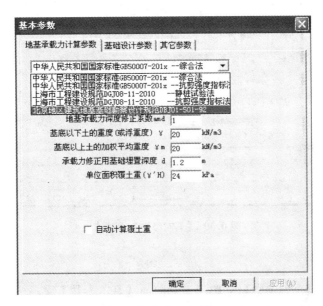

图 6.28　【地基承载力计算参数】选项卡

（2）基础设计参数：图 6.29 所示为【基础设计参数】选项卡。

基础归并系数是指独立基础和条基截面尺寸归并时的控制参数，程序将基础宽度相对差异在归并系数之内的基础视为同一种基础。

拉梁承担弯矩比例特指由拉梁来承受独立基础或桩承台沿梁方向上的弯矩比例，以减小独立基础底面积。承担的大小比例由所填写的数值决定，如填写 0.5 就是承担 50%。拉梁和基础梁可以合并设置，设置拉梁的主要作用是平衡柱下端弯矩，调节不均匀沉降，其中拉梁承担弯矩比例可选择为 1/10 左右。

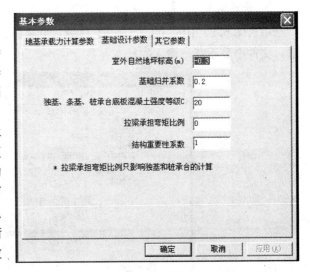

图 6.29　【基础设计参数】选项卡

[注意事项]：

对于有抗震设防要求且基础埋深不一致、地基土层分布不均匀、相邻柱荷载相差悬殊和基础埋深较大等情况可设置基础拉梁。

（3）其它参数：图 6.30 所示为【其它参数】选项卡。

地下水距天然地坪深度值只对梁元法起作用，用来计算水浮力，影响筏板重心和地基反力的计算结果。

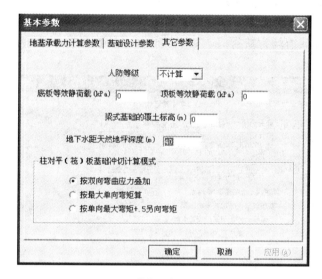

图 6.30 【其它参数】选项卡

2. 个别参数

图 6.27 所示的【个别参数】菜单用于对前面【基本参数】菜单中统一设置的基础参数进行个别修改，这样不同的区域可用不同的参数进行基础设计。

3. 参数输出

单击图 6.27 中的【参数输出】命令，屏幕弹出基础参数.txt 文本文件，如图 6.31 所示，文件中显示基础输入的基本参数。

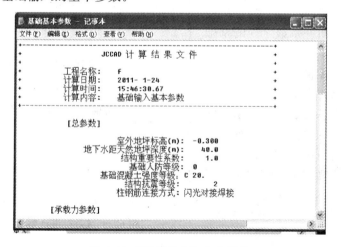

图 6.31 【参数输出】文本显示

6.4.3 网格节点

本菜单的功能为补充增加 PMCAD 传下的平面网格轴线。由于基础布置时 PMCAD 的轴线节点有可能不满足要求，这就要增加轴线和节点，如设置弹性地基梁的挑梁，设置筏板加厚区域等。须注意的是【网格节点】菜单调用应在【荷载输入】和【基础布置】之前，否则荷载或基础构件可能会错位。单击图 6.25 中的【网格节点】命令，弹出如图 6.32 所示的子菜单，各项功能介绍如下。

图 6.32 【网格节点】子菜单

【加节点】命令主要用于在基础平面上增加节点，方法类似于 PMCAD 的交互输入；【加网格】命令主要用于在基础平面上一次增加多个节点；【网格延伸】命令用于将原有的网格线或轴线两端向外延伸并指定长度；【删节点】命令用于删除一些不需要的节点，它只能删除在本菜单下增加的节点，并不能删除 PMCAD 形成的节点；【删网格】命令用于删除不需要的网格，只能删除该菜单下增加的网格，并不能删除 PMCAD 形成的网格。

6.4.4 荷载输入

本菜单的功能是输入定义的荷载和读取上部结构计算传下来的荷载，并可对各类荷载作删除修改，程序还自动将输入的荷载与读取的荷载相叠加。单击图 6.25 中的【荷载输入】命令，弹出如图 6.33 所示的子菜单，各项功能介绍如下。

1. 荷载参数

【荷载参数】菜单的作用是修改隐含定义的荷载分项系数、组合系数等参数。单击图 6.33 中的【荷载参数】命令，弹出【请输入荷载组合参数】对话框，如图 6.34 所示，对话框中各参数的隐含值均按规范的相应内容确定。灰颜色的数值是规范中指定的数值，一般不需要修改，如果要修改可双击该值，将其变成白色的输入框。

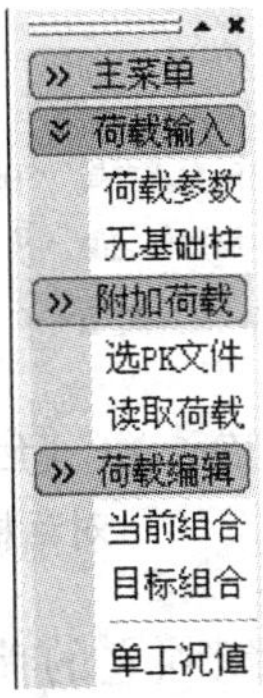

图 6.33 【荷载输入】子菜单

2. 无基础柱

有些柱下无须布置独立基础，例如构造柱。【无基础柱】菜单用于设定无独立基础的柱，以便程序自动将柱底荷载传递到其他基础上。

3. 附加荷载

【附加荷载】菜单项的作用是布置、删除自定义的节点荷载与线荷载。设计人员只需按照菜单和有关中文提示，先定义各类荷载的大小，然后采用类似 PMCAD 中的布置方法，即可将自定义的荷载布置好。单击图 6.33 中的【附加荷载】命令，弹出如图 6.35 所示的子菜单。

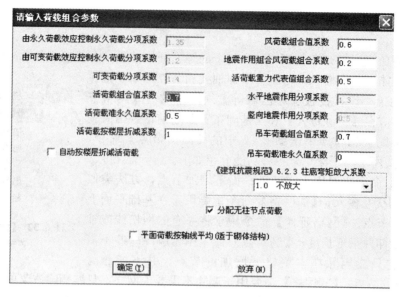

图 6.34 【请输入荷载组成参数】对话框

分别单击图 6.35 中的【加点荷载】、【加线荷载】命令，弹出的对话框分别如图 6.36、图 6.37 所示。

图 6.35 【附加荷载】子菜单 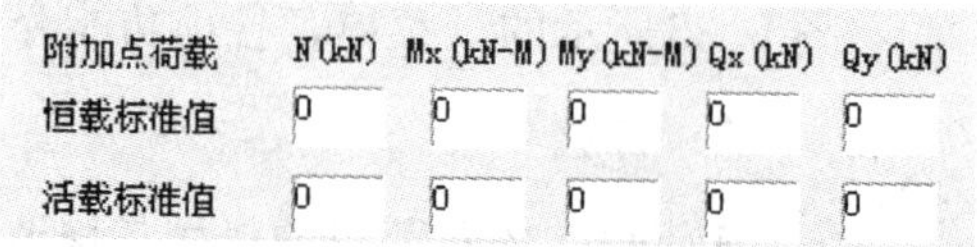　　图 6.36 【加点荷载】对话框 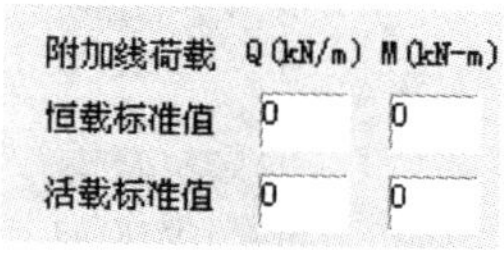　　图 6.37 【加线荷载】对话框

【加线荷载】包括恒载标准值和活载标准值。附加荷载可作为一组独立的荷载工况进行基础计算或验算，如果还输入了上部结构荷载，如 PK 荷载、TAT 荷载、SATWE 荷载等，则附加荷载先要与上部结构荷载叠加，然后才进行基础计算。

[注意事项]：

一般来说，框架结构底部的填充墙或设备重应按【附加荷载】输入。

对于独立基础来说，如果在独基上加设连续梁，连续梁上有填充墙，则应将填充墙的荷载在此菜单中作为节点荷载输入，而不要作为均布荷载输入，否则将会形成墙下条形基础或造成荷载丢失。

4. 选 PK 文件

如果要读取 PK 荷载，需要单击图 6.33 中的【选 PK 文件】菜单，弹出如图 6.38 所示的对话框。先选取 PK 程序生成的柱底内力文件，然后指定哪些轴线要采用该 PK 荷载。

经过这一项操作后，在【读取荷载】对话框中就会出现 PK 荷载供选择，如果不进行【选择 PK 文件】的操作，那么就不能在图 6.39 所示的【请选择荷载类型】对话框中进行选择 PK 荷载操作。

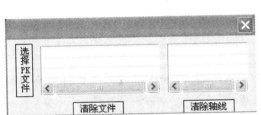

图 6.38 【选择 PK 文件】对话框

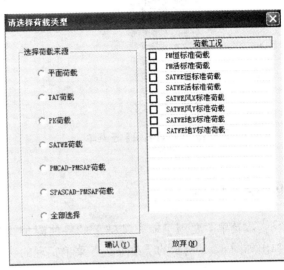

图 6.39 【请选择荷载类型】对话框

5. 读取荷载

本菜单的功能是读取上部结构分析程序传来的首层柱、墙内力作为基础设计的外加荷载，单击图 6.33 中的【读取荷载】命令，弹出如图 6.39 所示的【请选择荷载类型】对话框。如果要选择某一程序生成的荷载，选取之后，右面的荷载工况列表框中会在相应的荷载项前划【√】，即表示该荷载被选择。程序根据选择的荷载类型读取相应的上部结构分析程序生成的荷载，并组合成计算所需要的荷载组合。

[注意事项]：

上部结构分析程序未进行计算的荷载不会出现在列表中。

6. 荷载编辑

该菜单的功能是用来查询或修改附加荷载和上部结构传下来的各工况荷载标准值。单击图 6.33 中的【荷载编辑】命令，弹出如图 6.40 所示的子菜单。对于节点荷载，单击【点荷编辑】菜单后可在屏幕弹出的对话框中修改节点的轴力、弯矩和剪力。对于网格上的线荷载，单击【线荷编辑】菜单后可在屏幕弹出的对话框中修改网格上均布线荷载的数值。如果将某点、线荷载复制到其他位置上，可采用【点荷复制】和【线荷复制】菜单来完成。如要清除所有输入的荷载可单击【清除荷载】菜单。

7. 目标组合

单击图 6.33 中的【目标组合】命令，弹出【选择目标荷载】的对话框，如图 6.41 所示。该菜单的功能是显示荷载效应标准组合、基本组合和准永久组合下的最大轴力、最大弯矩等内容，仅供校核荷载时使用，与地基基础设计最终选择的荷载组合无关。

图 6.40 【荷载编辑】子菜单

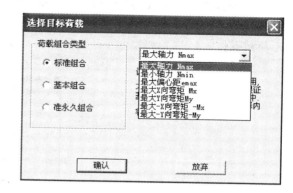

图 6.41 【选择目标荷载】对话框

6.4.5 上部构件

本菜单主要用于输入基础上的一些附加构件，单击图 6.25 中的【上部构件】命令，弹出如图 6.42 所示的子菜单，各菜单实现的功能如下。

图 6.42 【上部构件】子菜单

1. 框架柱筋

该菜单用来输入框架柱在基础上的插筋。单击图 6.42 中的【框架柱筋】命令，弹出如图 6.43 所示的子菜单。选择【柱筋布置】菜单后，单击【新建】按钮，弹出【框架柱钢筋定义】对话框，如图 6.44 所示。可通过【柱筋删除】菜单作任意删除。如果已完成 TAT 的绘制柱施工图，这里则可自动读取 TAT 的柱钢筋数据。【柱筋定义】的对话框中参数的含义与 PK 程序相同。

图 6.43 【框架柱筋】子菜单

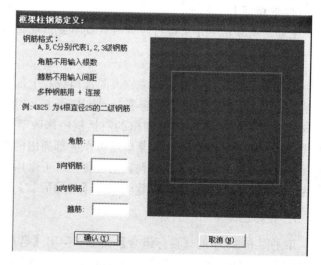

图 6.44 【框架柱钢筋定义】对话框

2. 填充墙

该菜单用来输入基础上面的底层填充墙。对于框架结构,如底层填充墙下设置条基,可在此先输入填充墙,再在荷载输入中用【附加荷载】命令将填充墙荷载布置在相应位置上,这样程序会画出该部分完整的施工图。单击图 6.42 中的【填充墙】命令,再单击【墙布置】命令,弹出如图 6.45 所示的【填充墙定义】对话框。输入墙宽值,然后布置在相应位置。

图 6.45 【填充墙定义】对话框

3. 拉梁

该菜单用于两个独立基础或独立桩基承台之间设置拉接连系梁。单击图 6.42 中的【拉梁】菜单,弹出如图 6.46 所示的【拉梁定义】对话框。拉梁输入方法同填充墙,如果拉梁上有填充墙,其荷载应按点荷载输入到拉梁两端基础所在的节点上。

4. 圈梁

该菜单用于在条形基础中设置地圈梁。单击图 6.42 中的【圈梁】菜单,弹出如图 6.47 所示的【地圈梁定义】对话框。地圈梁类型定义时要输入其主筋根数与直径和箍筋直径与间距,地圈梁将在条基详图中画出。

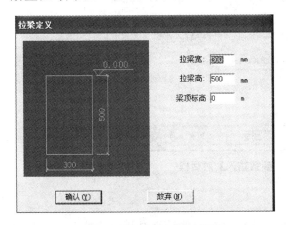

图 6.46 【拉梁定义】对话框

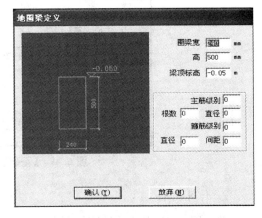

图 6.47 【地圈梁定义】对话框

6.4.6 柱下独基

柱下独基是一种分离式的浅基础,它承受一根或多根柱传来的荷载,基础之间可用拉梁连接在一起来增加整体性。

本菜单用于独立基础设计,它可根据输入的多种荷载自动选取独基尺寸,自动配筋,并可灵活地进行人工干预。单击图 6.25 中的【柱下独基】命令,弹出如图 6.48 所示的子菜单。

1. 自动生成

单击图 6.48 中的【自动生成】菜单,在平面图中布置需要选取的自动生成柱下独立

图 6.48 【柱下独基】子菜单

基础的柱节点,确定后,屏幕上弹出【基础设计参数输入】对话框,如图 6.49 所示,该对话框包括两个选项卡:如图 6.49 所示的【地基承载力计算参数】和如图 6.50 所示的【输入柱下独立基础参数】。输入计算参数后,程序会自动在所有柱下自动进行独基设计。如果在图 6.49 所示的对话框中选择【自动生成基础时做碰撞检查】复选框,则程序会将发生碰撞的独基自动合并成双柱基础或多柱基础,布置完毕后即生成独立基础。

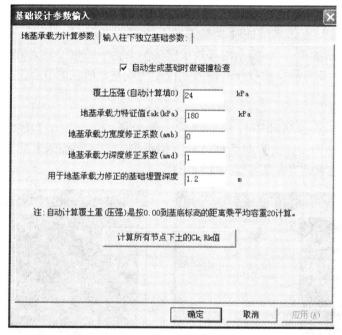

图 6.49 【基础设计参数输入】对话框

2. 计算结果

单击图 6.48 中的【计算结果】菜单,可打开独立基础的计算结果文本文件。通过计算结果文件,可查看各荷载工况下的组合、每根柱在各种荷载组合下的计算底面积、底板配筋计算值、冲切计算等信息。

[注意事项]:

独基计算结果文件 JC0.OUT 是固定文件名,再次计算将被覆盖,所以如果保留该文件须另存为其他文件名。

3. 控制荷载

单击图 6.48 中的【控制荷载】命令,弹出的对话框如图 6.51 所示。其包括【承载力计算控制荷载图】、【冲切计算控制荷载图】、【X 向底板配筋控制荷载图】、【Y 向底板配筋控制荷载图】,可根据需要选用。生成的控制荷载简图文件可以用 JCCAD 主菜单【8 图形编辑、打印及转换】来查看和编辑。

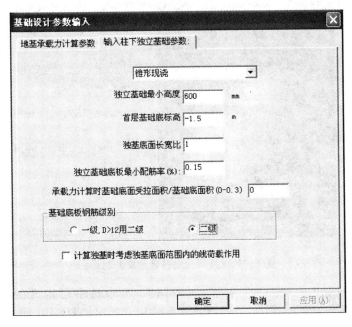

图 6.50 【输入柱下独立基础参数】选项卡

4. 独基布置

该采单可完成基础的布置工作。单击图 6.48 中的【独基布置】命令，弹出如图 6.52 所示的【请选择［柱下独立基础］标准截面】对话框；单击【新建】按钮，弹出如图 6.53 所示的【柱下独立基础定义】对话框，在对话框中输入计算得到的底板配筋等信息，即完成独基定义的工作。单击【确认】按钮后，会在 6.52 所示的列表中显示定义的独立基础。

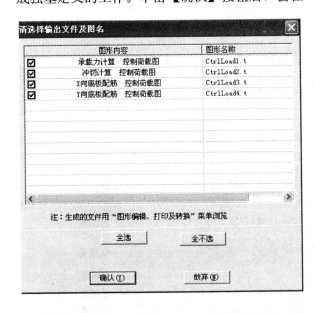

图 6.51 【请选择输出文件及图名】对话框

图 6.52 【请选择［柱下独立基础］标准截面】对话框

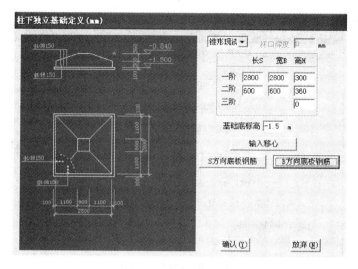

图 6.53 【柱下独立基础定义】对话框

图 6.54 【请输入移心值】对话框

在图 6.52 中选中已定义的序号，然后单击【布置】按钮，弹出如图 6.54 所示的【请输入移心值】对话框，通过输入移心和转角，然后在欲布置该类型独基处单击，即可将该类型独基布置在指定位置处。若该处已进行了独基布置，则程序会用新布置的独立基础将已有基础替换掉。

5. 独基删除

单击图 6.48 中的【独基删除】菜单后，选取欲删除的独立基础，即将该独立基础删除。

6. 双柱基础

当两个柱间的距离比较近时，各自生成的独立基础会发生相互碰撞。在此情况下，单击【双柱基础】命令，程序会提示："请用光标点取所属的第一根柱"，选取完毕后程序会接着提示："请用光标点取所属的第二根柱"，自动将该类型独基布置在这两个柱子中间。

6.4.7 墙下条基

该菜单用于墙体下面条形基础的设计，它可根据输入的多种荷载自动选取条基尺寸，并可灵活地进行人工干预。单击图 6.25 中的【墙下条基】菜单，弹出其子菜单，如图 6.55 所示。各子菜单的使用方法与第 6.4.6 节的【柱下独基】子菜单类似。

1. 自动生成

单击图 6.55 中的【自动生成】子菜单，在平面图中布置需要选取的自动生成柱下墙下条基的网格线，确定

图 6.55 【墙下条基】子菜单

后，屏幕上弹出【基础设计参数输入】对话框，如图 6.56 所示，该对话框包括两个选项卡：如图 6.56 所示的【地基承载力计算参数】和如图 6.57 所示的【输入墙下条形基础参数】。输入计算参数后，程序会自动在所有柱下自动进行条基设计。如果在图 6.56 所示的对话框中选择【自动生成基础时做碰撞检查】复选框，则程序会将发生碰撞的条基自动合并成双墙基础，布置完毕后即生成墙下条形基础。

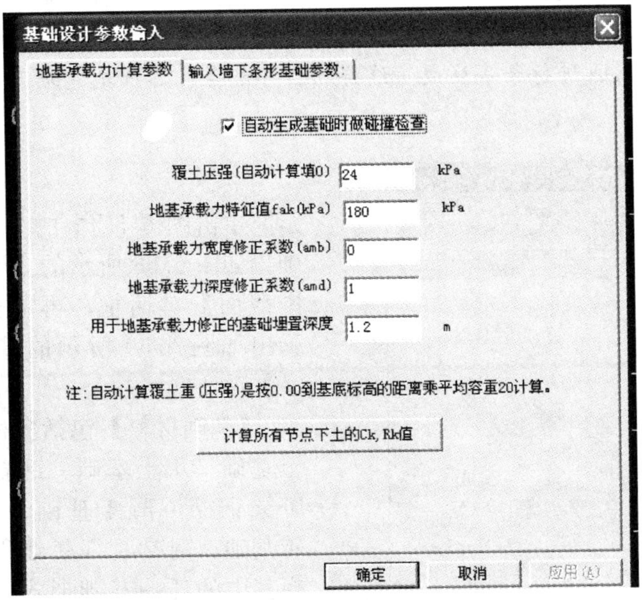

图 6.56 【基础设计参数输入】对话框

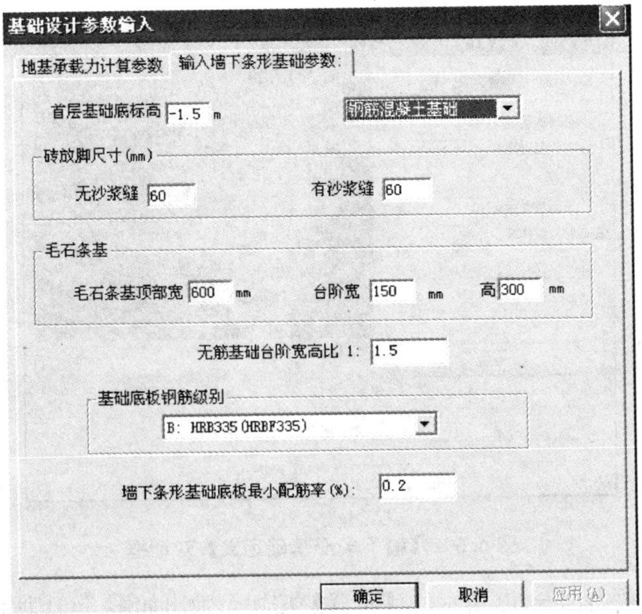

图 6.57 【输入墙下条形基础参数】选项卡

[注意事项]：

墙上存在无柱结点时，应在图6.34所示的【请输入荷载组合参数】对话框中选择【分配无柱节点荷载】复选框，程序就会将点荷载的轴向力转化为均布荷载，并将其平均分到与该节点相关的有墙网格上。如该节点周围没有墙或选择不分配无柱节点上的点荷载，则程序会丢掉该荷载。

对于框架结构，如果填充墙下设置条基，则必须在【上部构件】下的【填充墙】菜单中输入首层的填充墙，并且在主菜单【荷载输入】中以【附加荷载】的方式将填充墙荷载输入到网格上，然后再进行条基生成。这样，程序就会计算出填充墙下的条基，并可给出完整的施工图。

2. 条基布置

单击图6.55中的【条基布置】命令，弹出如图6.58所示的【请选择［条基］标准截面】对话框，再单击【新建】按钮，弹出如图6.59所示的【墙下条形基础定义】对话框。

【基础材料】包括多种形式，如素混凝土基础、灰土基础、钢筋混凝土基础、带卧梁钢筋混凝土基础、毛石、片石基础、砖基础、钢混毛石基础和任意基础等。选择其中的任一基础形式，对话框中的内容也会相应改变。图6.60所示为【钢筋混凝土基础】的参数。

图6.58 【请选择［条基］标准截面】对话框

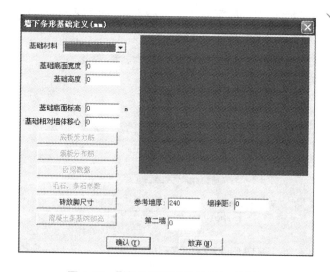

图6.59 【墙下条形基础定义】对话框

定义完成后，单击图6.58所示的【布置】按钮，弹出如图6.61所示的【请输入移心值】对话框，然后单击需要布置的柱完成相应的基础布置工作。

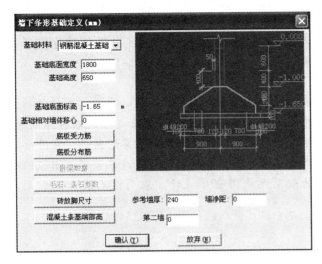

图 6.60 【钢筋混凝土基础】定义

图 6.61 【请输入移心值】对话框

6.4.8 地基梁

地基梁又称基础梁或柱下条形基础,是整体式基础。

本菜单用于输入各种钢筋混凝土基础梁,包括普通交叉地基梁,有桩、无桩筏板上的肋梁,墙下筏板上的墙折算肋梁,桩承台梁等,单击图 6.25 中的【地基梁】命令,弹出的子菜单如图 6.62 所示。

布置方法是先定义梁类型,然后用多种布置方式(围区、窗口、轴线、直接方式)沿网格线布置。如梁要挑出,则应补充网格线,然后在此输入。对于不同的梁,计算方法不同,梁类型定义输入的参数也略有不同,除按弹性地基梁元法计算的肋梁只需输入肋宽、梁高两个参数外,其他梁则应输入全部参数。特别是采用板元法计算时,梁应设置一定的

图 6.62 【地基梁】子菜单

翼缘宽度,翼缘厚度取板厚,梁高取实际高度。否则梁的刚度过小会导致梁的内力配筋过小,而板的相应位置配筋过多。

6.4.9 筏板

本菜单的功能主要是布置各种有桩筏板、无桩筏板、带肋筏板、墙下筏板、柱下平板等所有筏板。单击图 6.25 中的【筏板】命令,弹出如图 6.63 所示的子菜单。一次最多可输入 10 块筏板,布置方法是先定义筏板类型,其中包括板厚、标高、有无地下室,然后用围区布置方式沿着所包围的外网格线布置筏板。布置时,应输入一个挑出轴线距离,这样程序即可形成一个闭合的多边形筏板,如板边挑出轴线距离各不相同,可通过单击图 6.63 中的【修改板边】菜单,采用多种方式(围区、窗口、轴线、直接方式)修改板边

挑出距离。对于每一块筏板，程序允许在其内设置一个加厚区，设置方法仍采用筏板输入，只是要求加厚区在已有的板内。筏板内的加厚区、下沉的积水坑、电梯井被称作子筏板。子筏板的设置与筏板输入方法相同。

[注意事项]：

如果采用弹性地基梁元法计算，务必要在需要的轴线上及边界板的网格上布置肋梁或者布置筏板上的墙折算肋梁，桩承台梁等，否则将不能形成弹性地基梁的数据，或有些边界梁将缺乏边界板挑出长度信息，造成边界梁到挑出板的边界这一段的配筋无法用程序设计。采用板元法计算则无此要求。

图 6.63 【筏板】子菜单

6.4.10 板带

【板带】菜单是柱下平板基础按弹性地基梁元法计算所必须运行的菜单。单击图 6.25 中的【板带】命令，弹出的子菜单如图 6.64 所示。布置时无须定义参数，即可采用多种方式（围区、窗口、轴线、直接方式）沿柱网轴线（即柱下板带）布置板带。

图 6.64 【板带】子菜单

[注意事项]：

板带位置布置不同可导致配筋的差异。布置原则是将板带视为暗梁，沿柱网轴线布置，但在抽柱位置不应布置板带，以免将柱下板带布置到跨中。

6.4.11 承台桩

桩按其与上部结构的连接方法分为承台桩和非承台桩。通过承台与上部结构的框架柱相连的桩称为承台桩，其余的称为非承台桩，一般通过筏板或地梁与上部结构相连。单击图 6.25 中的【承台桩】菜单，弹出的子菜单如图 6.65 所示。可实现单柱下独立桩承台基础、联合承台、围桩承台、剪力墙下桩承台、承台加防水板等桩承台基础的设计。

1. 定义桩

该菜单用于在生成相应基础形式之前对选用的桩进行定义。单击图 6.65 中的【定义桩】命令，弹出如图 6.66 所示的对话框。单击【新建】按钮，弹出如图 6.67 所示的【定义桩】对话框，选择相应的分类、并输入参数后单击【确认】按钮，即可生成或修改一种桩类型。

图 6.65 【承台桩】子菜单

图 6.66 【请选择[桩]标准截面】对话框

图 6.67 【定义桩】对话框

[注意事项]：

选择不同的桩类型，【定义桩】对话框中的内容是不同的，具体内容见表 6-1。

表 6-1 【定义桩】中的内容

序号	桩类型	内 容	备注
1	预制方桩	单桩承载力(kN)；桩边长(mm)	
2	水下冲(钻)孔桩	单桩承载力(kN)；桩边长(mm)	
3	沉管灌注桩	单桩承载力(kN)；桩边长(mm)	
4	干作业钻(挖)孔桩	单桩承载力(kN)；桩边长(mm)；扩大头上段、中段、下段长(mm)	
5	预制砼管桩	单桩承载力(kN)；桩边长(mm)；壁厚(mm)	
6	钢管桩	单桩承载力(kN)；桩边长(mm)；壁厚(mm)	
7	双圆桩	单桩承载力(kN)；右圆半径(mm)；左圆半径(mm)；圆心距(mm)	

2. 承台参数

单击图 6.65 中的【承台参数】命令，弹出如图 6.68 所示的【桩承台参数输入】对话框。用于输入承台布置的基本参数。

【桩间距】：指承台内桩形心到桩形心的最小距离。

【桩边距】：指承台内桩形心到承台边的最小距离。

【基础底板钢筋级别】：此参数影响到承台受弯配筋面积计算值。在此设置的钢筋等级，会传递至基础施工图，绘制承台底板施工图时将采用该值。

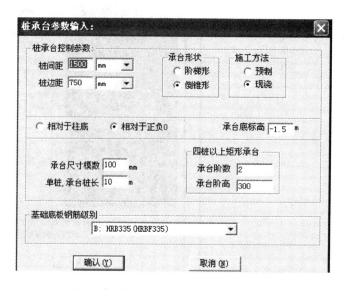

图 6.68 【桩承台参数输入】对话框

3. 自动生成

该菜单的功能是按荷载和单桩承载力自动计算并生成桩承台。

完成【承台参数】的输入后,单击图 6.65 中的【自动生成】命令,则在指定的承台布置范围内完成柱下承台设计。

4. 承台布置

单击图 6.65 中的【承台布置】命令,弹出如图 6.69 所示的【请选择[承台]标准截面】对话框。单击【新建】按钮,弹出如图 6.70 所示的【承台定义】对话框,在该对话框中要输入承台的形状、尺寸、承台阶数、承台底标高等参数的值。

图 6.69 【请选择[承台]标准截面】对话框

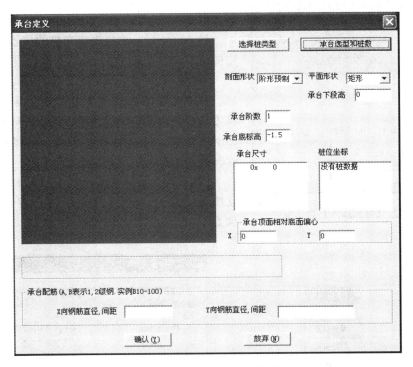

图 6.70 【承台定义】对话框

单击图 6.70 中的【承台选型和桩数】按钮,弹出如图 6.71 所示的【选择桩数和承台形式】对话框。

双击 6.70 中的【承台尺寸】列表框,弹出如图 6.72 所示的【数据输入】对话框;双击 6.70 中的【桩位坐标】列表框,弹出如图 6.73 所示的【数据输入】对话框。利用图 6.72 和图 6.73 所示的对话框,可修改、添加或删除承台相应的数据。

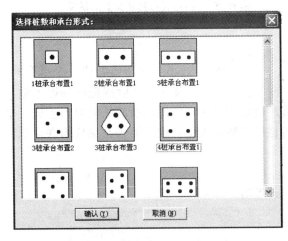

图 6.71 【选择桩数和承台形式】对话框

图 6.72 【数据输入】对话框

单击【确认】按钮后,即可进入布置桩的操作。屏幕右侧的子菜单如图 6.74 所示。
单击图 6.74 中的【布置参数】菜单,弹出如图 6.75 所示的【桩布置参数定义】对话

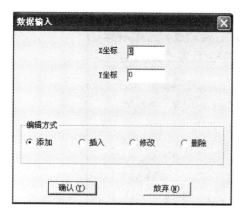

框,设定桩间距或环距、群桩布置方式(矩形布置、三角形布置和环形布置)、群桩布置角度等参数。

输入完毕后,再根据要布桩的位置选择图 6.74 中的【单桩布置】、【群桩布置】命令进行桩布置。

[注意事项]:

桩布置时的光标是要以平面节点为目标来捕捉定位的,因此,选定的基准点要和光标捕捉时的节点对位。偏心转角是相对于捕捉的节点的偏心和转角。

【群桩布置】时只需输入群桩的行列数和基准点及偏心转角,就可用光标将该群桩拖到任意位置。

图 6.73 【数据输入】对话框

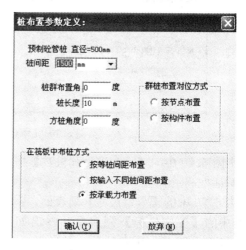

图 6.74 【承台桩】子菜单　　图 6.75 【桩布置参数定义】对话框

5. 联合承台

联合承台用于处理承台间距过小的情况,当发现间距过小并希望布置成一个承台时,可先将原有的承台删掉,再单击图 6.65 中的【联合承台】菜单,然后按程序的提示输入一个多边形,将指定的柱包在多边形内。程序会根据多边形范围内所有柱的合力生成一个联合承台。联合承台生成后,程序将其上各柱的荷载按矢量合成的原则叠加成为联合承台的设计荷载。

[注意事项]:

生成的联合承台上的柱数不能超过 4 根,否则操作无效。

6.4.12 非承台桩

非承台桩用于布置位于筏板和基础梁下面的桩。由于非承台桩承受的荷载不但与桩的布置情况有关,而且与桩上的基础梁或筏板也有关系,所以非承台桩采用人工输入及程序验算的方法进行设计。桩的数量和布置位置是否合理可通过 JCCAD 主菜单【5 桩筏、筏板有限元计算】计算结果中的反力图来校核。单击图 6.25 中的【非承台桩】菜单，弹出如图 6.76 所示的子菜单。

1. 布置参数

此项菜单用于输入桩的布置参数，单击图 6.76 中的【布置参数】命令，弹出【桩布置参数定义】对话框，如图 6.77 所示。

图 6.76 【非承台桩】子菜单

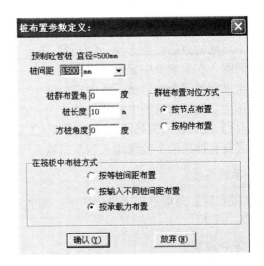

图 6.77 【桩布置参数定义】对话框

桩间距：指两桩中心位置间的距离。

群桩布置对位方式：决定了群桩在平面图上定位时对捕捉目标类型的选取。当选择【按节点布置】时，程序在布置时自动捕捉平面上的节点来进行布置；当选择【按构件布置】时，程序在布置时自动捕捉平面图中的柱中心点、墙端点中心位置来进行布置。

2. 筏板布桩

筏板布桩有 3 种布置方法：按等桩间距布置、按输入不同桩间距布置、按承载力布置。布置方法的选择由图 6.77 所示的【桩布置参数定义】对话框的【在筏板中布桩方式】中的单选按钮来选定，根据提示完成布桩过程。

3. 群桩布置

该菜单用于输入行列对齐或隔行对齐的一组桩。单击图 6.76 中的【群桩布置】命令，弹出如图 6.78 所示的【群桩输入】对话框。

在对话框中有桩的布置简图，将【排列方式】选为【交错】单选按钮时，行数和列数

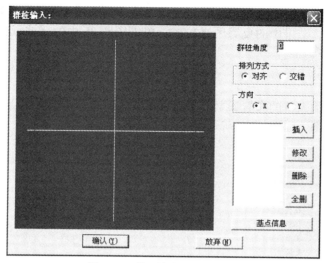

图 6.78 【群桩输入】对话框

的奇偶不相同的点的桩会去掉。【方向】决定当前输入的桩间距是 X 方向的间距，还是 Y 方向的间距，在列表框中显示的也是该方向的间距。可通过选择【插入】、【修改】、【删除】按钮进行桩间距的编辑。图中白色的十字交点代表布置群桩时的位置基点，该点在后面的操作中要和平面简图中的节点对位。该点的隐含值为群桩的中心，如果要修改可单击【基点信息】按钮输入偏移值。单击【确认】按钮后就将该组桩交互布置到平面的节点上，布置方式有直接选取、轴线输入和窗口输入等。

4．单桩布置

【单桩布置】菜单是布置单个的桩，输入方法和【群桩布置】命令相似，省略了桩间距的输入。

5．等分桩距

【等分桩距】菜单是在两个桩之间输入一根或多根桩，桩的位置在选定的两根桩的等分点上。该项菜单可与【群桩布置】和【单桩布置】菜单混合使用来进行基础梁下桩的输入。

选取该项菜单后，在程序的引导下输入两桩之间的等分数，然后输入要进行等分间距操作的两个桩，程序会在该两个桩之间插入 $N-1$ 个桩。重复执行选择桩的操作，直到单击鼠标右键为止。

6．梁下布桩

【梁下布桩】菜单用于自动布置基础梁下的桩。选择该项菜单后，选择梁下桩的排数（单排、双排或三排），然后选择要布置基础梁下的桩。程序根据被选择的梁的荷载情况及梁的布置情况将桩布置在梁下。

[注意事项]：

该种方法虽然可以自动布桩，但由于没有进行整体分析，所以必须经过桩筏的有限元计算才能知道其是否合理。

7．沉降试算

【沉降试算】菜单提供一种根据 Mindlin 方法计算桩筏沉降来确定桩布置数量或桩长

的工具。通过一系列的【沉降试算】可最终确定桩筏基础所需的桩数、桩长和种类。

8. 桩数量图

该菜单用于生成并显示各节点和筏板区域内所需桩的数量参考值。该值是按荷载的轴力计算的，所以该值仅供布置桩时参考，图中每个节点旁的数值表示该节点需要的桩数。

6.4.13 重心校核

本菜单的功能用于筏板基础、桩基础的荷载重心与基础形心位置校核、基底反力与地基承载力的校核等工作。单击图 6.25 中的【重心校核】命令，弹出如图 6.79 所示的子菜单，其包括【选荷载组】、【筏板重心】、【桩重心】，相关内容介绍如下。

1. 选荷载组

单击图 6.79 中的【选荷载组】菜单后，弹出如图 6.80 所示的列表框，选取欲选择的荷载组合，然后单击【确认】按钮即完成选择荷载组操作。

图 6.79 【重心校核】子菜单

[注意事项]：

在所有荷载组合中，每次只能选择一组进行重心校核，若要用多组荷载组合进行校核，必须反复多次进行。

桩筏基础不显示【筏板重心】校核结果。

只有选择了准永久荷载组合，筏板重心校核结果才输出该组荷载下偏心距比值。

2. 筏板重心

单击图 6.79 中的【筏板重心】菜单后，在窗口中会显示作用于该筏板上的荷载重心、筏板形心、平均反力、地基承载力设计值、最大反力和最小反力位置与数值等各项参数，如图 6.81 所示。还可以通过【筏板重心】的子菜单调整屏幕上显示的图形大小和角度。

图 6.80 【请选择荷载组合类型】列表框

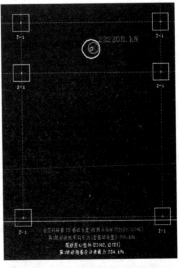

图 6.81 【筏板重心】屏幕显示

3. 桩重心

单击图 6.79 中的【桩重心】菜单后，程序会提示采用围栏方式选取欲查看重心位置的几个桩，选取完毕后即在主窗口中显示作用于该围区内的荷载重心及合力值、群桩形心坐标、群桩总抗力及荷载与群桩重心二者的偏心距等各项参数。

6.4.14 局部承压

该菜单可进行柱对独基、承台、基础梁以及桩对承台的局部承压计算。单击图 6.25 中的【局部承压】菜单，弹出如图 6.82 所示的子菜单。单击【局压柱】命令就会显示出柱的局部承压计算结果文本文件，如图 6.83 所示。桩的局压验算与柱的计算方法相同。

图 6.82 【局部承压】子菜单

当为桩筏基础时，不进行桩对筏板的局部承压计算；当板上有肋梁时，也不进行柱对筏板的局部承压计算。

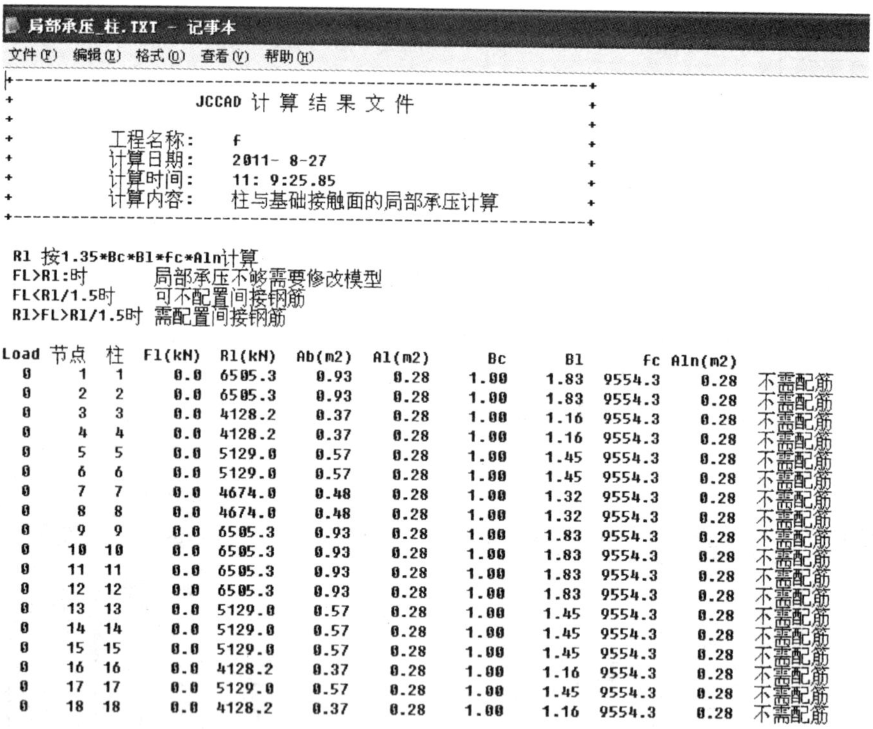

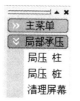

局部承压_柱.TXT - 记事本

文件(F) 编辑(E) 格式(O) 查看(V) 帮助(H)

JCCAD 计 算 结 果 文 件

工程名称: f
计算日期: 2011- 8-27
计算时间: 11: 9:25.85
计算内容: 柱与基础接触面的局部承压计算

Rl 按1.35*Bc*Bl*fc*Aln计算
FL>Rl:时 局部承压不够需要修改模型
FL<Rl/1.5时 可不配置间接钢筋
Rl>FL>Rl/1.5时 需配置间接钢筋

Load	节点	柱	Fl(kN)	Rl(kN)	Ab(m2)	Al(m2)	Bc	Bl	fc	Aln(m2)	
0	1	1	0.0	6505.3	0.93	0.28	1.00	1.83	9554.3	0.28	不需配筋
0	2	2	0.0	6505.3	0.93	0.28	1.00	1.83	9554.3	0.28	不需配筋
0	3	3	0.0	4128.2	0.37	0.28	1.00	1.16	9554.3	0.28	不需配筋
0	4	4	0.0	4128.2	0.37	0.28	1.00	1.16	9554.3	0.28	不需配筋
0	5	5	0.0	5129.0	0.57	0.28	1.00	1.45	9554.3	0.28	不需配筋
0	6	6	0.0	5129.0	0.57	0.28	1.00	1.45	9554.3	0.28	不需配筋
0	7	7	0.0	4674.0	0.48	0.28	1.00	1.32	9554.3	0.28	不需配筋
0	8	8	0.0	4674.0	0.48	0.28	1.00	1.32	9554.3	0.28	不需配筋
0	9	9	0.0	6505.3	0.93	0.28	1.00	1.83	9554.3	0.28	不需配筋
0	10	10	0.0	6505.3	0.93	0.28	1.00	1.83	9554.3	0.28	不需配筋
0	11	11	0.0	6505.3	0.93	0.28	1.00	1.83	9554.3	0.28	不需配筋
0	12	12	0.0	6505.3	0.93	0.28	1.00	1.83	9554.3	0.28	不需配筋
0	13	13	0.0	5129.0	0.57	0.28	1.00	1.45	9554.3	0.28	不需配筋
0	14	14	0.0	5129.0	0.57	0.28	1.00	1.45	9554.3	0.28	不需配筋
0	15	15	0.0	5129.0	0.57	0.28	1.00	1.45	9554.3	0.28	不需配筋
0	16	16	0.0	4128.2	0.37	0.28	1.00	1.16	9554.3	0.28	不需配筋
0	17	17	0.0	5129.0	0.57	0.28	1.00	1.45	9554.3	0.28	不需配筋
0	18	18	0.0	4128.2	0.37	0.28	1.00	1.16	9554.3	0.28	不需配筋

图 6.83 局部承压柱计算结果文本显示

6.5 基础梁板弹性地基梁法计算

JCCAD 主菜单【3 基础梁板弹性地基梁法计算】的启动界面如图 6.84 所示，本菜单采用弹性地基梁元法进行基础结构计算，包括【基础沉降计算】、【弹性地基梁结构计算】、【弹性地基板内力配筋计算】和【弹性地基梁板结果查询】4 个分项菜单。

图 6.84 【3 基础梁板弹性地基梁法计算】界面

6.5.1 基础沉降计算

本菜单主要用于按弹性地基梁元法输入的独立基础、条形基础、筏板基础（包括带肋梁筏板基础和含板带筏板基础）和梁式基础的沉降计算。可根据需要选择执行本菜单，若不需要进行基础沉降计算，则不必执行本菜单。

[注意事项]：

采用广义文克尔法计算的梁板式基础（筏板基础）必须执行本菜单，并需要采用刚性底板假定进行基础沉降计算。

桩筏基础及无板带的平板基础不必运行本菜单进行基础沉降计算。

单击图 6.84 中的分项菜单【基础沉降计算】，弹出如图 6.85 所示的子菜单，其包括【刚性沉降】、【柔性沉降】和【结果查询】。

1. 刚性沉降

单击图 6.85 中的【刚性沉降】菜单，屏幕上会显示底板图形，并弹出如图 6.86 所示的基础沉降计算区格数据选择对话框，提示："是否读取原有区格数据？否则清除原有区格数据"，一般第一次执行时可单击【否】按钮，即清除原有区格数据并重新输入新的区格数据。若单击【否】按钮，程序将弹出如图 6.87 所示的网格宽度和高度输入对话框，要求输入新的区格数据。一般情况下输入宽度和高度约为 2000～3000mm，区格总数不能超过 1000 个，并尽量使区格与边界对齐，一般区格的大小要反复调整几次才能达到较理想的状态。若单击【是】按钮，程序则会读取原有的区格数据，并弹出区格数据修改显示框，提示用户是否进行区格数据修改。若用户单击【否】按钮，即不进行区格数据修改，而使用原来的区格数据；若单击【是】按钮，则程序接下来弹出用于区格数据的修改的对话框。

图 6.85 【基础沉降计算】子菜单　　　　图 6.86 【EFCJ】对话框

[注意事项]：

【刚性沉降】计算采用以下假定与步骤。

（1）假设基础底板完全刚性。
（2）将基础划分为 n 个大小相等的区格。
（3）设基础底板最终沉降的位置用平面方程表示为：

$$z = Ax + By + C$$

这样可得到 $(n+3)$ 元的线性方程组，未知量为 n 个区格反力加平面方程的 3 个系数 A、B、C。方程组前 n 组是变形协调方程，后 3 组是平衡方程，解该方程组便可得到基底最终沉降和反力。本方法适用于基础和上部结构刚度较大的筏板基础。

确定好区格数据后，程序将在地基基础布置区域显示地质资料勘探孔与建筑相对位置，并在命令信息提示栏提示："检查地质资料位置是否正确，然后按任意键继续进行"，检查没有问题后按任意键，程序将弹出如图 6.88 所示的【沉降计算参数输入】对话框，下面对该对话框中的各参数作基本介绍。

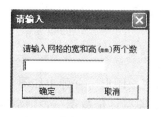 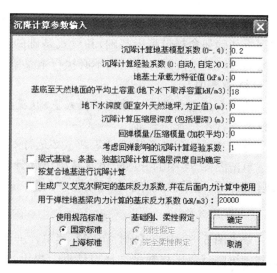

图 6.87 【请输入】对话框　　　　图 6.88 【沉降计算参数输入】对话框

1) 沉降计算地基模型系数

沉降计算地基模型系数即地基变形计算原理的 $K_{ij}(i\neq j)$，当取 0 时为文克尔模型，考虑了土的应力、应变扩散能后的折减系数；当取 1 时为弹性半无限体模型。程序的默认值为 0.2，一般取值范围为 0.1~0.4，软土取小值，硬土取大值。若采用基础完全柔性假定，则其值为不可修改状态，即采用默认值 0.2。

2) 沉降计算经验系数

沉降计算经验系数的默认值为 0，若不想采用程序的默认值进行修正，则可根据具体情况自定义输入。

3) 地基土承载力特征值

地基土承载力特征值指的是未经基础宽度和埋深修正的地基承载力特征值。可根据地质勘探报告进行输入。

4) 沉降计算压缩层深度（包括埋深）

沉降计算压缩层深度参数值的确定方法：对于筏板基础，程序第一次运行时采用近似公式求得并给出初始值；对于筏板基础，计算时也采用近似公式确定压缩层深度；对于梁式基础、独立基础和墙下条形基础，程序可自动计算压缩层深度，无须自行输入。

5) 回弹模量/压缩模量（加权平均）

当建筑物基础埋置较深时，需要考虑开挖基坑地基土的回弹，该部分回弹变形量的计算公式中采用了土的回弹模量。对于多层建筑取值为 0，即沉降计算不考虑地基回弹再压缩的影响。

6) 考虑回弹影响的沉降计算经验系数

该系数按地区经验确定，一般该值≤1.0，程序默认值为 1.0。

7) 梁式基础、条基、独基沉降计算压缩层深度自动确定

选择本选项，则梁式基础、条形基础、独立基础的沉降计算压缩层深度由程序自动计算。

8) 生成广义文克尔假定的基床反力系数，并在后面内力计算中使用

选取此项后程序将按广义文克尔假定计算地梁内力，采用广义文克尔假定的条件要有地质资料数据，且必须进行刚性底板假定的沉降计算。因此，当选取此选项后，在刚性假定沉降计算时即按反力与沉降的关系求出地基刚度，并按刚度变化率调整各梁下的基床反力系数。此时，各梁基底反力系数将各不相同，一般来说，边角部大些，中间小些。该参数的初始值为不选择广义文克尔假定计算。

9) 基础刚性、柔性假定

程序提供了包括【刚性假定】和【完全柔性假定】两种选项。由于之前已在菜单中选择了【刚性沉降】或【柔性沉降】假定计算沉降，因此该参数只显示选择的方法，不能修改。完成上述多个参数的输入后，单击【确定】按钮，弹出沉降计算结果数据文件保存对话框，程序默认保存的沉降计算结果数据文件名为 CJJS.OUT，也可以另存为其他的文件名。

如果选择【刚性假定】，则程序命令信息的提示栏提示："正在形成柔度矩阵，请等待"，完成沉降计算后屏幕上将以图形方式显示计算出的各区格基底设计反力（含基础自重），并列出基础平均沉降值（形心处沉降）、X、Y 向倾角，通过此值可判断出【沉降差】及基底平均附加反力。

[注意事项]：

【刚性假定】适用于基础和上部结构刚度较大的筏板基础。

2. 柔性沉降

采用以下假定与步骤。

(1) 假设基础底板为完全柔性。
(2) 将基础划分为 n 个大小可不相同的区格。
(3) 采用分层总和法计算各区格的沉降，计算时考虑各区格之间的相互影响。

如果选择了【完全柔性假定】来进行沉降计算，则程序将显示基础各点的附加反力数值图，此值显示的附加反力为该筏板的平均附加反力，子菜单如图 6.89 所示。

无论在基础沉降计算时采用的是【刚性假定】还是【完全柔性假定】，在完成基础沉降后，程序都将弹出如图 6.90 所示的是否考虑基础及上部结构刚度的沉降计算对话框。如果单击【是】按钮，程序将把两种方法计算出来的各区格或各梁的地基刚度分别作为地梁的基床反力系数代入梁的结构计算程序中，从而得到地梁的沉降结果，否则将不进行考虑基础及上部结构刚度沉降计算。

图 6.89 【柔性沉降】子菜单

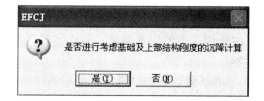

图 6.90 【EFCJ】对话框

[注意事项]：

【完全柔性假定】适用于独立基础、条形基础、梁式基础、刚度较小或刚度不均匀的筏板基础的沉降计算。

3. 结果查询

本菜单的目的是在完成各种计算后能够方便地进行结果的计算浏览与比较。单击图 6.85 中的【结果查询】菜单后，屏幕出现如图 6.91 所示的子菜单，通过该菜单可以调出沉降计算的全部结果。单击图 6.91 中的【数据文件】命令，弹出前面刚性沉降计算或柔性沉降计算中详细说明的数据文件。由于两者文件名相同，后运行的将会覆盖前面的文件，所以【数据文件】菜单调出的是最后运行的计算数据。

【刚性沉降 T】显示的是【刚性沉降】的计算结果图；显示的是考虑了荷载分布、地基、基础与上部结构刚度各种因素影响的沉降计算结果图形。

【区格编号 T】、【柔性反力 T】、【柔性沉降 T】、【柔性横剖 T】、【柔性竖剖 T】子菜单显示的是柔性沉降计算产生的各种图形，它们分别为底板区格编号、柔性沉

图 6.91 【结果查询】子菜单

降计算用的附加反力图、柔性沉降计算结果的数字表示图、柔性沉降计算结果的水平剖面表示图和柔性沉降计算结果的垂直剖面表示图。

6.5.2 弹性地基梁结构计算

弹性地基梁结构计算主要适用于梁式基础、带肋筏板基础、划分了板带的平板式基础和墙下筏板式基础的内力与配筋计算。

单击图 6.84 中的【弹性地基梁结构计算】菜单，程序首先弹出【基础计算结果数据文件保存】提示框，根据需要输入新的计算结果数据文件名称，也可以采用程序的默认数据文件名，单击【确定】按钮，屏幕弹出如图 6.92 所示的子菜单，通过此菜单可完成弹性地基梁板的计算分析工作。

图 6.92 【弹性地基梁结构计算】子菜单

1. 计算参数

本菜单的主要功能是读取相关的数据，并通过对话框修改计算参数，增加吊车荷载和选择计算模式。单击图 6.92 中的【计算参数】命令，弹出如图 6.93 所示的【计算模式及计算参数修改】对话框，其中包括了【计算参数修改选择】及【计算模式选择菜单】。

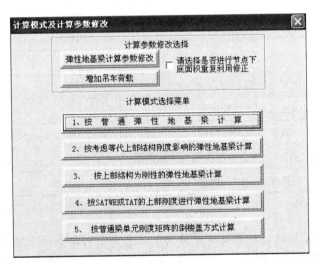

图 6.93 【计算模式及计算参数修改】对话框

1) 弹性地基梁计算参数修改

单击图 6.93 中的【弹性地基梁计算参数修改】按钮，弹出如图 6.94 所示的对话框。通过该对话框可修改混凝土强度等级、梁纵筋、箍筋、翼缘筋级别、箍筋间距、基床反力系数等参数。

【弹性地基基床反力系数】：初始值为 20000kN/m^3。若为负值时，意味着采用广义文克尔假定计算。当没有详细的数据时可参照表 6-2 进行选用。

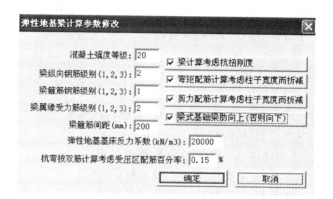

图 6.94 【弹性地基梁计算参数修改】对话框

表 6-2 基床反力系数 K 的推荐值表

地基的一般特性		状态	$K/(kN/m^3)$
天然地基	淤泥质土、有机质土或新填土		$0.1×10^4 \sim 0.5×10^4$
	软弱粘性土		$0.5×10^4 \sim 1.0×10^4$
	粘土、粉质粘土	软塑	$1.0×10^4 \sim 2.0×10^4$
		可塑	$2.0×10^4 \sim 4.0×10^4$
		硬塑	$4.0×10^4 \sim 10.0×10^4$
	砂土	松散	$1.0×10^4 \sim 1.5×10^4$
		中密	$1.5×10^4 \sim 2.5×10^4$
		密实	$2.5×10^4 \sim 4.0×10^4$
	砾石	中密	$2.5×10^4 \sim 4.0×10^4$
	黄土及黄土类粉质粘土		$4.0×10^4 \sim 5.0×10^4$
桩基	软弱土层内摩擦桩		$1.0×10^4 \sim 5.0×10^4$
	穿过软弱土层达到密实砂层或粘性土层的桩		$5.0×10^4 \sim 15.0×10^4$
	打到岩层的支承桩		$800×10^4$

[注意事项]：

基床反力系数 K 值的物理意义为单位面积地表面上引起单位下沉所需施加的力。

2) 增加吊车荷载

单击图 6.93 中的【增加吊车荷载】按钮，弹出如图 6.95 所示的增加吊车荷载平面图。在屏幕右侧显示【轮压荷载】和【吊车节点】子菜单，通过右侧菜单【轮压荷载】可输入吊车最大与最小轮压荷载，而后可通过右侧菜单【吊车节点】依次输入相应的最大、最小轮压作用的各对应节点位置。

3) 计算模式的选择

弹性地基梁结构在进行计算时，程序给出了 5 种计算模式，现对这 5 种模式的计算和选择进行一些简单介绍。

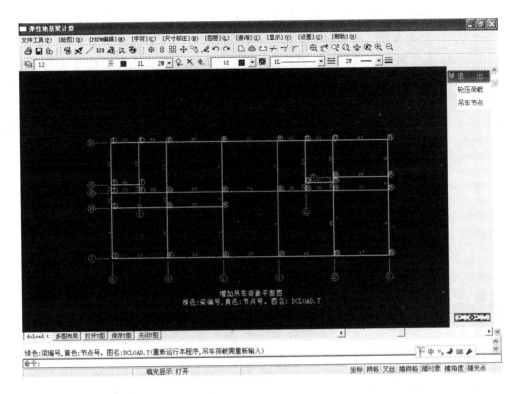

图 6.95 增加吊车荷载平面图

(1) 按普通弹性地基梁计算：该种计算方法不考虑上部刚度的影响，绝大多数工程都可以采用此种方法，只有当采用该方法计算截面不够且不宜扩大截面时才考虑其他计算模式。

(2) 按考虑等代上部结构刚度影响的弹性地基梁计算：该方法实际上要求设计人员人为规定上部结构刚度是地基梁刚度的几倍。该值的大小直接关系到基础发生整体弯曲的程度，而上部结构刚度到底取地基梁刚度的几倍并不好确定。因此，只有当上部结构刚度较大、荷载分布不均匀，并且用模式 1 计算不能满足时可采用该模式，一般情况可不用选它。

［注意事项］：

程序采用以下公式计算上部结构刚度倍数：

$$N=(1.05n+1.6)l^{1.7051}m^{-0.9641}$$

式中：N 为上部结构的刚度倍数；n 为结构层数；l 为结构跨数；m 为地基梁与上部结构梁刚度比。

(3) 按上部结构为刚性的弹性地基梁计算：该模式与模式 2 的计算原理实际上是一样的，区别在于该模式自动取上部结构刚度为地基梁刚度的 200 倍。采用这种模式计算出来的基础几乎没有整体弯矩，只有局部弯矩。其计算结果类似于传统的倒楼盖法。

该模式主要用于上部结构刚度很大的结构，比如高层框支转换结构、纯剪力墙结构等。

(4) 按 SATWE 或 TAT 的上部刚度进行弹性地基梁计算：从理论上讲，这种方法最理想，因为它考虑的上部结构的刚度最真实，但这也只对纯框架结构而言。对于剪力墙的结构，由于剪力墙的刚度凝聚有时会明显地出现异常，尤其是采用薄壁柱理论的 TAT 软件，其刚度只能凝聚到离形心最近的节点上，因此传到基础的刚度就更有可能异常。所以此种计算模式不适用于剪力墙的结构。

(5) 按普通梁单元刚度矩阵的倒楼盖方式计算：采用传统的倒楼盖模型，地基梁的内力计算考虑了剪切变形。该计算结果明显不同于上述 4 种计算模式，因此一般没有特殊需要时不推荐使用该模式。

2. 等代刚度

采用等代上部结构刚度法(计算模式 2 和 3)时，此菜单才有意义，否则程序自动跳过。单击图 6.92 中的【等代刚度】命令，弹出子菜单【改刚度值】和【刚度保存】。

考虑到基础发生整体弯曲时上部梁系会抑制弯曲变形，因此对于同一基础的上部结构刚度存在较大的不同时，可通过子菜单【改刚度值】来修改【等代刚度】倍数。【刚度保存】菜单用来决定下次运行该程序是否保留目前图上显示的相对刚度值，程序隐含不保留当前相对刚度值。

3. 基床系数

单击图 6.92 中的【基床系数】命令，弹出的子菜单如图 6.96 所示。可以通过【改基床值 K】对各梁基床反力系数进行修改，以达到控制不同位置基床反力系数不同的目的。特别是当局部地基作了处理，承载力得到提高时，其基床反力系数也应做相同提高。

图 6.96 【基床系数】子菜单

【改独基值 K】：用于独立基础和地基梁基础的共同工作计算，当独立基础与地基梁基础刚接，且地基梁承受一部分反力时，才可用本菜单在独基节点下输入独基分反力系数。此时，可根据地基梁承受的反力比例适当减小地基梁下的基床反力系数，以达到共同工作的目的。

【是否保存 K】可保存或不保存当前显示的基床反力系数，程序在未做修改的条件下隐含不保存当前基床反力系数。

4. 荷载显示

单击图 6.92 中的【荷载显示】命令，可显示地梁的荷载图。图 6.97 为某荷载显示图。其中，红色是节点垂直荷载，紫色为节点 Mx 弯矩，黄色为节点 My 弯矩。

5. 计算分析

图 6.92 中的【计算分析】命令是进行弹性地基梁有限元分析计算的、必须执行的菜单，执行过程中没有图形显示。在【计算分析】菜单中，程序要形成弹性地基梁的总体刚度矩阵，它包含上部结构等代刚度或 SATWE、TAT 凝聚到基础的刚度，局部剪力墙对墙下梁的刚度贡献，并形成荷载向量组，求解线性方程组，最后得出各节点、杆件的位移、内力，然后进行杆件配筋计算和相关的验算。

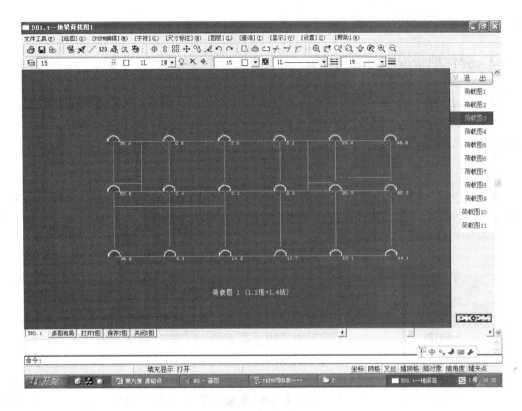

图 6.97 荷载显示图

6. 结果显示

单击图 6.92 中的【结果显示】命令，屏幕弹出的计算【结果显示】菜单如图 6.98 所示。可根据需要选择显示计算结果图形，也可将全部计算结果都顺序显示。

计算得到的弯矩图、剪力图分别给出每根梁的弯矩、剪力分布曲线、梁端与跨中的弯矩值与梁端的剪力值。竖向位移图和反力图给出每根梁的竖向位移、文克尔反力分布曲线、梁端与跨中的位移值与梁端的反力值。配筋面积图则选择各组荷载下的最大包络配筋量。当钢筋计算超筋后，钢筋量以红色的 100000 数字表达，以示醒目。

7. 归并退出

该菜单的功能是对完成计算的梁进行归并及退出操作。归并包括两层含义：一是根据各连续梁的截面、跨度、跨数等几何条件进行几何归并；二是根据几何条件相同的梁的配筋量和归并系数进行归并。

归并系数初始值为 0.2，对应截面的配筋量的偏差在该系数代表的百分比之内，钢筋就自动归并成相同的钢筋量。当两根连梁的钢筋归并成完全相同时，施工图只要画

图 6.98 【结果显示】菜单

出任一根梁即可代表另一根梁。

6.5.3 弹性地基板内力配筋计算

该菜单主要的功能是地基板局部内力分析与配筋，以及钢筋实配和裂缝宽度计算。梁式基础结构无须运行此菜单。单击图 6.84 中的【弹性地基板内力配筋计算】命令，弹出如图 6.99 所示的子菜单。

1. 参数 & 计算

单击图 6.99 中的【参数 & 计算】命令，弹出【弹性地基板内力配筋计算参数表】对话框，如图 6.100 所示。程序的默认底板内力配筋计算结果数据名为 DBJS.OUT，也可在该对话框中对其进行重新命名。

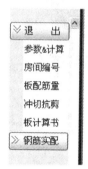

图 6.99 【弹性地基板内力配筋计算】子菜单

程序为用户提供了两种底板内力计算反力选择项：一种是采用地基梁计算得到的周边节点平均弹性地基净反力；另一种是采用相应的底板平均净反力。弹性地基反力与各个节点荷载大小有关，其最大反力峰值明显大于平均反力。平均反力适用于荷载均匀、基础刚度大的情况，其最大配筋值一般较小。

对于各房间底板采用的计算方法，程序提供了两种方法：一是各房间底板全部采用弹性理论计算，其特点是可计算任意形状的周边支撑板，配筋偏于安全；二是仅对矩形双向板采用塑性理论计算，其特点是配筋量较弹性法小 20%～30% 左右，但仅能用于矩形房间。

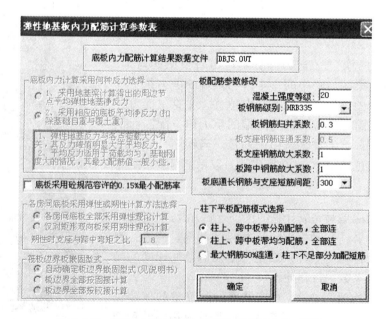

图 6.100 【弹性地基板内力配筋计算参数表】对话框

另外，可根据工程和结构特点对板配筋参数进行修改，输入完相关参数后单击【确定】按钮，程序便开始底板计算进程。

2. 房间编号

单击图 6.99 中的【房间编号】命令，屏幕出现房间的编号图，通过该编号图可以很方便地同【板计算书】中各房间的计算结果对应检查。

3. 板配筋量

单击图 6.99 中的【板配筋量】菜单，屏幕出现各房间的板局部弯矩下的配筋面积图。

4. 冲切抗剪

单击图 6.99 中的【冲切抗剪】菜单，屏幕出现肋板式基础的每个房间底板的抗冲切、抗剪安全系数图。图中每个房间均有抗冲切安全系数、抗剪安全系数，这里的安全系数定义为设计承载能力/设计反力，其值大于等于 1 时满足规范要求。

5. 板计算书

单击图 6.99 中的【板计算书】菜单，屏幕出现文本格式的底板计算书，其内容为计算参数与计算结果，文件包括内容如下。

首先输出的是底板计算参数：板混凝土等级、板的钢筋等级、板钢筋归并系数、板钢筋连通系数、支座钢筋放大系数和跨中钢筋放大系数。

接着是按房间编号输出的各房间底板的弯矩与配筋。

6. 钢筋实配

本菜单的功能是进行筏板的钢筋实配选择和裂缝宽度验算。本菜单形成的钢筋实配方案可直接用于之后的筏板钢筋施工图中。如果不运行此菜单，也可在筏板钢筋施工图绘制中另行进行钢筋实配。本菜单钢筋实配的基本方法是必须在筏板上布置一定量的通长钢筋，根据通筋量的大小，梁下不足之处再补充支座短筋，跨中钢筋则全部使用通长筋布置。【通长筋】的子菜单如图 6.101 所示。

自动布置通长筋区域只需单击【自动区域】菜单，程序会自动将每块板作为两个通筋区域，一个为 X 方向，另一个为 Y 方向。人工布置通长筋区域有两种方式：【矩形区域】和【多边区域】，布置时按提示应先用鼠标指出与通长筋方向相同的梁，若没有该方向梁，按 Tab 键后，使用键盘输入角度。

图 6.101 【通长筋】子菜单

完成通长区域布置，程序继续运行时就会显示按计算好的钢筋量布置图。

6.5.4 弹性地基梁板结果查询

本菜单的主要作用是将 JCCAD 主菜单【3 基础梁板弹性地基梁法计算】中完成的计算结果进行分类，从而便于查询。单击图 6.84 中的【弹性地基梁板结果查询】命令，弹出【计算结果查阅菜单】界面，如图 6.102 所示。其中包括各种结果图形显示菜单和数据文件菜单，可根据需要选择查看。

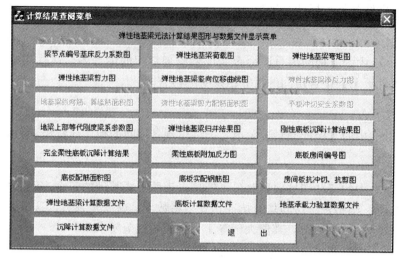

图 6.102 【计算结果查阅菜单】界面

6.6 桩基承台及独基沉降计算

本菜单可从 JCCAD 主菜单【2 基础人机交互输入】选取的荷载中挑选多种荷载工况对承台和桩进行受弯、受剪、受冲切计算与配筋，给出基础配筋、沉降等计算结果，并输出计算结果的文本及图形文件。

双击图 6.1 中的 JCCAD 主菜单【4 桩基承台及独基沉降计算】，弹出右侧屏幕子菜单，如图 6.103 所示。

单击图 6.103 中的【计算参数】菜单，屏幕将弹出【沉降计算信息】对话框，如图 6.104 所示。在该对话框中须根据工程实际及规范要求设置如下内容：考虑相互影响的距离、室内回填土标高、沉降计算调整系数、独基沉降计算方法。

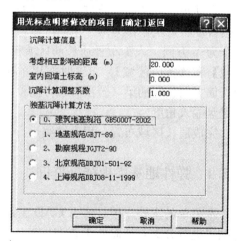

图 6.103 【桩基承台及独基沉降计算】子菜单　　图 6.104 【沉降计算信息】对话框

完成上述参数的选用后，单击图 6.103 中的【沉降计算】/【荷载种类】命令，弹出如图 6.105 所示的对话框，可以在此查看在任一【荷载选择】条件下的计算结果，包括荷载图、沉降和数据文件等。

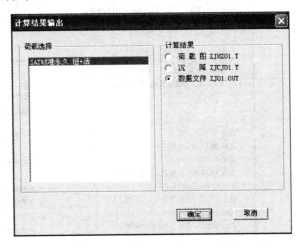

图 6.105 【计算结果输出】对话框

6.7 桩筏、筏板有限元计算

本菜单用于桩筏和筏板基础的有限元分析计算，可计算筏板基础的类型包括有桩、无桩、有肋、无肋、板厚度变化、地基刚度变化等各种情况。可以计算没有板的常规地基梁；可以将独基、桩承台按筏板计算，用于解决多柱承台、复杂的围桩承台；可以将桩基、桩承台与筏板一起计算，用于解决独基、桩承台之间的抗浮板的计算。

程序对筏板基础按中厚板有限元法计算各荷载工况下的内力、桩土反力、位移及沉降，根据内力包络求算筏板配筋。程序提供多种计算模型方式，包括【弹性地基梁板模型】、【倒楼盖模型】和【弹性理论—有限压缩层模型】等计算模型。

双击图 6.1 中的【5 桩筏、筏板有限元计算】命令，屏幕右侧弹出子菜单，如图 6.106 所示。

6.7.1 模型参数

单击图 6.106 中的【模型参数】命令，弹出【计算参数】对话框，如图 6.107 所示。

1. 计算模型

计算模型是对桩土计算模型的选择，其 4 种计算模型适应不同的情况。对于上部结构刚度较低的结构(如框架结构、多层框架-剪力墙结构)，其受力特性接近于 1、3 和 4 模型，其中 1 模型为简化模型，在计算中将土与桩假设为独立的弹簧；3 模型假设土与桩为弹性介质，采用 Mindlin 应力公式求取压缩层内的应力，再用分层总和法进行单元节点处沉降计算并求取柔度矩阵，根据柔度矩阵求得桩土刚度矩阵；4 模型是对 3 模型的一种改进，与3模型不同的是对土应力值进行了修正。

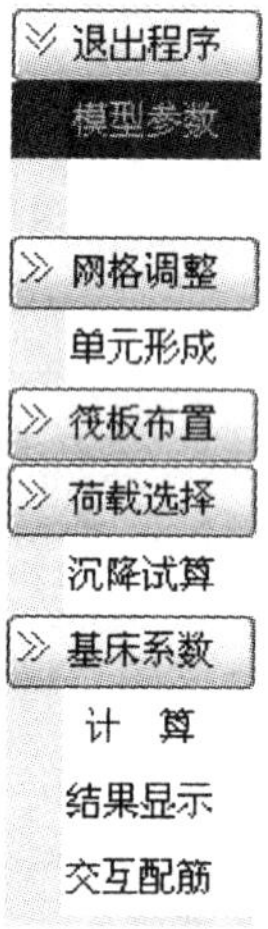

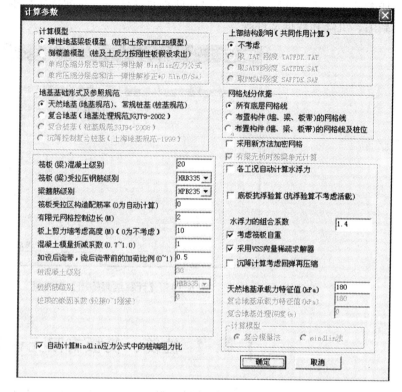

图 6.106 【桩筏、筏板
有限元计算】子菜单

图 6.107 【计算参数】对话框

1模型是工程设计中常用的模型，虽然简单，但受力明确，当考虑上部结构刚度时将比较符合实际情况。如果能根据经验调整基床系数，如将筏板边缘基床系数放大，筏板中心基床系数缩小，计算结果将接近3模型和4模型。

2模型为早期手工计算常采用的模型。对于上部结构刚度较大的结构（如剪力墙结构、没有裙房的高层框架-剪力墙结构），其受力特性接近于此模型。但是，由于2模型没有考虑筏板整体弯曲，计算值偏小。

3模型由于是弹性解，与实际工程差距较大，计算结果中会出现一些问题，如筏板边角处反力过大、筏板中心沉降过大、筏板弯矩过大并出现配筋过大或无法配筋等情况。

4模型是由中国建筑科学研究院地基研究所的研究成果编写的模型，可作为参考使用。

2. 地基基础形式及参照规范

该选项对基础及基础形式进行分类，不同的地基基础形式采用不同的规范。

选项1是【天然地基、常规桩基】，如果筏板下没有布桩，则为天然地基；如有桩，则是常规桩基。所谓的常规桩基是区别于复合桩基和沉降控制复合桩基的，常规桩基不考虑桩间土承载力分担。

选项2是【复合地基】，对于CFG桩、石灰桩、水泥土搅拌桩等复合地基，桩体在交互输入中按混凝土灌注桩输入，对相关参数的修正程序自动按《地基处理规范》（JGJ 79—

2002)进行。

选项 3 是【复合桩基】，桩土共同分担的计算方法采用《建筑桩基技术规范》(JGJ 94—2008)中第 5.2.5 条的相关规定，根据分担比确定基床系数或分担比，一般基床系数是天然地基基床系数的 1/10 左右，分担比一般小于 10%。

选项 4 是【沉降控制复合桩基】，桩土共同分担的计算方法采用上海市 1999 年的《上海地基规范》第 7.5 条的规定。如果上部荷载小于桩的极限承载力，土不分担荷载，其计算与常规桩基一样；当上部结构荷载超过桩极限承载力后，桩承载力不增加，其多余的荷载将由桩间土分担，计算类同于天然地基。

3. 上部结构影响(共同作用计算)

程序考虑了 4 种情况，包括【不考虑】、【取 TAT 刚度】、【取 SATWE 刚度】和【取 PMSAP 刚度】。

考虑上下部结构共同作用计算比较准确，能够反映实际受力情况，可减少内力，节省钢筋。要想考虑上部结构影响，应在上部结构计算时在计算控制参数中选择【生成传给基础的刚度】选项。

[注意事项]：

对于大面积筏板，其平面外的刚度很弱，在上部均匀荷载作用下容易产生较大的变形差，导致筏板内力和配筋的增加，而考虑基础与上部结构共同工作的原理是上部结构的刚度叠加到基础筏板上，使其基础平面外刚度大大增加，从而大大增加抵抗上部结构传来的不均匀荷载的能力，减少变形差，减少内力与配筋，达到设计的经济合理性。

4. 网格划分依据

程序提供了 3 种方法，包括【所有底层网格线法】、【布置构件(墙、梁、板带)的网格线】和【布置构件(墙、梁、板带)的网格线及桩位】。

【所有底层网格线法】：程序按所有底层网格线先形成一个个大单元，再对大单元进行细分。

【布置构件(墙、梁、板带)网格线】：当底层网格线较为混乱时，划分的单元也可能比较混乱，本项选择只将有布置构件的网格线形成一个个大单元，再对大单元进行细分。

【布置构件(墙、梁、板带)的网格线及桩位】：本项选择在第二种方法的基础上考虑了桩位，这有利于提高桩位周围板内力的计算精度。

6.7.2 网格调整

程序根据 PMCAD 的网格线或其他网线划分的依据生成筏板上一个个闭合多边形房间。此种状态下可以通过【网格调整】对其进行修改。单击图 6.106 中的【网格调整】命令，弹出如图 6.108 所示的子菜单，其简要介绍如下。

【加辅助线】：此命令可在 PMCAD 已有的网格线或其他网线划分的依据上增加辅助线，用白线表示，其作用与已有网格线等同，用来划分一个个闭合多边形的

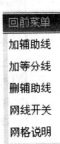

图 6.108 【网格调整】子菜单

房间。

【加等分线】：此命令用于一次完成多条网格线的输入。

【网线开关】：此命令主要功能是对不合适的 PMCAD 的网格线或其他网线划分的依据进行删除及对删除后的网格线进行恢复。

6.7.3 单元形成

有限元单元划分是在前面【网格调整】后的基础上，按【模型参数】中有限元网格控制边长进行自动加密并划分单元的。

单元自动形成的原则为：单元形状是四边形或三角形。单元编号完全自动进行。程序自动检测单元并用阴影线填充，对于划分不成功的单元，程序会在平面上标注出位置，并给出提示，此时，可返回【网格调整】菜单，对相应的部位作相应的修改。

6.7.4 筏板布置

本菜单的功能是在已形成的单元上布置筏板的各项参数，设置后浇带、查询单元及节点的位置。单击图 6.106 中的【筏板布置】命令，弹出的子菜单如图 6.109 所示。通过该菜单用户可对各单元上的筏板厚度、标高、板面荷载、基床反力系数设置不同数值。

单击图 6.109 中的【筏板定义】命令，弹出如图 6.110 所示的【筏板信息】对话框。其中，【板中梁底 K 增加值】是针对格梁和筏板下土基床系数不同情况下的调整参数，如果板不承受土反力，则可将板的基床系数定义为 0。对于复杂情况可通过该参数进行调整。

图 6.109 【筏板布置】子菜单

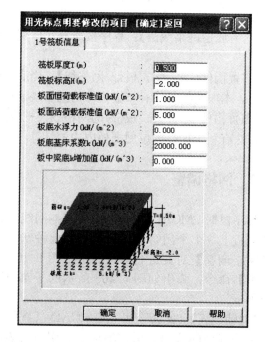

图 6.110 【筏板信息】对话框

6.7.5 荷载选择

荷载选择只能在 JCCAD 主菜单【2 基础人机交互输入】选取的荷载中作选择。对于交互输入中选择过的荷载类别在此会全部列出,包括外加荷载、PMCAD 荷载、TAT 荷载、SATWE 荷载和 PMSAP 荷载,程序每次计算只能选择其中一种类别。

6.7.6 沉降试算

沉降试算的目的是对给定的参数进行合理性校核,其主要指标是基础的沉降值。单击图 6.106 中的【沉降试算】命令,弹出【筏板平均沉降试算结果】,如图 6.111 所示。

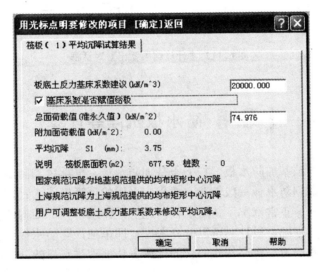

图 6.111 【筏板平均沉降试算结果】显示

6.7.7 计算

在完成上述工作后,可进行有限元计算。桩筏计算的核心部分是有限元的计算程序,只是与一般的薄板有限元不同,采用厚板的 Mindlin 板理论,使得计算可以适用于包括薄板、中厚板和厚板的计算。

6.7.8 结果显示

计算结果图形文件包括了位移图、反力图、弯矩图、荷载图,如图 6.112 所示。
通过本菜单的运行,可以计算得到筏板在各荷载工况下的配筋、内力、位移、沉降和反力等较为全面的图形和文本结果。

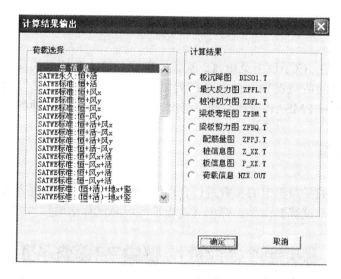

图 6.112 【计算结果输出】对话框

6.8 防水板抗浮等计算

本菜单可对柱下独基加防水板、柱下条基加防水板、桩承台加防水板等形式的防水板部分进行计算。考虑到防水板一般较薄,故程序采用的计算模式为:柱和墙底作为不动支座,不考虑竖向变形。正常情况下,防水板只起抗浮作用,上部结构的荷载主要由相应的基础承担。对于此类基础,设计时可以分开考虑,即单独计算防水板。防水板只是承担本身自重、面荷载及水浮力,程序按双向板的计算方法处理防水板的分析计算。

6.9 基础施工图

本菜单将基础平面施工图、基础梁平法施工图、筏板施工图、基础详图整合在一个主菜单下,实现了在一张施工图上绘制平面图、平法图、基础详图的功能,采用了全新的子菜单,界面更加友好。

双击图 6.1 中的 JCCAD 主菜单【7 基础施工图】后,屏幕右侧显示如图 6.113 所示的子菜单。

单击图 6.113 中的【参数设置】,弹出【地基梁平法施工图参数设置】对话框,如图 6.114 所示。包括两个选项卡:如图 6.114 所示的【钢筋标注】选项卡和如图 6.115 所示的【绘图参数】选项卡,选择适当的参数后单击【确定】按钮,程序将会根据最新的参数信息,重新生成弹性地基梁的平法施工图,并根据参数修改重绘当前的基础平面图。

其他施工图的绘制则可单击相应的菜单,根据提示即可完成。

图 6.113 【基础施工图】子菜单

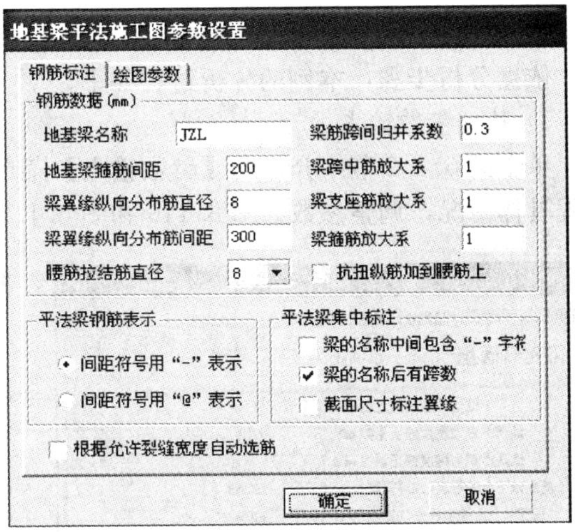

图 6.114 【钢筋标注】选项卡

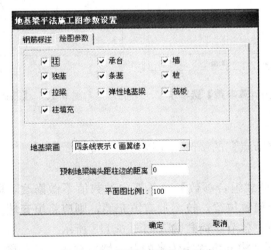

图 6.115 【绘图参数】选项卡

6.10 基础设计实例

6.10.1 独立基础设计实例

本实例仍选用第 2.5 节的办公楼实例,上部结构各参数参照第 2.5 节。结构类型为框架结构,采用独立基础。

1. 分析步骤

独立基础的分析步骤如下。

基础参数输入→网格节点(补充绘图)→荷载输入→上部构件→柱下独基分析→自动生成→计算结果显示→独基布置查改→结束。

2. 分析过程

依据分析步骤,本例的分析过程如下。

1) 基础参数输入

单击第 6.4.2 节中介绍的【参数输入】菜单,屏幕弹出【基本参数】对话框,根据本工程具体情况,调整参数如图 6.116 和图 6.117 所示,【其它参数】选项卡取默认值。

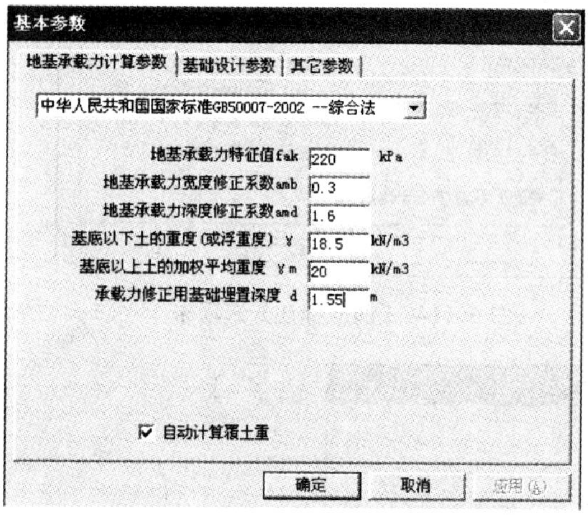

图 6.116 【地基承载力计算参数】选项卡

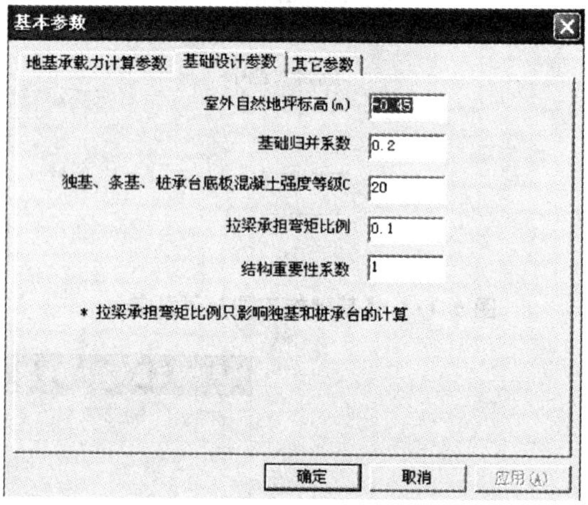

图 6.117 【基础设计参数】对话框

2) 网格节点

本例不涉及【网格节点】的修改,所以可跳过此项。

3) 荷载输入

本例中,【请输入荷载组合参数】对话框中的数值不做修改,取默认值。考虑实际工程,本例在独立基础上设置拉梁,拉梁上有填充墙,则应将填充墙上的荷载作为节点荷载输入。考虑到拉梁自重,各节点荷载输入如图 6.118 所示。

读取 SATWE 上部结构分析程序传来的首层墙、柱内力,如图 6.119 所示;单击【荷载组合】命令可查看相关的组合情况,如图 6.120 所示,【目标组合】仍选用标准组合【最大轴力 Nmax】,如图 6.121 所示。

4) 上部构件

在本例中,独立柱基础间设置拉接连系梁,拉梁截面尺寸为 300mm×600mm;拉梁的布置如图 6.122 所示。

5) 柱下独基分析

(1) 自动生成:单击【自动生成】菜单,首先选择要生成独立基础的柱,然后输入地基承载力计算参数和柱下独立基础参数,参数输入完成后单击【确定】按钮,程序会自动

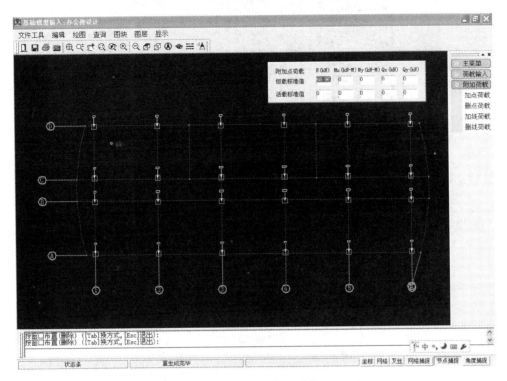

图 6.118 【加点荷载】屏幕显示

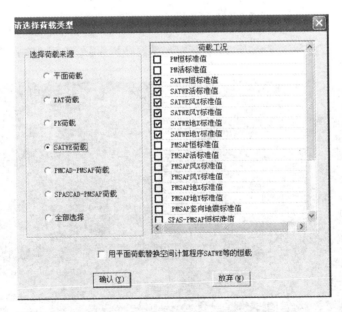

图 6.119 【请选择荷载类型】对话框

在所选择的柱下进行独立基础设计。若选择【自动生成基础时碰撞检查】复选框,则进行基础碰撞检查后可将发生碰撞的独立基础自动合并成双柱基础或多柱基础,如图 6.123 所示。

图 6.120 【请选择荷载组合类型】对话框

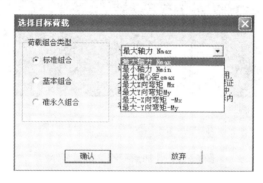

图 6.121 【选择目标荷载】对话框

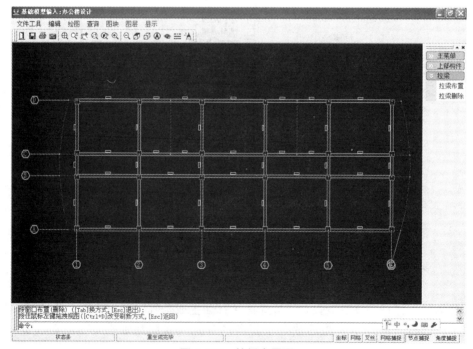

图 6.122 拉梁布置图

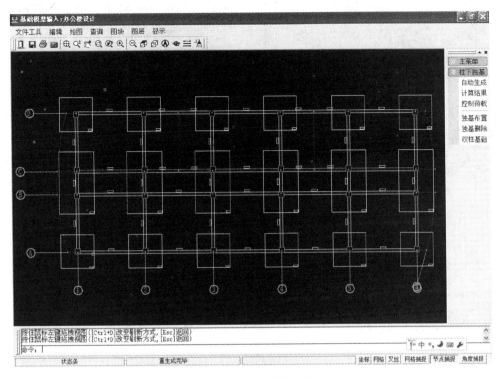

图 6.123　柱下独基布置图

（2）计算结果：单击【计算结果】命令弹出独立基础计算结果文本文件，如图 6.124 所示，内容包括各荷载工况组合、每个柱在各组荷载下求出的底面积、冲切计算结果、实际选筋等内容。

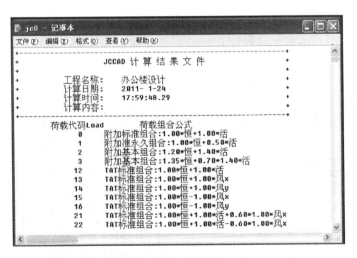

图 6.124　计算结果文本文件

（3）独基布置：单击【独基布置】命令，弹出【请选择［柱下独立基础］标准截面】对话框，同时显示本例中程序生成的基础类型，单击【新建】按钮后屏幕弹出【柱下独立基础定义】对话框，如图 6.125 所示。

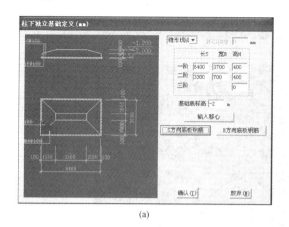 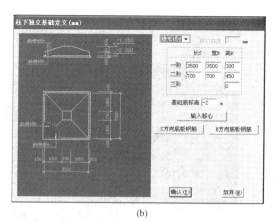

(a)   (b)

图 6.125 【柱下独立基础定义】对话框

6.10.2 高层建筑筏板基础设计实例

本实例选用第 4.5 节的 28 层高层建筑设计实例，结构各参数同第 4.5 节，结构类型为剪力墙结构，采用筏板基础。

1. 分析步骤

1) 地质资料

地基承载力输入→地基沉降数据→土层参数输入→孔点输入及土层参数修改。

2) 基础人机交互输入

(1) 地质资料(移动或旋转地质资料的孔点和建筑物相一致)；

(2) 参数输入→地基承载力参数→基础设计参数；

(3) 荷载输入→荷载参数修改→读取荷载→荷载组合(一般由最大轴力控制，在计算地基变形时，选用【准永久组合】)；

(4) 筏板(筏板布置)→筏板荷载→冲切计算→内筒冲剪计算；

(5) 重心校核→进行地基承载力极限状态验算。

3) 桩筏、筏板有限元计算

模型参数→网格调整→单元形成→筏板布置→荷载选择→沉降试算→有限元计算→结束。

2. 分析过程

1) 地质资料输入

启动 JCCAD 模块，双击主菜单【1 地质资料输入】，弹出如图 6.126 所示的对话框。

输入文件名后进入地质资料输入的【土层参数表】对话框，如图 6.127 所示。地质资料是计算地基承载力和地基沉降变形的必需数据，要求根据

图 6.126 选择地质资料文件

《工程地质报告》提供的孔点坐标、土层各项参数进行准确输入。

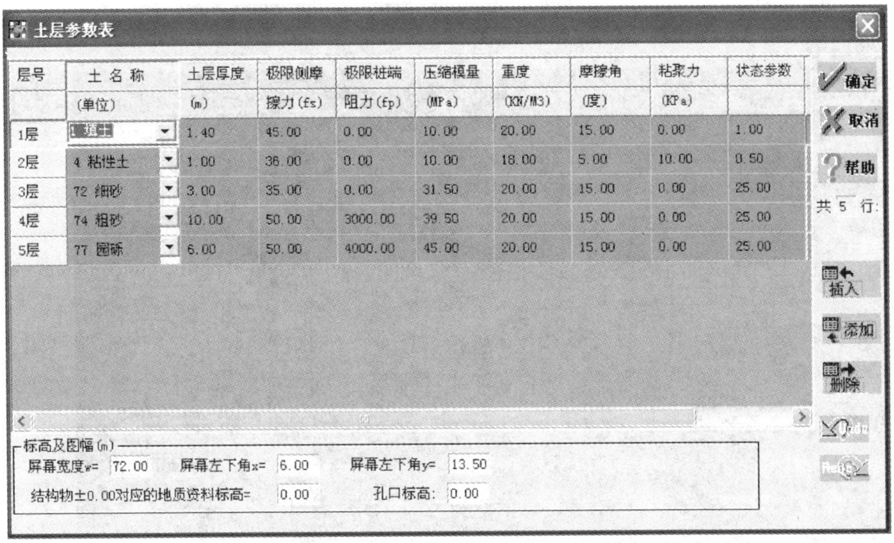

图 6.127 【土层参数表】对话框

本例地质条件如下。

填土土层厚 1.4m；

粘性土土层厚 1.0m；

细砂土层厚 3.0m；

粗砂土层厚 10.0m；

圆砾土层厚 6.0m。

根据《工程地质勘探报告》提供的孔点坐标和土层布置，输入标准孔参数，同时可以利用【单点编辑】来修改各孔点的土层设置、孔口标高、孔口坐标等参数，如图 6.128 所示。也可以查看土层的剖面图，如图 6.129 所示。

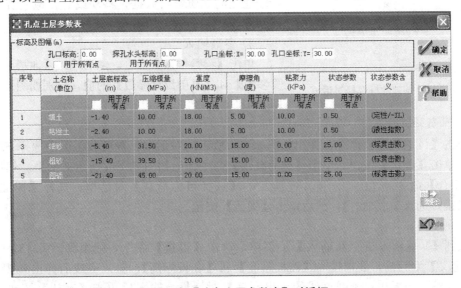

图 6.128 【孔点土层参数表】对话框

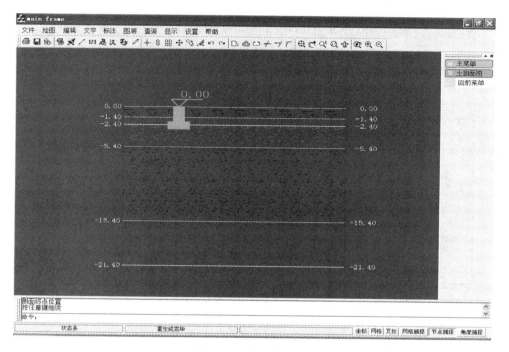

图 6.129　土层剖面图

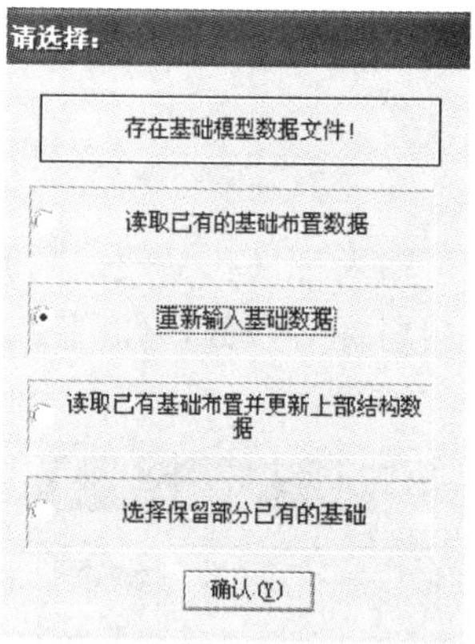

2）人机交互输入

完成地质资料输入后，回到 JCCAD 主菜单，进行基础人机交互输入。

双击 JCCAD 主菜单【2 基础人机交互输入】，弹出如图 6.130 所示的基础数据选择对话框。当为第一次计算时，选择【重新输入基础数据】单选按钮。选择刚建立的地质资料数据，移动或旋转地质资料的孔点和建筑物相一致，如图 6.131 所示。

3）参数输入

单击【参数输入】命令，然后输入【地基承载力计算参数】和【基础设计参数】的值，分别如图 6.132 和图 6.133 所示。

图 6.130　基础数据选择对话框

4）荷载输入

单击【读取荷载】命令，弹出如图 6.134 所示的对话框。在荷载工况中选择 SATWE 荷载，单击【确认】按钮。单击【选荷载组】命令弹出如图 6.135 所示对话框。然后单击【目标组合】命令，弹出如图 6.136 所示的【选择目标荷载】对话框，选择【标准组合】单选按钮，选【最大轴力】，然后单击【确认】按钮。

5）筏板

回到【1 基础人机交互输入】子菜单，单击【筏板】命令，弹出如图 6.137 所示的【筏板定义】对话框，要求输入【筏板厚度】和【底板标高】。输入完成后弹出如图 6.138 所示的【输入筏板相对于网格线的挑出宽度】对话框，输入后单击【确认】按钮。单击

【围区生成】命令，选择围栏后完成布板，如图 6.139 所示。

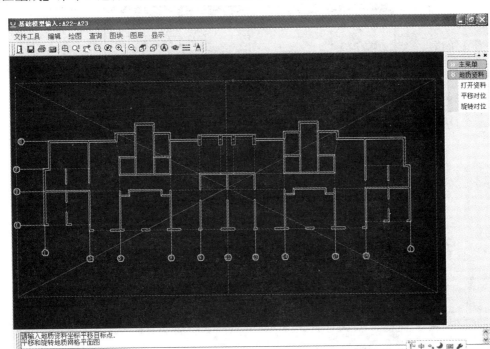

图 6.131 地质资料孔点布置屏幕显示

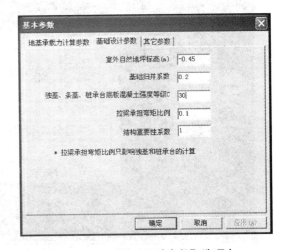

图 6.132 【地基承载力计算参数】选项卡　　图 6.133 【基础设计参数】选项卡

布置筏板后，单击图 6.139 中的【筏板荷载】命令，弹出如图 6.140 所示的对话框，先修改参数，而后可以进行冲切验算。

回到上级子菜单，单击【重心校核】命令，进行地基承载力极限状态验算，选择标准荷载组，而后单击【筏板重心】命令，弹出如图 6.141 所示的窗口，屏幕下面的文字为地基承载力值、总竖向荷载作用点坐标、筏板板底平均反力值、筏板形心坐标。本例地基反

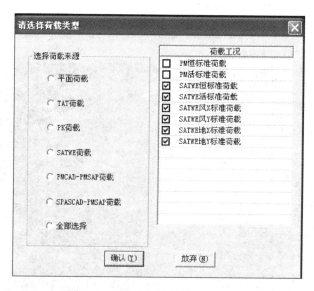

图 6.134 【请选择荷载类型】对话框

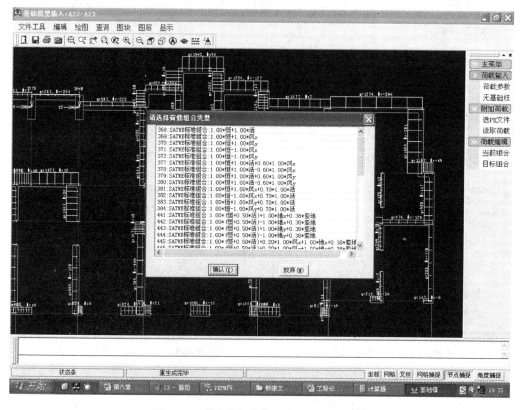

图 6.135 【请选择荷载组合类型】对话框

力小于地基承载力；在标准组合状态下，多选择几组荷载组合进行【筏板重心】计算和地基承载力极限状态验算。

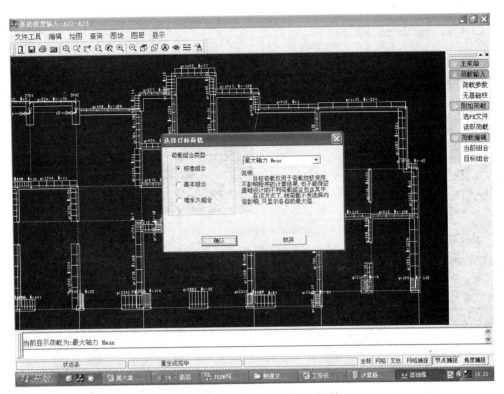

图 6.136 【选择目标荷载】对话框

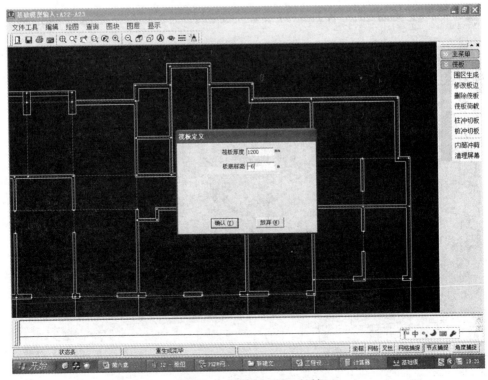

图 6.137 【筏板定义】对话框

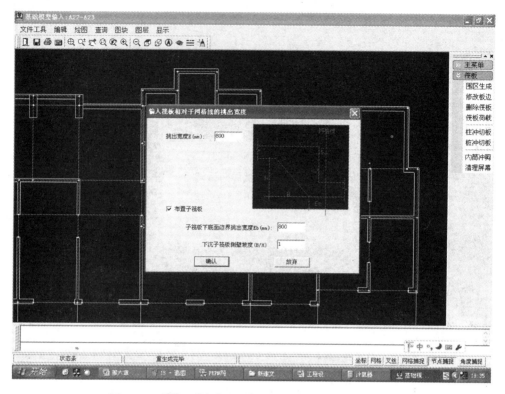

图 6.138 【输入筏板相对于网格线的挑出宽度】对话框

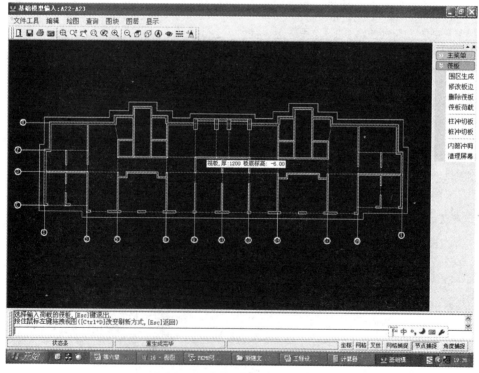

图 6.139 【围区生成】屏幕显示

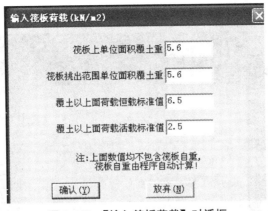

图 6.140 【输入筏板荷载】对话框

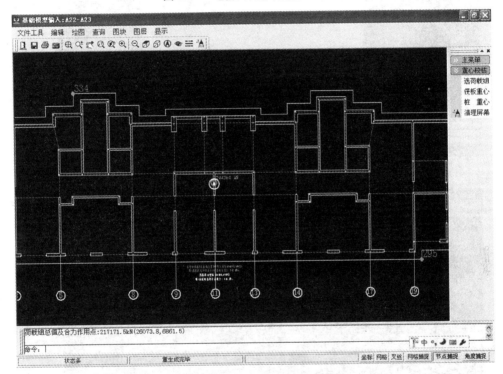

图 6.141 【筏板重心】屏幕显示

3. 桩筏、筏板有限元计算

由于本例为平板筏板，所以直接执行 JCCAD 主菜单【5 桩筏、筏板有限元计算】，在弹出的窗口中选择【第一次网格划分(B)】，而后弹出的右侧屏幕子菜单如图 6.142 所示。

1) 计算参数

单击图 6.142 中的子菜单【模型参数】，弹出【计算参数】对话框，对参数选项进行选择，并输入相关参数值，如图 6.142 所示。

2) 单元形成

单击图 6.142 中的子菜单【单元形成】，即可在屏幕上显示单元划分情况，如图 6.143 所示。

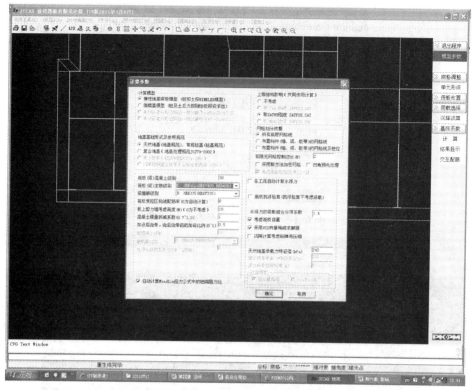

图 6.142 【计算参数】对话框

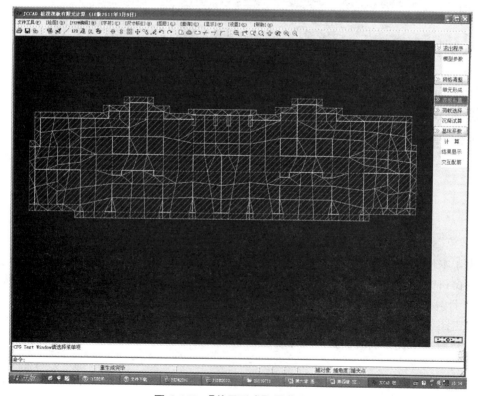

图 6.143 【单元形成】屏幕显示

3) 筏板布置

单击图 6.142 中的子菜单【筏板布置】，即可在已形成的单元上布置筏板，屏幕显示如图 6.144 所示。

4) 荷载选择

荷载选择只能在 JCCAD 主菜单【2 基础人机交互输入】选取的荷载中作选择。对于交互输入中选择过的荷载在类别此会全部列出，包括外加荷载、PMCAD 荷载、TAT 荷载、SATWE 荷载和 PMSAP 荷载，程序每次计算只能选择其中一种类别。本算例选用 SATWE 荷载。

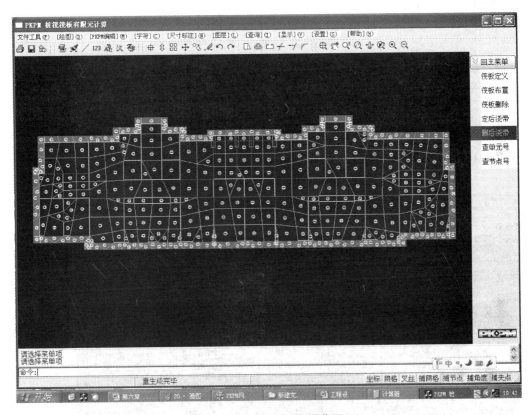

图 6.144 【筏板布置】屏幕显示

5) 沉降试算

单击图 6.142 中的子菜单【沉降试算】，弹出【筏板平均沉降试算结果】对话框，如图 6.145 所示。

6) 结果显示

单击图 6.142 中的【计算】命令后，再单击【结果显示】，弹出图 6.146 所示的【图形输出选择】对话框，选择【等值线表示】方式，屏幕显示如图 6.147 所示。

7) 交互配筋

单击图 6.142 中的【交互配筋】命令，屏幕上弹出筏板配筋方式的选择框，如图 6.148 所示，选择【分区域均匀配筋】方式。可显示筏板的配筋简图，图 6.149 所示为局部配筋显示。

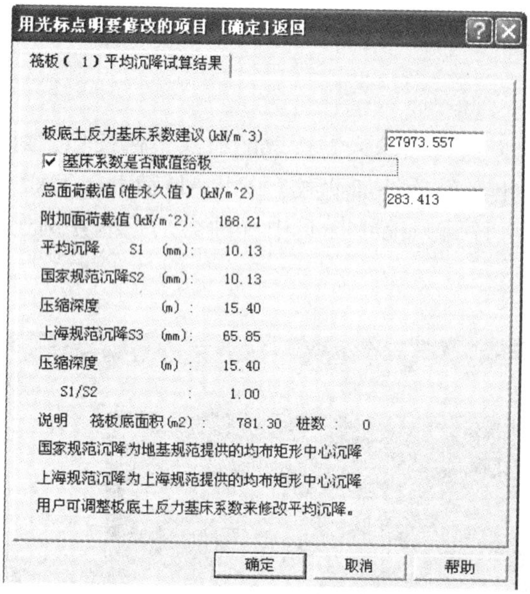

图 6.145 【筏板平均沉降试算结果】对话框

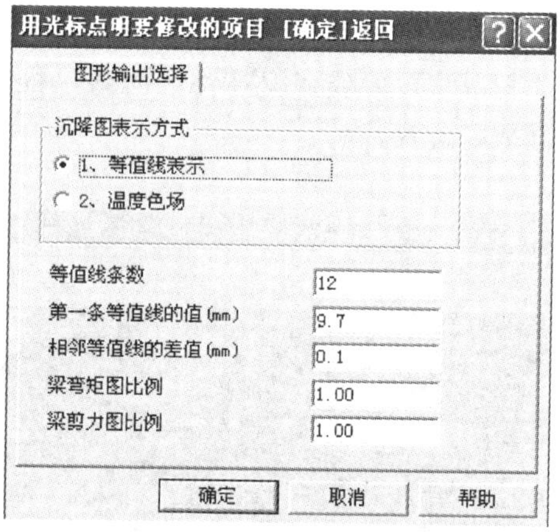

图 6.146 【图形输出选择】对话框

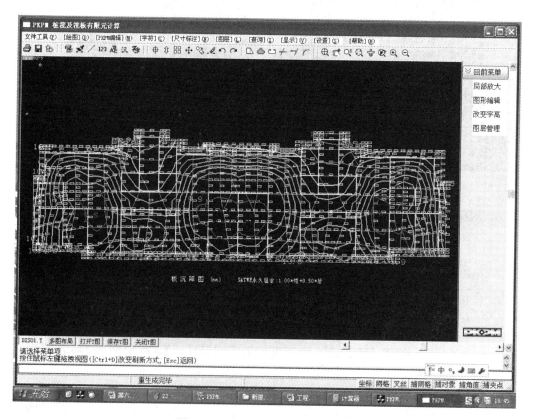

图 6.147 板沉降图的等值线显示

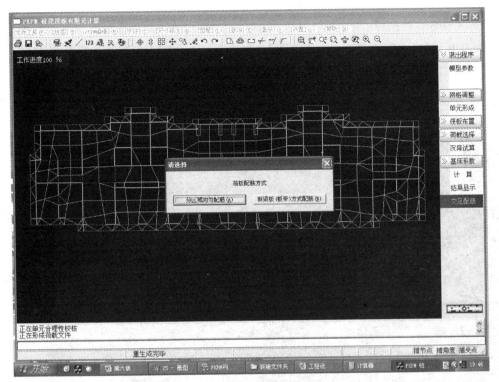

图 6.148 筏板配筋方式选择

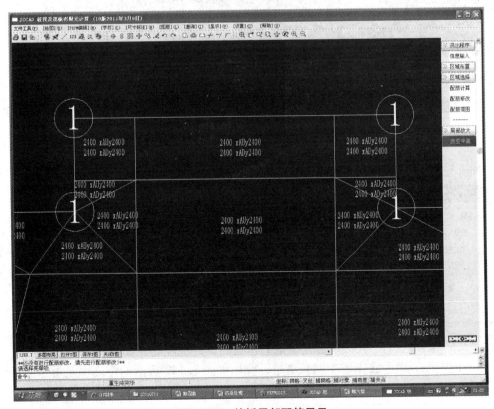

图 6.149 筏板局部配筋显示

4. 绘制筏板施工图

双击 JCCAD 主菜单【7 基础施工图】，弹出图 6.150 所示的界面，屏幕右侧显示【基础施工图】子菜单。

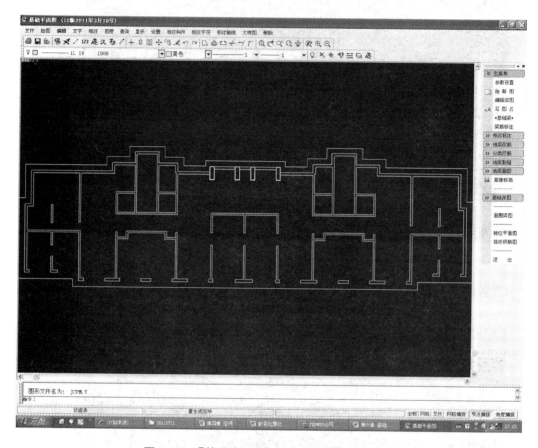

图 6.150 【基础施工图】屏幕子菜单及屏幕显示

单击【筏板配筋图】命令，弹出【提示】对话框，如图 6.151 所示，选择【建立新数据文件】单选按钮，然后单击【确定】按钮，弹出如图 6.152 所示的界面及屏幕右侧子菜单。

图 6.151 【提示】对话框

单击图 6.152 中的【取计算配筋】命令，弹出的对话框如图 6.153 所示，单击【确定】按钮。单击图 6.152 所示的右侧菜单中的【改计算配筋】的完成钢筋的局部修改，屏幕显示如图 6.154 所示。

单击图 6.152 中的【画计算配筋】命令，弹出如图 6.155 所示的对话框，选择【各区域的通长筋展开表示】复选框，单击【确定】按钮后，计算配筋图如图 6.156 所示。

单击图 6.156 中的【画施工图】菜单，弹出如图 6.157 所示的配筋图及屏幕右侧子菜单。通过右侧子菜单对配筋进行局部的调整后，即完成筏板基础施工图的绘制。

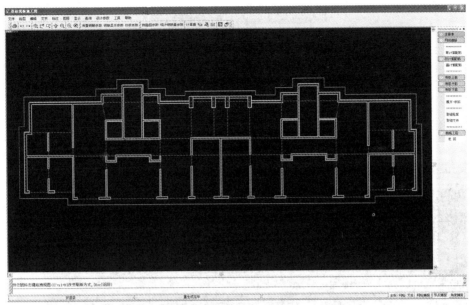

图 6.152 【筏板配筋图】子菜单及屏幕显示

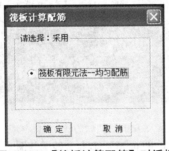

图 6.153 【筏板计算配筋】对话框

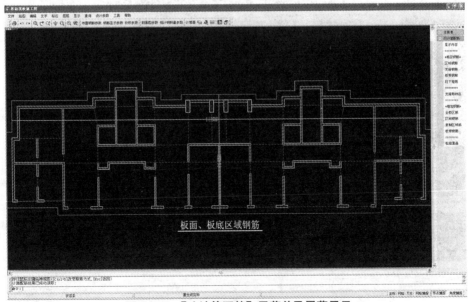

图 6.154 【改计算配筋】子菜单及屏幕显示

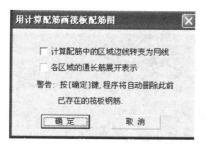

图 6.155 【用计算配筋画筏板配筋图】对话框

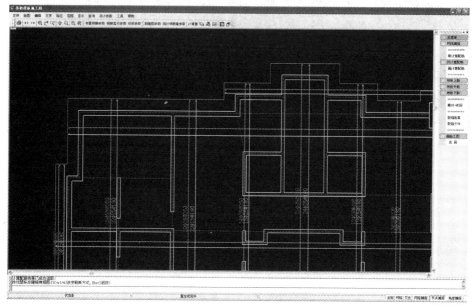

图 6.156 筏板计算配筋图

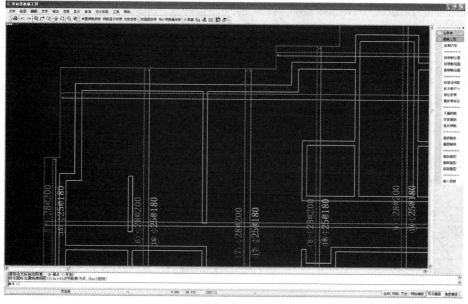

图 6.157 筏板施工图及右侧屏幕子菜单

思考题与习题

1. JCCAD 的主要功能与特点是什么？
2. 试述采用 JCCAD 分别完成独立基础、梁筏基础、平筏基础和桩筏基础的操作流程，对比其不同。
3. 地质资料文件是否可以不填写？
4. 有桩地质资料和无桩地质资料的输入有何不同？分别阐述采用人机交互方式输入有桩与无桩地质资料的具体步骤。
5. 【基础人机交互输入】的主要工作内容是什么？
6. 为什么按弹性地基梁元法计算节点下底面积会产生重复利用的问题？
7. 梁筏基础设计时可以采用梁元模型和板元模型，分别试述两种模型的原理、计算步骤并对比其不同。
8. 基床反力系数如何取值？
9. 筏板基础的操作步骤包括哪些内容？
10. 如何设置筏板加厚区域？如何利用【网格调整】完成 JCCAD 构件的增减？
11. 筏板上包括了哪些荷载？
12. 承台桩和非承台桩的区别是什么？分别可以计算哪些类型的基础形式？
13. 刚性沉降计算方法和柔性沉降计算方法各适用于哪些基础的沉降计算？
14. 弹性地基梁的计算模式有哪些？怎样选用？
15. 筏板有限元计算有哪些计算模型？

第7章
墙梁柱施工图设计

教学目标

了解PKPM【墙梁柱施工图】模块的基本功能。
掌握墙梁柱施工图绘制参数的合理选取。
熟悉并掌握墙梁柱施工图绘制的基本流程。
掌握绘制墙梁柱施工图过程中的修改工作。

教学要求

知识要点	能力要求	相关知识
绘图参数合理选取	熟练掌握墙梁柱施工图绘制中各参数的输入	相关规范规定
施工图的修改	掌握施工图中钢筋的修改	钢筋的级别和种类

结构设计的流程一般由模型输入、结构计算和施工图辅助设计三大部分组成，在PKPM中模型输入主要是由PMCAD模块完成，它以逐层输入、自动导荷的建模方式为主要特征；结构计算可采用SATWE、TAT或是PMSAP等程序来完成，以恒、活、风荷载内力计算、地震作用计算、荷载效应组合、截面配筋计算等功能为主要特征；而施工图设计主要是读取程序的计算结果，自动选配钢筋并考虑结构构造设计要求，按施工图出图要求绘制施工图。

施工图辅助设计是PKPM系列软件的重要组成部分。本章首先对PKPM中的【墙梁柱施工图】模块的基本操作进行全面介绍，而后通过实例给出施工图绘制的一般过程。

7.1 墙梁柱施工图的基本功能

墙梁柱施工图的基本功能如下。
（1）为了简化出图作全楼归并，一般包括竖向楼层的归并和水平平面内的归并；
（2）考虑了相关规范、规程和构造手册的要求，自动选配构件钢筋；
（3）节点详图设计；
（4）正常使用极限状态验算；
（5）人工干预修改配筋设计；
（6）施工图的绘制表示方法；

(7) 可通过菜单标注尺寸、字符等，并可通过图形平台对程序生成的施工图进行编辑、修改、补充等。

【墙梁柱施工图】模块共包括 8 项主菜单，如图 7.1 所示。

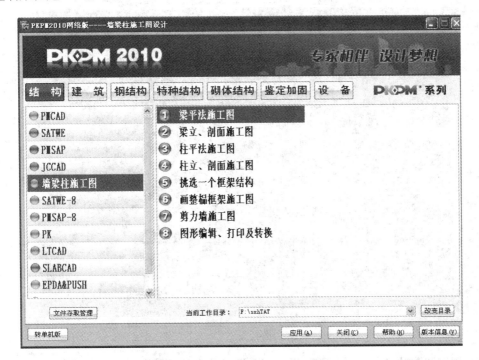

图 7.1 【墙梁柱施工图】主菜单

7.2 梁施工图设计

梁施工图模块是 PKPM 软件【墙梁柱施工图】模块的一个组成部分，在图 7.1 所示的【墙梁柱施工图】主菜单中双击主菜单【1 梁平法施工图】或主菜单【2 梁立、剖面施工图】即可进入梁施工图模块，弹出如图 7.2 所示的屏幕菜单区。

梁施工图绘制的一般步骤可概括为：设计钢筋标准层、连续梁生成和归并、选配钢筋、施工图生成与修改等工作。

7.2.1 设计钢筋标准层

双击主菜单【1 梁平法施工图】，则会弹出【定义钢筋标准层】对话框，如图 7.3 所示。对话框中左侧的定义树表示当前的钢筋层定义情况，单击任意钢筋层左侧的＋号，可以查看该钢筋层包含的所有自然层情况，如图 7.4 所示。图 7.4 右侧的钢筋标准层分配表表示各自然层所属的结构标准层和钢筋标准层。图 7.4 左侧的树形结构下方有四个按钮，包括【增加】、【更名】、【清理】和【合并】，用户可以根据实际需要对钢筋层进行增加、改名、清理和合并等操作。

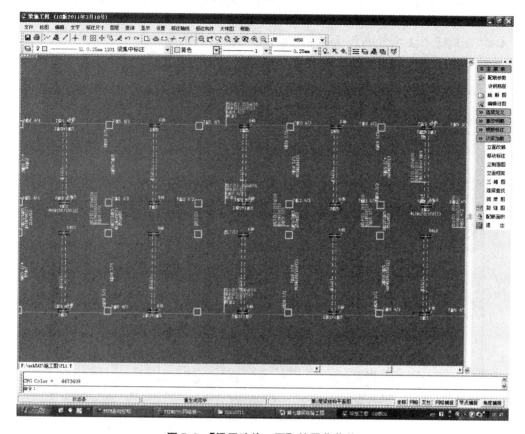

图 7.2 【梁平法施工图】的屏幕菜单

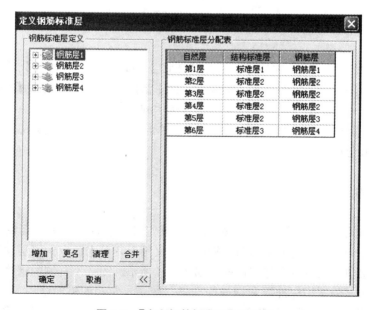

图 7.3 【定义钢筋标准层】对话框

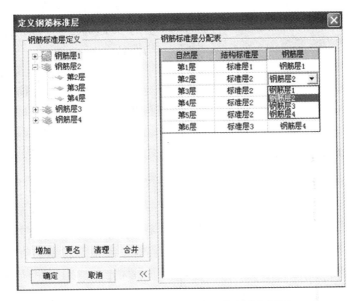

图 7.4　查看钢筋层包含的所有自然层界面

[注意事项]：

（1）钢筋标准层：钢筋标准层是适应竖向归并的需要而建立的概念。对同一钢筋层包含的若干自然层，程序会为各层同样位置的连续梁给出相同的名称，配置相同的钢筋。读取配筋面积时，软件会在各层位置的配筋面积数据中取大值作为配筋依据。默认情况下，程序自动参照结构标准层划分钢筋标准层，设计人员可以自行将不同的钢筋标准层合并。

需要特别强调的是：与结构标准层和建筑自然层不同，钢筋标准层是针对梁、柱、剪力墙施工图设计而建立的另一个概念。

（2）软件根据以下两条标准进行梁钢筋标准层的自动划分。

① 两个自然层所属结构标准层相同；

② 两个自然层上层对应的结构标准层也相同。

符合上述条件的自然层将被划分为同一钢筋标准层；本层相同保证了各层中同样位置上的梁有相同的几何形状；上层相同保证了各层同样位置上的梁有相同的性质。

7.2.2　配筋参数介绍

完成上述钢筋标准层定义后，即可进行配筋参数的设定。一般对于给定的结构，程序将自动进行配筋，图 7.2 给出了配筋大样图。设计人员也可以通过图 7.2 中的右侧屏幕菜单对程序给出的配筋进行相应的调整。

单击图 7.2 中的【配筋参数】命令，弹出【参数修改】对话框，如图 7.5 所示。其中包括绘图参数、归并、放大系数、梁名称前缀、纵筋选筋参数、箍筋选筋参数、裂缝、挠度计算参数和其他参数等内容，设计人员可根据工程实际情况进行相关参数的调整，下面对相关参数进行介绍。

（1）归并系数：取值范围从 0 到 1，默认值为 0.2。归并参数的大小将影响连续梁的归并数量，归并系数越小，则连续梁种类越多。

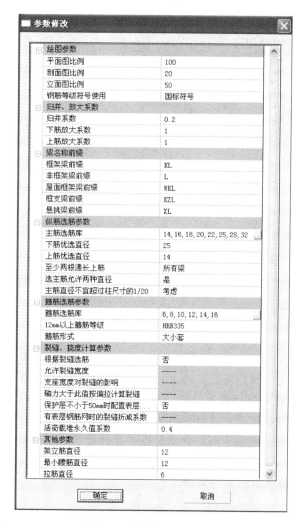

图 7.5 【参数修改】对话框

(2) 梁名称前缀：考虑到不同设计人员的习惯，程序允许设计人员自行修改构件名称。

(3) 上、下筋放大系数：考虑到一些设计人员习惯将计算面积放大后进行配筋以留出足够的安全储备，程序给出了配筋的放大系数，此时，软件会将纵筋计算面积乘以放大系数后再进行选筋。

(4) 主筋选筋库、下上主筋优选直径：程序在选择纵筋时仅从【主筋选筋库】中挑选钢筋直径，不会选出【主筋选择库】中没有的钢筋直径作为纵筋；而对于库中多种钢筋直径，程序在选筋时会优先选择用户定义的下上主筋优选直径钢筋。

(5) 至少两根通长上筋：现行规范对于非抗震梁和非框架梁并没有要求配置通长上筋，而是使用较小直径的架立筋代替。如果选择【所有梁】，则全部梁均配置通长上筋；若选择【仅抗震框架梁】，则对非抗震梁和非框架梁不配通长上筋。

(6) 12mm 以上箍筋等级：若在 PM-CAD 中将梁箍筋等级设为 HPB235，考虑到直径大于 12mm 的箍筋实际的应用较少，程序提供了代换的可能性，可将 12mm 以上的箍筋换为 HRB335 或 HRB400 等。

(7) 根据裂缝选筋：如果选择【是】，则软件在选完主筋后会计算相应位置的裂缝，如果所得裂缝大于允许裂缝宽度，则将原始计算面积放大 1.1 倍重新选筋，再次进行计算，若仍不满足，则将原始计算面积放大 1.2 倍重新选筋，重复这一过程直到满足。

[注意事项]：

通过增大配筋面积减小裂缝不是一种有效的做法。事实上，可以选用更有效的方法，如增大梁高等措施。因此对于实际工程，应尽量通过合理的截面设计使裂缝宽度满足限值要求。

在上述参数调整完后，可以单击图 7.2 所示的屏幕中的右侧菜单【设钢筋层】，弹出的对话框与图 7.3、图 7.4 所示的对话框完全相同，可再次进行钢筋层的调整工作；最后需进行【绘新图】操作，单击图 7.2 所示的屏幕中的右侧菜单【绘新图】，屏幕显示如图 7.6 所示的对话框。可以根据需要选择【重新归并选筋并绘制新图】和【使用已有配筋结果绘制新图】方式，新生成的图即为调整后的施工图。

若选择【重新归并选筋并绘制新图】方式，则系统会删除本层所有已有数据，在重新归

图 7.6 【绘新图】的【请选择】对话框

并选筋后，再重新绘制新图。此选项适合于模型更改或重新进行有限元分析后的施工图更新。

若选择【使用已有配筋结果绘制新图】方式，则系统只删除施工图目录中本层的施工图，然后重新绘图。绘图时使用数据库中保存的钢筋数据，不会重新进行选筋归并。此选项适合于模型和分析数据没变，但是钢筋标注和尺寸标注的修改比较混乱，需要重新出图的情况。

选择【取消重绘】命令，则不做任何实质性的操作，关掉窗口。

单击图 7.2 所示的屏幕中的右侧菜单【编辑旧图】，可以反复打开前面已绘过的施工图。

7.2.3 连续梁生成和归并

梁是以连续梁为基本单位进行配筋的，因此在配筋之前首先应将建模时逐网格布置的梁段串成连续梁。默认情况下，程序会自动生成连续梁。对于连续梁的各种操作可以通过单击图 7.2 所示的屏幕中的右侧菜单【连梁定义】来完成。

1. 连梁查看

单击图 7.2 中的【连梁定义】命令，弹出的子菜单如图 7.7 所示。用户可以使用【连梁定义】|【连梁查看】命令来查看连续梁的生成结果。单击【连梁查看】命令后，在屏幕绘图区用亮黄色的实线或虚线来表达连续梁的走向，如图 7.8 所示，实线表示有详细标注的连续梁，虚线表示有简略标注的连续梁。走向线一般画在连续梁所在轴线的位置。连续梁的起始端绘制一个菱形块，用于表达连续梁第一跨所在的位置，连续梁的终止端绘制一个箭头，用于表达连续梁最后一跨所在的位置。

图 7.7 【连梁定义】子菜单

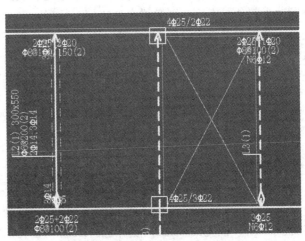

图 7.8 【连梁查看】的屏幕显示

2. 连梁拆分与合并

如果设计人员对程序默认的连梁生成不满意，则可以通过图7.7中的子菜单【连梁拆分】或【连梁合并】对连续梁的定义进行调整。

单击【连梁拆分】命令后，命令行会提示："请用光标选择要拆分的连续梁。"在图上选择要拆分的连续梁，然后选择从哪个节点拆分，此时屏幕提示："确定要拆分所选连续梁吗？"单击【是】按钮即可拆分所选连续梁，拆分后第一根梁会沿用原来的名称，而第二根梁会被重新编号并命名。

单击图7.7中的【连梁合并】命令后，选择要合并的两根连续梁，屏幕提示："确定要合并所选连续梁吗？"，单击【是】按钮即可合并所选连续梁，合并后的新梁会被重新命名；单击【否】按钮则不合并。

3. 连梁支座

对于连续梁，梁跨的划分会对配筋产生很大的影响。默认情况下，程序会自动生成梁支座，设计人员可以通过单击图7.7中的子菜单【支座查看】来查看程序生成的支座情况，此时屏幕会显示各个支座的情况，如图7.9所示。其中，三角形表示梁支座，圆圈表示连梁的内部节点。

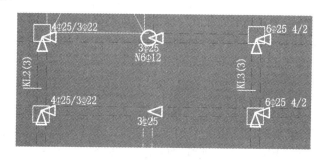

图7.9　支座查看的屏幕显示

程序自动生成的梁支座若不满足设计人员的要求，可以使用图7.7中的菜单【支座修改】对梁支座进行修改。对于端跨，把三角形支座改为圆圈后，则端跨梁会变成挑梁；若把圆圈改为三角支座后，则挑梁会变成端支承梁；对于中间跨，若为三角形支座，则说明该处是两个连续梁跨的分界支座，梁下部钢筋将在支座处截断并锚固在支座内，并增配支座负筋；当把三角形支座改为圆圈后，则两个连续梁跨会合并成一跨梁，梁纵筋将在圆圈支座处连通，此时计算配筋面积时取两跨配筋面积的较大值。究竟是否需要进行支座修改，则须根据实际工程情况来定。

[注意事项]：
对连梁支座的调整只影响配筋构造，并不会影响其构件的内力计算和配筋面积计算。

4. 修改梁名

在连梁定义中程序提供了【修改梁名】的命令，默认情况下软件会根据连续梁的支座特点对连续梁进行性质判断并命名。PKPM中将梁分为框架梁(KL)、非框架梁(L)、屋面框架梁(WKL)、框支梁(KZL)和悬挑梁(XL)等几种。由于不同的梁的配筋及其构造是不同的，因此需要在选筋前确定梁的性质，设计人员首先应检查连续梁的性质是否正确。对于一些特殊的结构部件,程序判断的连续梁可能与设计意图有所区别,因此对于这些梁,设计人员可以通过图 7.7 中的次级菜单【修改梁名】来修改梁的名称。

[注意事项]：

PKPM 中对梁进行了分类,不同的梁具有不同的配筋性质。

5. 归并

归并包括竖向归并和水平归并。对于多、高层建筑,结构的楼层数较多,一般情况下,可简化地选取几个有代表性的楼层进行出图,每个代表性的楼层都将代表若干个自然层。在程序中,把这种包含若干个自然层代表出图的楼层称为钢筋的标准层,简称钢筋层。

钢筋归并主要是指将梁配筋相近、截面尺寸相同、跨度相同、总跨数相同的若干组连梁的配筋归并为一组,从而简化出图。

7.2.4 选配钢筋

连续梁生成并归并后,施工图模块将根据计算软件提供的配筋面积计算结果选择符合规范构造要求的钢筋。

软件按下列步骤自动选择钢筋:选择箍筋→选择腰筋→选择上部通长钢筋和支座负筋→选择下筋→根据实配纵筋调整箍筋→选择次梁附加箍筋→选择构造钢筋,该操作过程均可由程序自动完成。

7.2.5 施工图生成及其处理

1. 查改钢筋

对于程序自动生成的梁配筋,可以通过图 7.2 中的屏幕菜单【查改钢筋】进行修改。单击【查改钢筋】命令弹出其子菜单,如图 7.10 所示。

【连梁修改】的功能主要是修改连梁的集中标注信息。单击图 7.10 中的【连梁修改】命令,命令行提示:"选择需要修改集中标注的连续梁。"选中要修改的梁后弹出如图 7.11 所示的【编辑集中标注】对话框,在此对话框中,可以修改的内容包括梁截面尺寸、梁名称、箍筋、腰筋、顶筋和底筋等。当钢筋发生修改后,所有与原来钢筋相同的梁跨和标注将均被修改。

[注意事项]：

(1) 集中标注的内容适用于当前梁的所有跨,当钢筋发生修改后,所有与原来钢筋相同的梁跨和标注均被修改。

(2) 主筋的基本表示方法为:根数+级别+直径。其中,级别用 A、B、C、D、E、F 分别表示 HPB300、HRB335、HRB400、HRB500、冷轧带肋 550、HPB235 级钢筋;当一排内有多种规格的钢筋时,用"+"连接,例如,"2B25+2B22"表示一排之内有 2 根直径为 25 的二级钢筋和 2 根直径为 22 的二级钢筋;当需要多排钢筋时,各排之间用"/"隔开,例如,"4B22/4B22"表示两排钢筋均为 4 根直径为 22 的二级钢筋。

(3) 加密区和非加密区不相同时,箍筋的表示方法为:"级别直径@加密区间距/非加密区间距(肢数)";否则,可以采用"级别直径@间距(肢数)"表示。其中,如果肢数为

2,可以省略(肢数)。例如,"A8@200"表示全跨内采用直径为 8 间距为 200 的一级双肢箍筋;"A8@100/200(4)"表示加密区间距为 100,非加密区间距为 200,采用直径为 8 的一级 4 肢箍筋。

(4)顶筋输入框中可同时输入顶筋与架立筋,放置在"( )"内的钢筋,一律视为架立筋。

(5)底筋输入框中可同时输入通长底筋与不入支座底筋,放置在"( )"内的钢筋,一律视为不入支座底筋。

(6)为方便输入,小键盘上的字母"-"可作为"@"输入,"*"可作为"( )"输入,"."可作为默认钢筋等级输入。"."代表的钢筋等级可在参数中修改。

图 7.10 【查改钢筋】子菜单

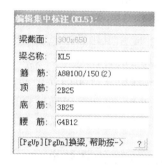

图 7.11 【编辑集中标注】对话框

【单跨修改】菜单主要用于一跨梁各种配筋标注的修改,单击图 7.10 中的次级菜单【单跨修改】,命令行会提示:"选择需要修改原位标注的连续梁",选中要修改的梁后弹出的对话框如图 7.12 所示。可以根据需要修改梁的相关信息。

【成批修改】菜单通常用于一次修改多个梁跨的某一钢筋信息,如顶筋、底筋、箍筋、腰筋等。单击图 7.10 中的子菜单【成批修改】,首先选择所有需要修改的多个梁跨,结束选择后弹出如图 7.13 所示的对话框,可以相应修改对话框中的内容。

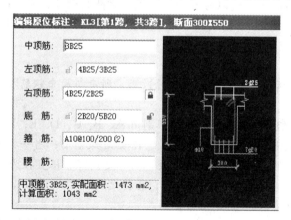

图 7.12 【编辑原位标注】对话框

图 7.13 【请编辑需要修改的钢筋】对话框

[注意事项]：

只有当所选梁跨均相同时，才能在对话框中显示此项目，如果不是全部相同，则此项为空白；软件只处理填入内容的项目，对空白的文本框不作处理。

【表式改筋】菜单提供最详尽的梁筋修改界面，软件将梁的各种属性以表格的形式列出，以供修改。单击图 7.10 中的子菜单【表式改筋】，选择需要修改钢筋的连续梁后，即弹出如图 7.14 所示的【修改连续梁 KL5 钢筋】的表格，在表格中可以修改包括上部跨中筋、左支座筋、左支座上部筋、右支座上部筋、下部纵筋、箍筋、腰筋、挑耳附加筋、表层钢筋网、梁跨信息等内容。

图 7.14 中的图形区域显示的是所选的一跨梁的详细立剖面图，图形内容与修改实时联动更新；另外，在【表式改筋】功能中，可以通过屏幕上方的【梁跨拷贝】命令方便地将某跨钢筋的全部信息复制到其他跨中去。

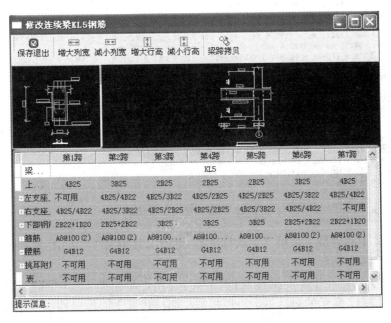

图 7.14 【修改连续梁 KL5 钢筋】的表格

【连梁重算】与【全部重算】的目的是在保持钢筋标注位置不变的基础上，使用自动选筋程序重新选筋并标注。所不同的是【连梁重算】是针对单独的连续梁，而【全部重算】则针对本层的所有梁。

单击图 7.2 中的屏幕主菜单【绘新图】，可以让程序重新归并选筋并绘制新图，但如果之前的图进行了移动标注、注梁尺寸等图面调整操作，则重绘新图会使这些图面调整作废，此时使用【全部重算】命令既可以采用新的计算面积重新生成配筋，又可以保留上次的图面调整。

另外，程序还给出了效应/抗力（SR）验算书，单击图 7.10 中的【SR 验算书】命令，选择需要验算的梁跨，即可显示如图 7.15 所示的文本文件。

2. 钢筋标注

对程序自动生成的配筋，设计人员可通过程序提供的菜单【钢筋标注】对其进行修

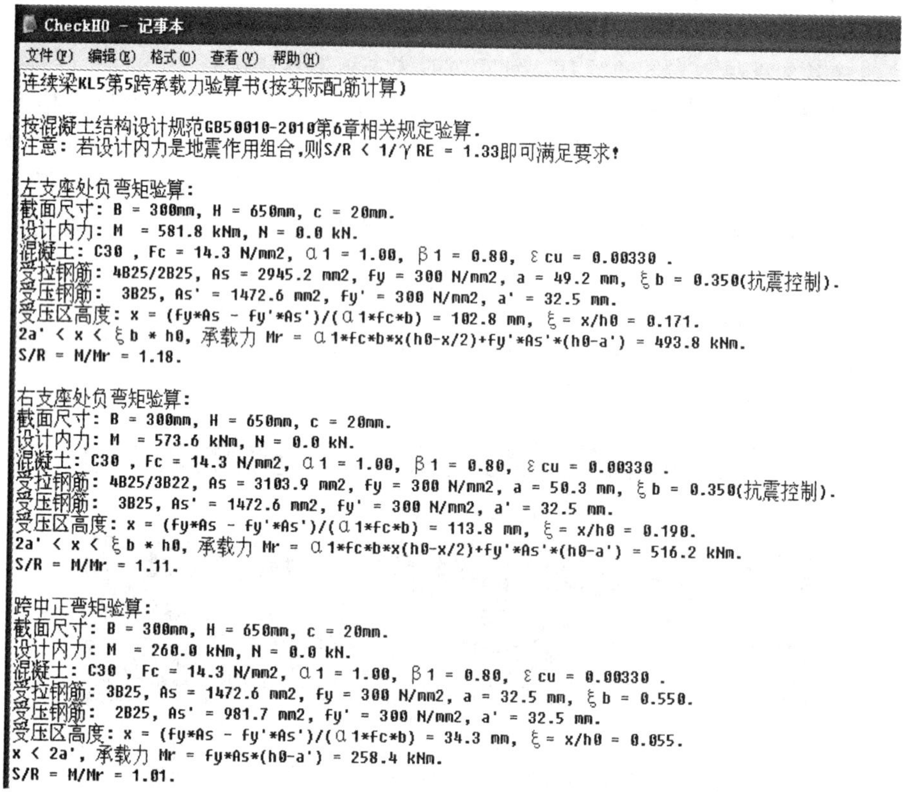
CheckH0 - 记事本
文件(F) 编辑(E) 格式(O) 查看(V) 帮助(H)
连续梁KL5第5跨承载力验算书(按实际配筋计算)

按混凝土结构设计规范GB50010-2010第6章相关规定验算.
注意：若设计内力是地震作用组合,则S/R < 1/γRE = 1.33即可满足要求!

左支座处负弯矩验算:
截面尺寸: B = 300mm, H = 650mm, c = 20mm.
设计内力: M = 581.8 kNm, N = 0.0 kN.
混凝土: C30 , Fc = 14.3 N/mm2, α1 = 1.00, β1 = 0.80, εcu = 0.00330 .
受拉钢筋: 4B25/2B25, As = 2945.2 mm2, fy = 300 N/mm2, a = 49.2 mm, ξb = 0.350(抗震控制).
受压钢筋: 3B25, As' = 1472.6 mm2, fy' = 300 N/mm2, a' = 32.5 mm.
受压区高度: x = (fy*As - fy'*As')/(α1*fc*b) = 102.8 mm, ξ= x/h0 = 0.171.
2a' < x < ξb * h0, 承载力 Mr = α1*fc*b*x(h0-x/2)+fy'*As'*(h0-a') = 493.8 kNm.
S/R = M/Mr = 1.18.

右支座处负弯矩验算:
截面尺寸: B = 300mm, H = 650mm, c = 20mm.
设计内力: M = 573.6 kNm, N = 0.0 kN.
混凝土: C30 , Fc = 14.3 N/mm2, α1 = 1.00, β1 = 0.80, εcu = 0.00330 .
受拉钢筋: 4B25/3B22, As = 3103.9 mm2, fy = 300 N/mm2, a = 50.3 mm, ξb = 0.350(抗震控制).
受压钢筋: 3B25, As' = 1472.6 mm2, fy' = 300 N/mm2, a' = 32.5 mm.
受压区高度: x = (fy*As - fy'*As')/(α1*fc*b) = 113.8 mm, ξ= x/h0 = 0.190.
2a' < x < ξb * h0, 承载力 Mr = α1*fc*b*x(h0-x/2)+fy'*As'*(h0-a') = 516.2 kNm.
S/R = M/Mr = 1.11.

跨中正弯矩验算:
截面尺寸: B = 300mm, H = 650mm, c = 20mm.
设计内力: M = 260.0 kNm, N = 0.0 kN.
混凝土: C30 , Fc = 14.3 N/mm2, α1 = 1.00, β1 = 0.80, εcu = 0.00330 .
受拉钢筋: 3B25, As = 1472.6 mm2, fy = 300 N/mm2, a = 32.5 mm, ξb = 0.550.
受压钢筋: 2B25, As' = 981.7 mm2, fy' = 300 N/mm2, a' = 32.5 mm.
受压区高度: x = (fy*As - fy'*As')/(α1*fc*b) = 34.3 mm, ξ= x/h0 = 0.055.
x < 2a', 承载力 Mr = fy*As*(h0-a') = 258.4 kNm.
S/R = M/Mr = 1.01.

图 7.15　SR 验算书文本示例

改，单击图 7.2 中的屏幕主菜单【钢筋标注】，则弹出其子菜单，如图 7.16 所示，基本功能如下。

【标注开关】功能在于控制梁标注的隐藏与显示，单击图 7.16 中的子菜单【标注开关】，弹出如图 7.17 所示的对话框，可以根据平面位置、立面位置按连续梁性质等进行隐藏与显示控制。

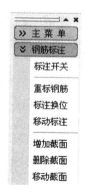

图 7.16　【钢筋标注】子菜单

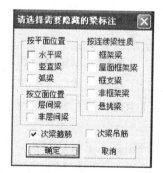

图 7.17　【请选择需要隐藏的梁标注】对话框

单击图 7.16 中的子菜单【重标钢筋】，弹出的对话框如图 7.18 所示，该功能可将所有钢筋标注都恢复到原始的位置。

单击图 7.16 中的子菜单【增加截面】，可以绘制图中某一根梁的具体剖面情况，以方便查询梁的钢筋布置情况；如果有不需要的截面，则可以通过单击图 7.16 中的【删除截面】命令来完成。

图 7.18 【梁施工图】对话框

3. 次梁加筋

考虑到主次梁相交处集中力较大，一般在相交处的主梁位置布置箍筋或吊筋，使集中力完全由其承担。程序提供了对该部位钢筋进行修改的功能，单击图 7.2 中的屏幕主菜单【次梁加筋】，弹出的子菜单如图 7.19 所示。

单击图 7.19 中的子菜单【箍筋开关】，则在屏幕显示窗口的主次梁交接处显示出附加的箍筋情况，如图 7.20 所示；单击图 7.19 中的子菜单【加筋修改】，弹出的对话框如图 7.21 所示，在对话框中可以对箍筋和吊筋进行修改，该对话框不但显示集中力大小和附加箍筋吊筋规格外，还显示集中力及附加钢筋的等效面积。

等效面积均指等效成一级钢筋的截面面积，附加吊筋的等效面积还要乘以角度。工程实际应用中只要保证附加箍筋等效面积加上附加吊筋的等效面积大于集中力等效面积即可。

图 7.19 【次梁加筋】
子菜单

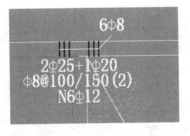

图 7.20 次梁加筋屏幕显示

图 7.21 【修改连续梁 KL7 第 4 处附加钢筋】对话框

4. 其他

为方便修改钢筋，程序提供了配筋面积查询功能。单击图 7.2 中的屏幕主菜单【配筋面积】即可进入配筋面积查询状态，弹出的子菜单如图 7.22 所示。通过单击【计算配筋】、【实配钢筋】命令，可以在屏幕窗口中查看梁的控制截面计算配筋面积，如图 7.23 所示；还可查看实际配筋面积，如图 7.24 所示。从图中可以看出，一般情况下，实际配筋面积略大于计算配筋面积。

从【计算配筋】图中可以看到，每跨梁上有 4 个数，其中梁下方跨中的标注代表下筋面积，梁上左右支座的标注分别代表支座钢筋面积，梁上方跨中的标注则代表上部通长筋的面积。

图 7.22 【配筋面积】子菜单

[**注意事项**]：

图 7.23 中显示的计算配筋面积是在所有归并梁中取的较大值，因此可能与 SATWE 等计算软件显示的配筋面积不一致。

分别单击图 7.22 中的子菜单【实配筋率】和【配筋比例】，可以查看梁的各个控制截面配筋率和配筋比例，分别如图 7.25 和图 7.26 所示。

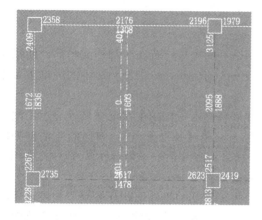 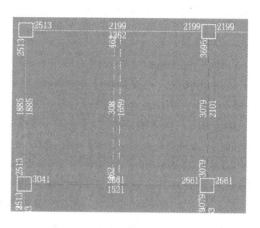

图 7.23 【计算配筋】的屏幕显示　　　　图 7.24 【实际配筋】的屏幕显示

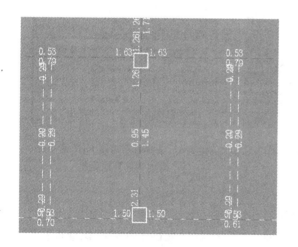 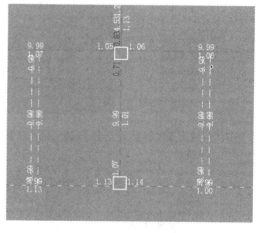

图 7.25 【实配筋率】的屏幕显示　　　　图 7.26 【配筋比例】的屏幕显示

[**注意事项**]：

配筋率即为配筋面积与截面面积的比值关系；当实际配筋面积与计算配筋面积的比值小于 1 时，说明配筋不足，程序将以红色显示其比例关系。配筋比例为实际配筋面积与计算配筋面积的比值。

单击图 7.22 中的子菜单【S/R 验算】，可在屏幕窗口显示出单个构件效应与抗力比值，如图 7.27 所示。若抗力大于效应，则比值小于 1，则会以红色显示比例关系；另外，也可以单击 7.22 的子菜单【SR 验算书】，来查看任一连梁的任一跨的承载力验算书，如图 7.28 所示。

［注意事项］:

程序按《混凝土结构设计规范》(GB 50010—2010)第 6 章承载能力极限状态进行验算，若设计内力是地震作用组合，则 $S/R<1/\gamma_{RE}=1.33$ 即可满足要求，否则说明配筋过小。

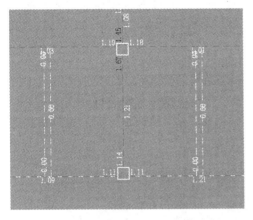

图 7.27 【S/R 验算】的屏幕显示

连续梁KL21第6跨承载力验算书(按实际配筋计算)

按混凝土结构设计规范GB50010-2010第6章相关规定验算.
注意：若设计内力是地震作用组合,则S/R < 1/γRE = 1.33

左支座处负弯矩验算：
截面尺寸: B = 300mm, H = 750mm, c = 25mm.
设计内力: M = 719.6 kNm, N = 0.0 kN.
混凝土: C30 , Fc = 14.3 N/mm2, α1 = 1.00, β1 = 0.8
受拉钢筋: 3C25+2C22, As = 2232.9 mm2, fy = 360 N/mm2
受压钢筋: 2C22+2C20, As' = 1388.6 mm2, fy' = 360 N/
受压区高度: x = (fy*As - fy'*As')/(α1*fc*b) = 70.7
x < 2a', 承载力 Mr = fy*As*(h0-a') = 544.6 kNm.
S/R = M/Mr = 1.32.

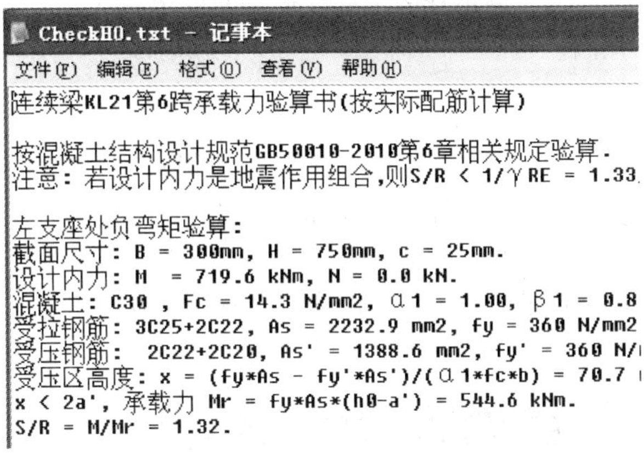

图 7.28 【SR 验算书】文本框

按梁的名称进行查找和排序将会使一些工作变得相当方便，程序提供了【连梁查找】功能。单击图 7.2 中的屏幕主菜单【连梁查找】，或者单击图 7.22 中的子菜单【连梁查找】，则在屏幕左侧会出现一个树形的列表对话框，如图 7.29 所示，本层全部连续梁都会按名称顺序排列在表中，单根连续梁后的花括号内显示了连续梁的具体信息，例如，KL1｛6，A：D｝表示 KL1 位于 6 轴，起点在 A 轴，终点在 D 轴。花括号后的星号(＊)表示此梁上有详细的标注。在树形列表中选中某根梁后，在屏幕窗口上该梁将被高亮显示，如图 7.30 所示，可供修改。

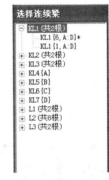

图 7.29 【选择连续梁】对话框

采用三维图能更直观地体现各构件的空间位置以及负筋的构造特点，程序提供了三维显示功能，单击图 7.2 中的屏幕主菜单【三维图】，则命令行提示："用光标选择要出图的连续梁。"用光标选择平面图中任一梁，则屏幕显示该梁的三维效果图，如图 7.31 所示。从三维图中，可以更清楚地查看梁的空间配筋情况。

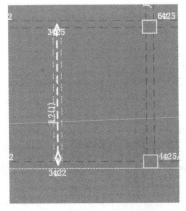

图 7.30 【连梁查找】的屏幕显示

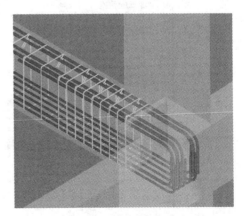

图 7.31 三维效果显示

7.2.6 正常使用极限状态的验算

为了满足舒适度及感观上的要求，对结构在正常使用极限状态下的变形需要严格的控制。

1. 挠度图

程序可以进行梁的长期挠度计算，并将结果以挠度曲线的形式给出。单击图 7.2 中的屏幕主菜单【挠度图】，弹出的对话框如图 7.32 所示，可以根据工程情况选择【使用上对挠度有较高要求】或【将现浇板作为受压翼缘】两个选项，程序将依据不同的规范条文完成挠度的计算工作，计算结果的局部显示如图 7.33 所示。

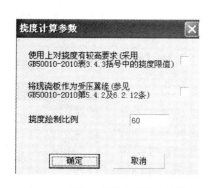

图 7.32 【挠度计算参数】对话框

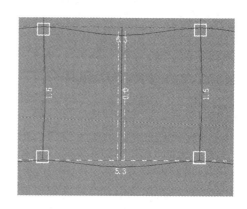

图 7.33 【挠度图】的屏幕显示

在挠度图界面中，通过单击【挠度图】|【计算书】命令可以以文本方式输出任一梁跨的挠度计算的各种中间结果，包括各工况内力、标准组合、准永久组合、长期刚度、短期刚度、最大挠度是否满足限值要求等，图 7.34 所示为某一根连续梁的挠度计算书。

DefCalc - 记事本

文件(F) 编辑(E) 格式(O) 查看(V) 帮助(H)

连续梁L2第1跨挠度计算书

按混凝土结构设计规范GB50010-2010第7.2节规定计算.
Md : 恒载弯矩标准值 (单位: kN*m);   Ml : 活载载弯矩标准值 (单位: kN*m);
Mwx : X向风载弯矩标准值 (单位: kN*m); Mwy : Y向风载弯矩标准值 (单位: kN*m);
Mq : 荷载效应准永久组合 (单位: kN*m);
Bs : 短期刚度 (单位: 1000*kN*m*m);   Bq : 长期刚度 (单位: 1000*kN*m*m);

活荷载准永久值系数ψq = 0.40 .
截面尺寸b*h = 300mm*550mm
底筋:3B14,As = 461.8mm2.
左支座筋:3B14,As = 461.8mm2.
右支座筋:3B14,As = 461.8mm2.

截面号	I	1	2	3	4	5	6	7	J
Md	0.0	0.0	0.0	0.0	0.0	0.0	0.0	0.0	0.0
Ml	0.0	0.0	0.0	0.0	0.0	0.0	0.0	0.0	0.0
Mwx	0.0	0.0	0.0	0.0	0.0	0.0	0.0	0.0	0.0
Mwy	0.0	0.0	0.0	0.0	0.0	0.0	0.0	0.0	0.0
Mq	0.0	0.0	0.0	0.0	0.0	0.0	0.0	0.0	0.0
Bs	43.1	43.1	43.1	43.1	43.1	43.1	43.1	43.1	43.1
Bq	26.9	26.9	26.9	26.9	26.9	26.9	26.9	26.9	26.9
挠度mm	0.0	0.0	0.0	0.0	0.0	0.0	0.0	0.0	0.0

该梁无挠度，满足限值要求.

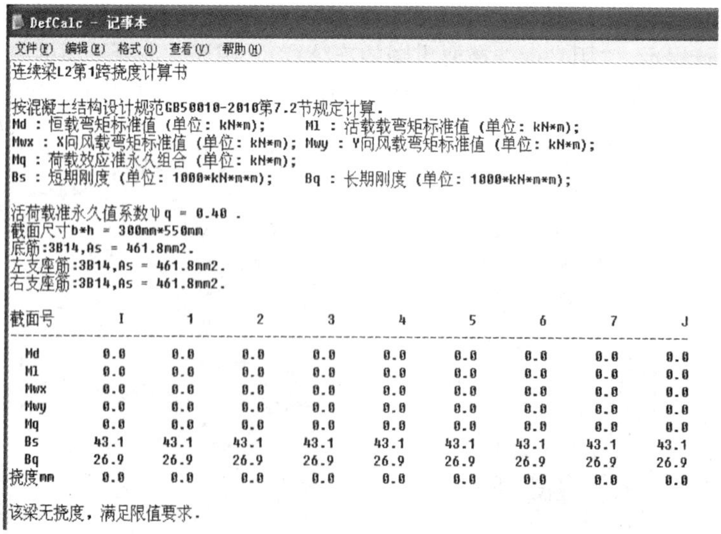

图 7.34 挠度计算书

2. 裂缝图

程序可以计算并查询各连续梁的裂缝情况，单击图 7.2 中的屏幕主菜单【裂缝图】，弹出的对话框如图 7.35 所示，可以根据工程情况选择【考虑支座宽度对裂缝的影响】或【拉力超过此值时按偏拉构件计算裂缝】两个参数选项，程序将采用不同的规范条文完成裂缝的计算，计算结果的显示如图 7.36 所示，图中标明各跨支座及跨中的裂缝计算值，超限则用红色显示。

图 7.35 【裂缝计算参数】对话框

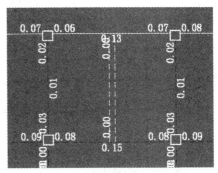

图 7.36 裂缝计算显示

[注意事项]：

图 7.35 所示的对话框提供了【考虑支座宽度对裂缝的影响】选项，默认情况下是不选的，程序采用柱形心处的弯矩峰值验算配筋，配筋结果过于保守；如果选择此选项，则采用柱边缘处的支座负弯矩配置钢筋，而该算法更为合理，故程序给出该选项，由设计人员决定采用何种方法。

与挠度图类似，程序也提供了裂缝计算书的查询功能。通过单击【裂缝图】|【计算书】命令可以以文本方式输出任一梁跨的裂缝是否满足限值要求，可以使用计算书对有问题的梁跨进行复核，图 7.37 所示为某一根连续梁的裂缝计算书。

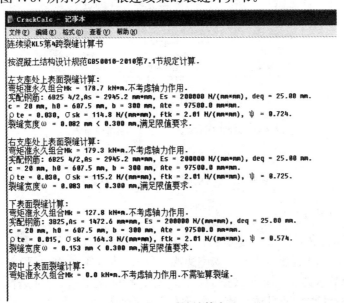

图 7.37 裂缝计算书

7.2.7 梁立、剖面施工图设计

立剖面图表示法是传统的施工图表示法，现在虽然因为其绘制烦琐而使用渐渐减少，但其钢筋混凝土构造表达直接详细的优点是平法图无法取代的。

绘制立剖面图的具体方法是单击图 7.2 中的屏幕主菜单【立剖面图】，选择需要出图的连续梁后，软件会用黄线高亮显示将要出图的梁，同时用虚线标出所有结果相同并要出图的梁。选好梁后，右击或按 Esc 键结束选择，程序弹出【另存为】的对话框，如图 7.38 所示，它提示将梁立、剖面图生成后存放的具体位置。单击【保存】按钮后弹出【立剖面图绘图参数】对话框，如图 7.39 所示，输入【图纸号】、【立面图比例】、【剖面图比例】等参数，程序依据这些参数布置图面和绘图，对一些参数的含义介绍如下。

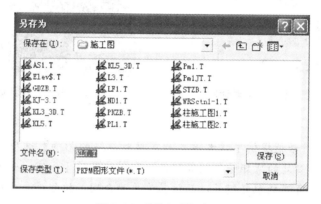

图 7.38 【另存为】窗口

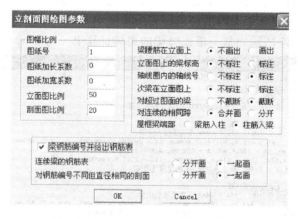

图 7.39 【立剖面图绘图参数】对话框

1. 次梁在立面图上

该选项的实际含义是次梁位置是否需要标注在立面图上。如果选择【标注】单选按钮，则在立面图上标出次梁中线到左支座边缘的距离（本跨第一根次梁）或次梁中线到上一根次梁中线的距离（一跨上有多根次梁时，第一根之后的次梁）。如果选择【不标注】单选按钮，则只是不标注次梁的具体位置，次梁本身和附加筋则会绘制在立面图上。

2. 梁钢筋编号并给出钢筋表

程序提供了两种立面施工图画法：有钢筋表法和无钢筋表法。

选择【梁钢筋编号并给出钢筋表】复选框，图面上会给出每根钢筋的编号并画出钢筋表，图 7.40 所示为有钢筋表的画法示意图。图面的特点为：立面图上标注每种钢筋编号，不写根数与直径，不注弯钩尺寸；剖面图上标注每种钢筋编号，且标注根数与直径；钢筋表中标注每种钢筋的详细尺寸且有数量统计。只有直径且长短弯钩尺寸均相同的钢筋才会编为一个号；如果根数、直径相同，但钢筋编号不同的剖面不能合并为同一个剖面，故该法的缺点是图纸数量较多。

采用无钢筋表画图时，则不选择【梁钢筋编号并给出钢筋表】复选框，图 7.41 所示为无钢筋表的画法示意图。此时，程序作剖面归并时仅依据截面尺寸和钢筋的根数、直径，所以比有钢筋表方法的剖面数量要少很多。图面的特点为：立面图上不标注钢筋编号，直接标注每种钢筋的根数与直径，并且标注每种纵向钢筋弯钩的尺寸；剖面图上不标注钢筋编号，直接标注每种钢筋的根数与直径。

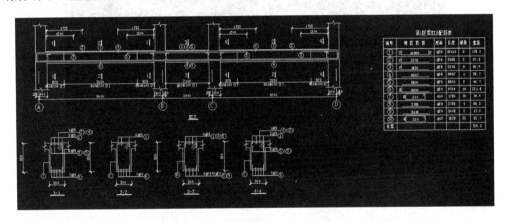

图 7.40　有钢筋表的画法示意

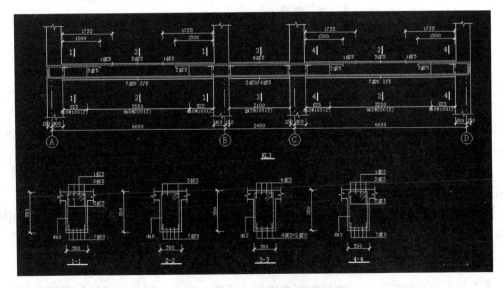

图 7.41　无钢筋表的画法示意

7.2.8 整榀框架方式绘制立、剖面

按连续梁分别绘图的方式不能表现出各根连续梁的空间关系,尤其是工业厂房结构或者立面变化复杂的结构。因此,可通过单击图 7.2 中的屏幕主菜单【立面框架】来绘制整榀框架的立面轮廓,图 7.42 所示为某榀框架的完整立面图,图中可详细绘制出该榀框架包含的各根连续梁的配筋,表达直观。

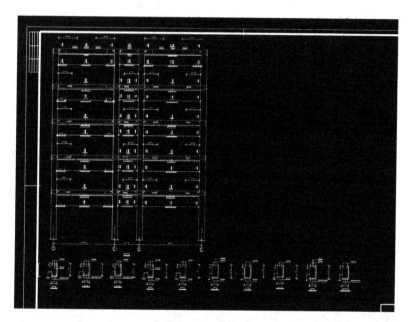

图 7.42 整榀框架方式画梁立面图示意

7.3 柱施工图设计

7.3.1 柱平法施工图

柱施工图的绘制主要包括以下几个步骤:参数设置→归并→楼层施工图绘制→钢筋修改。

双击图 7.1 中的主菜单【3 柱平法施工图】,则屏幕显示内容和屏幕主菜单如图 7.43 所示。选择屏幕菜单可完成柱施工图的绘制与修改工作。

【绘新图】、【编辑旧图】命令的使用方法可参见【1 梁平法施工图】在第 7.2.2 节中的相关内容。

1. 柱钢筋层

第 7.2.1 节对梁施工图钢筋层的概念进行了说明,而【柱钢筋标准层】界面与梁施工

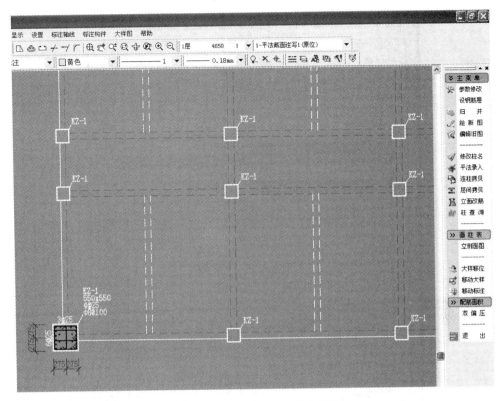

图 7.43 柱施工图的屏幕主菜单

图模块的钢筋标准层定义界面完全相同,因此其具体操作详见第 7.2.1 节中的相关内容。

[注意事项]:

程序把水平位置重合、柱顶和柱底彼此相连的柱段串起来,形成连续柱,而连续柱是柱配筋的基本单位。在完成结构计算、进行柱施工图设计前,程序首先要形成连续的柱串,而后根据计算配筋结果对各连续柱串进行归并配筋。

2. 参数修改

单击图 7.43 中的屏幕主菜单【参数修改】,弹出的对话框如图 7.44 所示,其中的重要参数介绍如下。

1) 选筋归并参数

计算结果:若该工程采用了多种计算分析程序如 TAT、SATWE、PMSAP 等进行了计算分析,则可以在此选择不同的计算结果进行归并选筋。

归并系数:该项是对不同连续柱列作归并的一个系数,归并系数大,则柱配筋种类少,归并系数小,则柱配筋种类相对较多,其具体取值应根据实际情况来确定。

主筋、箍筋放大系数:程序默认值为 1.00,也可以根据需要输入一个大于 1 的数值。程序在选择钢筋时,会把读到的计算配筋面积乘以放大系数后再进行实配钢筋的选取。

箍筋形式:该项对于矩形截面程序提供了 4 种箍筋形式,即菱形箍、矩形井字箍、矩形箍和拉筋井字箍,如图 7.45 所示。程序默认的是矩形井字箍,对于其他非矩形、圆形的异形截面,程序将自动判断应该采取何种箍筋形式,一般为矩形箍或是拉筋井字箍。

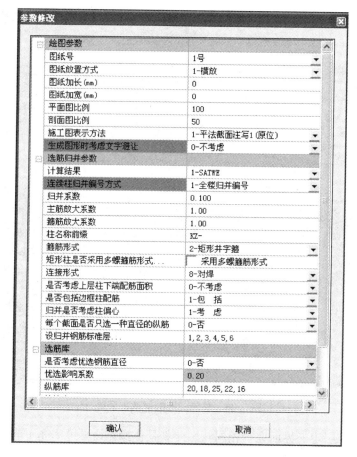

图 7.44 【参数修改】对话框

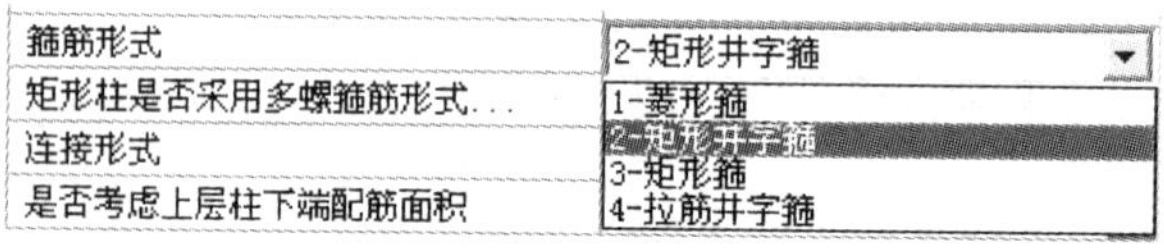

图 7.45 箍筋形式

是否考虑上层柱下端配筋面积：该项内容主要是针对实际工程中上柱的计算面积大于下柱的情况而提出的。如果选择此项，则在选择本层柱纵筋时，自动考虑相邻上层柱计算配筋的影响，取本层柱下端截面面积、上端截面配筋面积及上层柱下端截面配筋面积三者的较大值作为本层柱配筋面积。

是否包括边框柱配筋：该项考虑在柱施工图中是否包括剪力墙边框柱的配筋，如果不包括，则剪力墙边框柱就不参与归并及施工图的绘制。

归并是否考虑柱偏心：如果选择考虑，则在归并时，当判断几何条件是否相同的因素时包括了考虑柱偏心数据，否则柱偏心不作为几何条件来考虑。

2）选筋库

通过选筋库，用户可以对常用的钢筋进行定义与修改。

是否考虑优选钢筋直径：如果选择【否】，则选筋时按照钢筋间距较大和直径较大优先的原则进行选筋；如果选择【是】，并且优选影响系数大于0，则程序按照设定的优选直径顺序并考虑优选影响系数进行选筋。

优选影响系数：该系数如果为0，则选择实配钢筋面积最小的那组；如果该系数大于0，则考虑纵筋库的优先顺序，该系数越大，配筋可能越大。

纵筋库：设计人员可以根据工程的实际情况来选用的钢筋直径，如果采用考虑优选钢筋直径，则程序可以根据用户输入的数据顺序优先选用排在前面的钢筋直径。

箍筋库：箍筋的选用首先应执行相应的规范条文，在满足规范条文有关规定的前提下，程序按照箍筋库设定的先后顺序，优先选用排在前面的钢筋直径。

[注意事项]：

【参数修改】中的【归并参数】和【选筋库】修改后，用户应重新执行图7.43中的屏幕主菜单【归并】。

3）施工图表示方法

程序提供的施工图表示方法包括7种，如图7.46所示，而这些表示方法可以满足不同地区、不同施工图表示方法的需求。设计人员可以根据需要选择其中的一种。平法截面注写1(原位)方式按照《混凝土结构施工图平面整体表示方法制图规则和构造详图》(03G101—1)的要求进行绘制，分别在同一个编号的柱中选择其中一个截面，用比平面图放大的比例在该截面上直接注写截面尺寸、具体配筋数值的方式来表达柱配筋，如图7.47所示。平法截面注写2(集中)绘图方式在平面图上只标注柱编号和柱的定位尺寸，然后将当前层的各柱剖面大样集中起来绘制在平面图侧方，其图纸看起来简洁，并方便柱详图与平面图的相互对照，如图7.48所示。

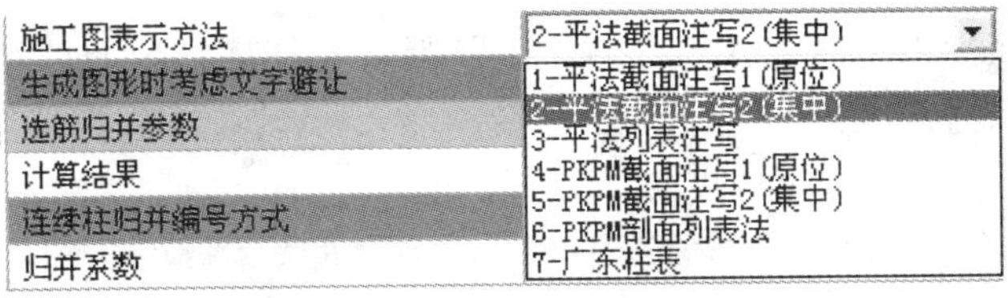

图7.46 【施工图表示方法】的具体内容

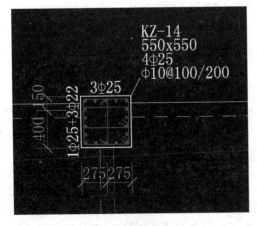

图7.47 截面注写(原位)

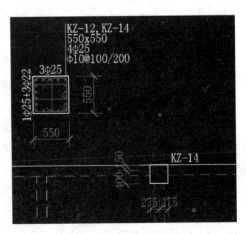

图7.48 截面注写(集中)

3. 平法录入

【平法录入】命令为用户提供了一种钢筋的修改方式。单击图 7.43 中的屏幕主菜单【平法录入】，命令行提示："请用光标选择要修改钢筋的柱，Esc 退出"，当用户选择平面图中某一柱后，屏幕弹出如图 7.49 所示的对话框。在此对话框中用户可以修改以下内容，包括纵筋、箍筋、搭接、几何信息、计算数据等。

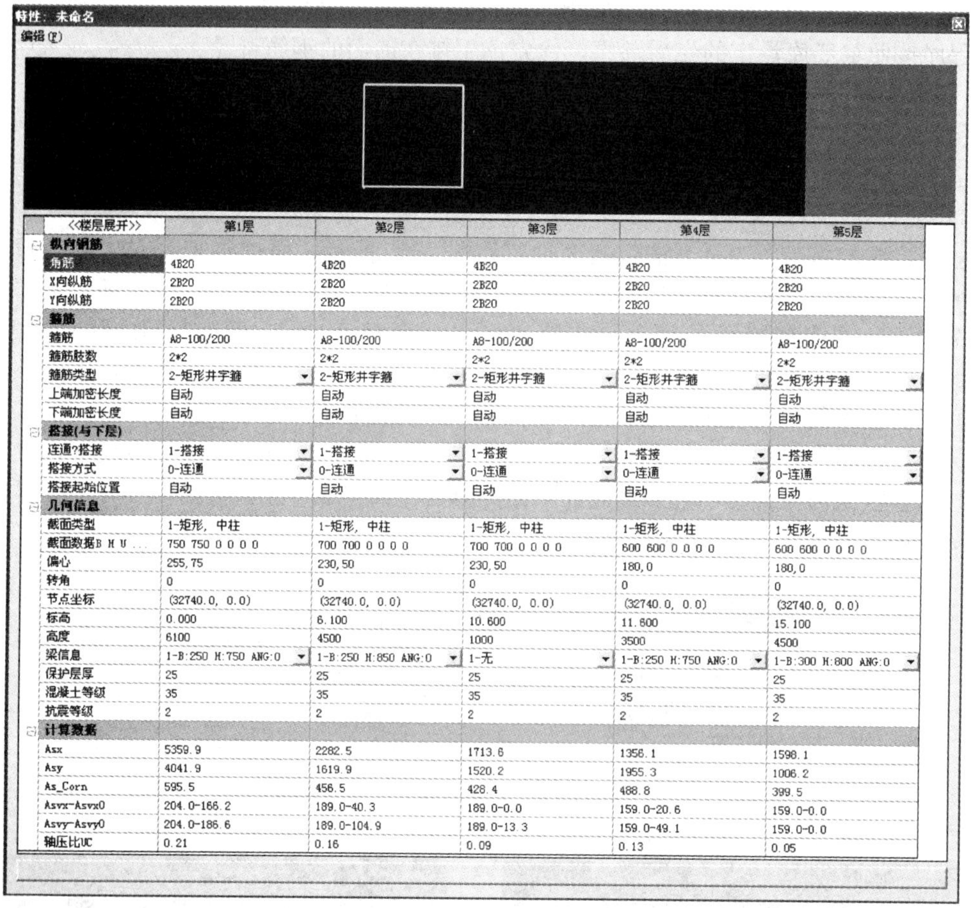

	《楼层展开》	第1层	第2层	第3层	第4层	第5层
纵向钢筋						
	角筋	4B20	4B20	4B20	4B20	4B20
	X向纵筋	2B20	2B20	2B20	2B20	2B20
	Y向纵筋	2B20	2B20	2B20	2B20	2B20
箍筋						
	箍筋	A8-100/200	A8-100/200	A8-100/200	A8-100/200	A8-100/200
	箍筋肢数	2*2	2*2	2*2	2*2	2*2
	箍筋类型	2-矩形井字箍	2-矩形井字箍	2-矩形井字箍	2-矩形井字箍	2-矩形井字箍
	上端加密长度	自动	自动	自动	自动	自动
	下端加密长度	自动	自动	自动	自动	自动
搭接(与下层)						
	连通?搭接	1-搭接	1-搭接	1-搭接	1-搭接	1-搭接
	搭接方式	0-连通	0-连通	0-连通	0-连通	0-连通
	搭接起始位置	自动	自动	自动	自动	自动
几何信息						
	截面类型	1-矩形, 中柱	1-矩形, 中柱	1-矩形, 中柱	1-矩形, 中柱	1-矩形, 中柱
	截面数据 B H U	750 750 0 0 0 0	700 700 0 0 0 0	700 700 0 0 0 0	600 600 0 0 0 0	600 600 0 0 0 0
	偏心	255, 75	230, 50	230, 50	180, 0	180, 0
	转角	0	0	0	0	0
	节点坐标	(32740.0, 0.0)	(32740.0, 0.0)	(32740.0, 0.0)	(32740.0, 0.0)	(32740.0, 0.0)
	标高	0.000	6.100	10.600	11.600	15.100
	高度	6100	4500	1000	3500	4500
	梁信息	1-B:250 H:750 ANG:0	1-B:250 H:850 ANG:0	1-无	1-B:250 H:750 ANG:0	1-B:300 H:800 ANG:0
	保护层厚	25	25	25	25	25
	混凝土等级	35	35	35	35	35
	抗震等级	2	2	2	2	2
计算数据						
	Asx	5359.9	2282.5	1713.6	1358.1	1598.1
	Asy	4041.9	1619.9	1520.2	1955.3	1006.2
	As_Corn	595.5	456.5	428.4	488.8	399.5
	Asvx-Asvx0	204.0-166.2	189.0-40.3	189.0-0.0	159.0-20.6	159.0-0.0
	Asvy-Asvy0	204.0-186.6	189.0-104.9	189.0-13.3	159.0-49.1	159.0-0.0
	轴压比 UC	0.21	0.16	0.09	0.13	0.05

图 7.49　【特性】对话框

4. 画柱表

单击图 7.43 中的屏幕主菜单【画柱表】，弹出的子菜单如图 7.50 所示。程序提供了 4 种柱表方法，包括平法柱表、截面柱表、PKPM 柱表和广东柱表。其中平法柱表完全参照《混凝土结构施工图平面整体表示方法制图规范和构造详图》（03G101—1）。

5. 配筋面积

单击图 7.43 中的屏幕主菜单【配筋面积】，弹出的子菜单如图 7.51 所示。主要包括两项内容：计算面积和实配面积，执行这两个命令后，软件会在各个柱旁显示柱的相关配筋面积。

图 7.50 【画柱表】子菜单

图 7.51 【配筋面积】子菜单

7.3.2 柱立、剖面施工图

1. 柱立、剖面图

通过该菜单,程序可自动绘制柱立剖面图。双击图 7.1 中的主菜单【4 柱立、剖面施工图】或者单击图 7.43 中的菜单【立剖面图】,命令行提示:"请用光标选择要修改的柱 Esc 退出,(按 Tab 键可用窗口选取)",当选择柱后,弹出【选择柱子】对话框,如图 7.52 所示,可根据要求进行参数的修改、调整。

框架顶角处配筋:提供【柱筋入梁】和【梁筋入柱】两种选择方式,两种画法中弯筋锚入梁的长度不同。完成各参数设置后单击【确认】按钮,程序即可完成该柱的立面图绘制。

是否画另外一侧钢筋:选择【画】时,绘制立面图上柱平面内、外两个方向的纵筋。选择【不画】时,只绘制平面内纵筋,即平面图上 X 方向的纵筋。

柱排布:提供【一起画】、【分开画】两个选项,选择【一起画】时,如果选到的是多个连续柱,则选到的所有柱都绘制在一张图纸范围内;选择【分开画】时,各连续柱分别绘制在不同的图纸上。

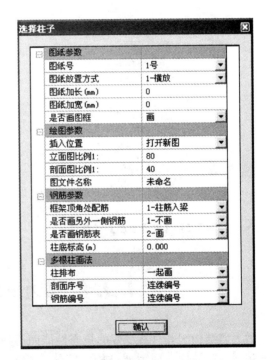

图 7.52 【选择柱子】对话框

剖面序号:提供【单独编号】和【连续编号】两个选择。若选择【单独编号】,则选择到的多根连续柱的钢筋编号都从 1 开始;若选择【连续编号】,则各柱的钢筋编号是连续的。

各参数设置完成好单击【确认】按钮,绘图区显示柱立剖面图,如图 7.53 所示。

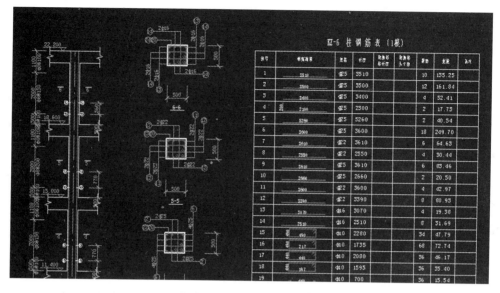

图 7.53 柱立剖面图示意图

图 7.54 【立面改筋】子菜单

2. 立面改筋

立面改筋可以将当前工程的所有连续柱的各层数据集中在一起进行修改。单击图 7.43 中的屏幕主菜单【立面改筋】,弹出的子菜单如图 7.54 所示,主要包括【修改钢筋】、【钢筋拷贝】和【重新归并】等子菜单。

通过该屏幕 2 菜单,设计人员选择要绘制立剖面图的柱,然后根据对话框的提示,修改相应的参数,程序即可自动绘制柱立剖面图。

7.4 剪力墙施工图设计

剪力墙结构因其具有良好的抗震性能而得到较为广泛的应用,涉及剪力墙的结构体系主要包括框剪结构、剪力墙结构、筒体结构和板柱剪力墙结构等。剪力墙结构中包括墙柱、墙梁和墙身 3 种构件,施工图围绕着这 3 种构件进行绘制。剪力墙施工图的绘制主要包括以下几个步骤:参数设置→自动配筋→楼层施工图绘制→编辑与修改,本节对该部分内容作详细的介绍。

双击图 7.1 所示的【墙梁柱施工图】的主菜单【7 剪力墙施工图】,进入【剪力墙施工图】设计的主界面,如图 7.55 所示,通过右侧屏幕主菜单即可完成剪力墙施工图的绘制与修改工作。

第7章 墙梁柱施工图设计

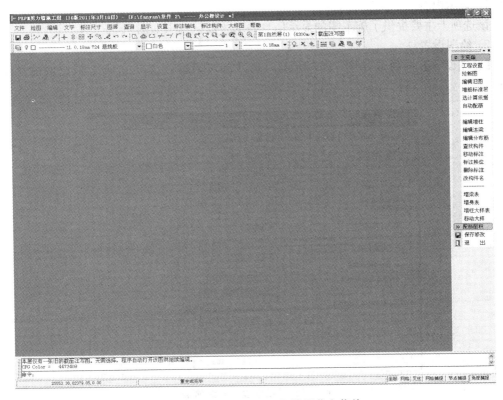

图 7.55 【剪力墙施工图】的屏幕主菜单

1. 工程设置

单击图 7.55 中的屏幕主菜单【工程设置】，弹出【工程选项】对话框，共有 5 个选项卡，如图 7.56 所示，包括【显示内容】、【绘图设置】、【选筋设置】、【构件归并范围】和【构件名称】。

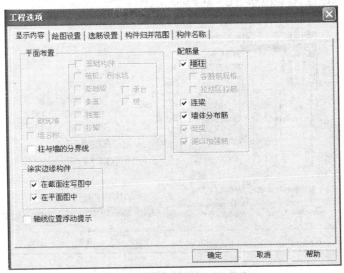

图 7.56 【显示内容】选项卡

1）显示内容

该选项卡主要提供了施工图的显示信息要求，默认选项如图 7.56 所示。

2）绘图设置

【绘图设置】选项卡如图 7.57 所示，通过该对话框，主要完成绘图比例的调整等工作。

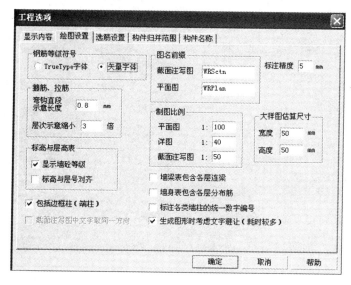

图 7.57 【绘图设置】选顶卡

3）选筋设置

剪力墙施工图程序在自动配筋时，会从用户指定的钢筋规格中选取与计算结果接近的一种作为实配钢筋。剪力墙【选筋设置】选项卡如图 7.58 所示。通过该对话框可分别对墙柱纵筋、墙柱箍筋、水平分布筋、竖向分布筋、墙梁纵筋、墙梁箍筋进行设置。除分布

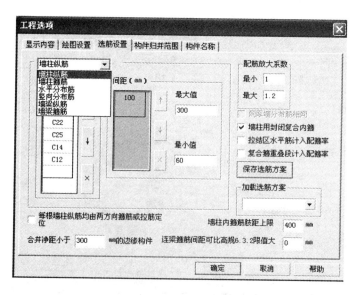

图 7.58 【选筋设置】选顶卡

筋外,程序生成的配筋结果所用的规格、间距一定会出现在备选规格表中,因此备选规格的设定对选配结果影响很大。

在钢筋【规格】中,程序提供了 6 种规格的主筋,以字母 A～F 代表不同型号的钢筋,其依次代表 HPB300、HRB335、HRB400、HRB500、CRB500、HPB235 钢筋。可以通过选项卡中的【↑】和【↓】按钮来调整所选钢筋的直径规格和间距的顺序。程序自动配筋时,会在满足配筋需要的前提下优先选取排列靠前的钢筋。

在【选筋设置】选项卡中,程序提供了【合并净距小于 300mm 的边缘构件】选项,选择此项,则当构件轮廓线之间的净距小于指定的数值时,程序在【自动配筋】时会将两个墙柱合并为一个,纵筋量按不少于两构件计算配筋之和且配筋率、配箍率不小于合并前各墙柱的原则为合并后的墙柱配置钢筋。

为了在多个工程中重复使用已设置好的选筋规格,体现设计习惯,可将【选筋设置】选项卡中的内容指定名称后保存,以便在设计其他工程时通过【加载选筋方案】对其进行调用。

[注意事项]:

选筋时,程序根据构件尺寸来确定所需的纵筋根数,按计算配筋面积和构造配筋量中的较大值进行选配。在相应门类的备选规格中,按表中的次序选取直径进行试配,当得到的配筋面积大于前述较大值且超过所需要的不多,即认为选配成功。

4) 构件归并范围

【构件归并范围】选项卡如图 7.59 中,可以通过设置【忽略长度小于 51mm 的墙肢】来对洞边或尽端小墙肢进行处理,其默认值为 51mm,即程序忽略净长度不大于 50mm 的墙肢。

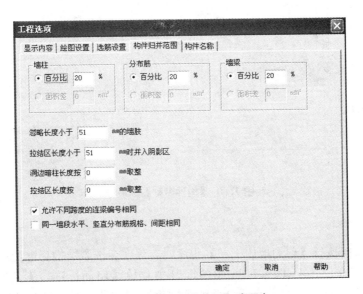

图 7.59 【构件归并范围】选项卡

由于剪力墙约束边缘构件常出现拉结区较小的情况,因此,考虑到施工方便,程序提供了一个具体的参数控制项【拉结区长度小于 51mm 时并入阴影区】,其具体数值由设计人员输入,当拉结区长度小于输入的数值时,程序将拉结区并入阴影区,即统一按一个暗柱考虑。

默认情况下,程序不考虑各连梁的跨度差异,即只要截面尺寸相同、配筋量相近,就可归并为同一编号;若不选择【允许不同跨度的连梁编号相同】复选框,则不同跨度的连梁分别取不同的名称。

[注意事项]:
程序中称约束边缘构件在阴影区以外的部分为拉结区。

5) 构件名称

用户可以通过如图 7.60 所示的【构件名称】选项卡来设定各类剪力墙内构件类别的代号;程序默认的代号与《平法钢筋系列图集》(G101)一致;另外,【构件名模式】提供了 3 种模式,程序默认为第三种模式,即【类别 间隔符二 编号】,【间隔符二】为【-】,按程序默认模式生成的编号为 AZ-1。也可以根据习惯定义构件名,在【构件名模式】中选择将楼层号嵌入构件名称中,默认在楼层号与类别号间不加间隔符,而在编号前加"-"将二者隔开,则程序生成的编号为 AZ1-2 与 1AZ-2。

[注意事项]:
这里所做的修改将在此后进行施工图设计时起作用。

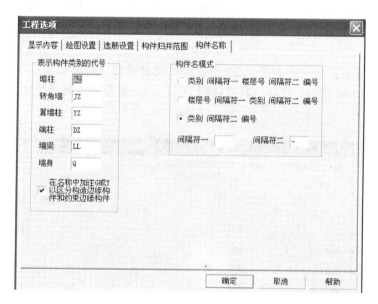

图 7.60 【构件名称】选项卡

2. 墙筋标准层

一个工程首次执行【剪力墙施工图】程序时,程序会按照结构标准层的划分状况生成默认的墙钢筋标准层,单击图 7.55 中的屏幕主菜单【墙筋标准层】,弹出的对话框如图 7.61 所示。此对话框的左右两部分反映的内容是一致的,对其进行的操作与梁钢筋标准层相似,具体操作方法见第 7.2.1 节的相关内容。

[注意事项]:
在墙平面施工图中,两个自然层归为一层的条件为:所属结构标准层相同;上下相连的楼层结构对应相同;层高相同。

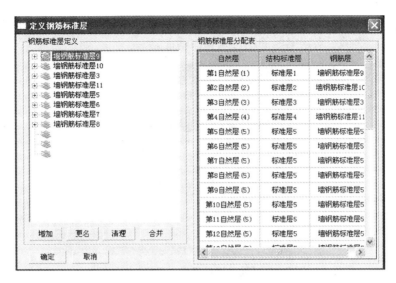

图 7.61 【定义钢筋标准层】对话框

3. 计算与配筋

对于某一工程，如果计算分析分别采用了 SATWE、TAT 或 PMSAP 等多种分析程序，就可以通过【选计算依据】命令来指定用哪一种计算结果进行墙配筋。单击图 7.55 中的屏幕主菜单【选计算依据】，弹出的对话框如图 7.62 所示。此对话框包括了 PKPM 的三种分析程序的计算结果来供用户选用。若采用 SATWE 程序对边缘构件进行了剪力墙组合配筋修改及验算的操作，则可选用【依据 SATWE 剪力墙组合配筋修改结果】选项；另外，若选用【仅按构造要求设置】选项，则此种结果仅可用于接力 PKPM 的造价程序来估算用钢量，不可用于结构设计。

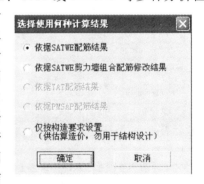

图 7.62 选计算依据

单击图 7.55 中的屏幕主菜单【自动配筋】，则程序读取指定层的配筋面积计算结果，按设计人员设定的钢筋选筋，并通过归并整理与智能分析生成当前墙筋标准层的墙内配筋。对程序自动配筋得到墙柱的设计结果，还可使用图 7.55 中的屏幕主菜单【编辑墙柱】、【编辑连梁】、【编辑分布筋】作进一步的调整，也可在绘图区的平面图中需要编辑的构件上右击，利用弹出的对话框中的命令进行编辑。

4. 施工图编辑与查询

1）编辑墙柱

PKPM 提供了丰富的编辑功能，单击图 7.55 中的屏幕主菜单【编辑墙柱】，命令行提示："点取墙柱"，此时可以选中绘图区平面图中某一暗柱，弹出的对话框如图 7.63 所示，程序将需要编辑墙柱的大样配筋按截面注写的方式在平面图上绘出。可根据需要更改相应的数值。

2) 编辑连梁

单击图 7.55 中的屏幕主菜单【编辑连梁】,则弹出【输入连梁配筋】对话框,如图 7.64 所示,它提供了对连梁配筋进行编辑的功能。

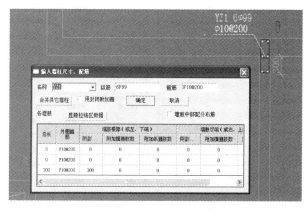

图 7.63 【输入墙柱尺寸、配筋】对话框

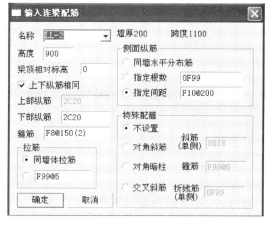

图 7.64 【输入连梁配筋】对话框

程序生成的连梁配筋是上下对称的,可以通过【上下纵筋相同】选项修改为连梁上下侧设置不同的纵筋。在【侧面纵筋】中可以通过【指定根数】和【指定间距】两种输入方式设置不同于墙水平分布筋的侧面纵筋。另外,程序在自动配筋时将斜向钢筋一律指定为【不设置】,可以按需要采用交叉钢筋或交叉暗撑。

3) 编辑分布筋

使用【编辑分布筋】命令可在程序自动配筋的基础上调整配筋量,单击图 7.55 中的屏幕主菜单【编辑分布筋】,弹出【输入墙体分布筋】对话框,如图 7.65 所示。程序提供了两种【输入范围】选项:【整道】和【逐片】,【整道】方式下编辑的墙体包括与点选的墙段同轴、同厚的相连的各墙,【逐片】方式则以柱或其他方向的墙为界。单击【确定】按钮即可完成墙体分布筋的修改。

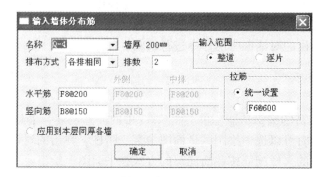

图 7.65 【输入墙体分布筋】对话框

4）配筋面积

利用【配筋面积】菜单中的功能，可以很方便地查询剪力墙的配筋情况。单击图7.55中的屏幕主菜单【配筋面积】，弹出的子菜单如图7.66所示，其中【墙柱\墙身计算结果】反映了用户之前选用的计算分析程序提供的配筋结果，而【墙柱\墙身实配数量】则考虑了一些参数的调整，单击任意选项，配筋信息显示在相应构件的旁边。

图7.66 【配筋面积】子菜单

实际工程中，多数墙柱的构造配筋面积大于计算所需的纵筋数量，此种情况下程序以白色显示配筋结果；而对于计算配筋面积大于构造配筋的情况，程序中以较醒目的黄色显示【墙柱计算结果】，显示效果如图7.67所示。

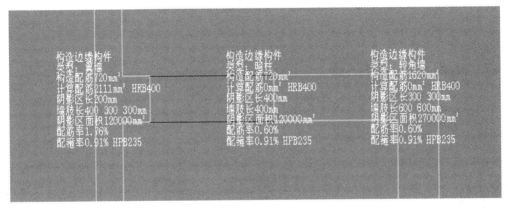

图7.67 【配筋面积】的屏幕显示

5）墙表

剪力墙包括了3种构件，即墙身、墙柱和墙梁，相应地，程序提供了【墙身表】、【墙梁表】和【墙柱大样表】功能，以表格的方式表示3种构件的配筋情况。单击图7.55中的屏幕主菜单【墙柱大样表】，弹出【选择大样】对话框，如图7.68所示。选取出图大样

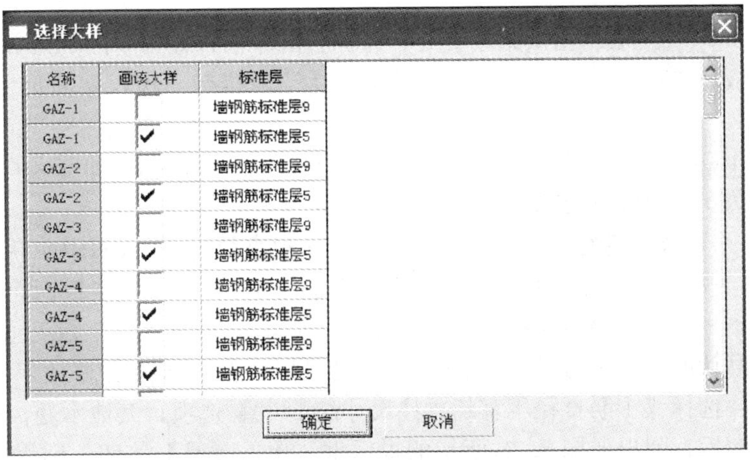

图7.68 【选择大样】对话框

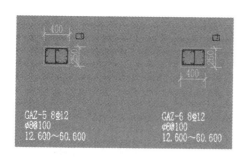

图 7.69 【墙柱大样表】的屏幕显示

后单击【确定】按钮，程序将按要求绘制墙柱的大样平面图，屏幕局部显示如图 7.69 所示。

[注意事项]：

图 7.69 中显示的墙柱的内容说明为：GAZ-5 为墙柱的编号，8⌀12 表示墙柱纵向主筋是直径为 12 的钢筋共 8 根，Φ8@100 表示墙柱箍筋直径 8、间距 100，12.600～60.600 为墙柱的标高。

7.5 施工图设计实例

7.5.1 框架结构施工图绘制

1. 梁平法施工图

以第 2 章第 2.5 节的 6 层办公楼为例，对框架结构施工图的绘制进行介绍，建筑的各参数不变。双击图 7.1 中的主菜单【1 梁平法施工图】，程序给出首层梁的配筋显示效果，如图 7.70 所示；可以通过屏幕上部的下拉箭头选择楼层，可显示任意楼层的梁施工图。

为了便于理解，截取该办公楼的框架【梁平法施工图】局部，如图 7.71 所示，解释如下。

梁支座上部纵筋 7⌀20 4/3——表示左支座上部纵筋为 7 根直径为 20 的 HRB400 级钢筋，分两排设置，上排 4 根，下排 3 根。右支座省略，表示两端相同。

梁下部纵筋 4⌀25——表示梁下部纵筋为 4 根直径为 25 的 HRB400 级钢筋，全部伸入支座。

附加箍筋 6Φ8——表示主次梁相交处，每侧各配 3 根直径为 8 的 HPB300 级钢筋。

KL8(5) 250×650——表示框架梁，其编号为 8，共有 5 跨，截面尺寸为 250mm×650mm。

Φ8@100/150(2)——表示箍筋为直径为 8 的 HPB300 级钢筋，加密区间距为 100mm，非加密区间距为 150mm，双肢箍。

4⌀20——表示梁上部跨中位置配置的纵筋为 4 根直径为 20 的 HRB400 级钢筋。

N6⌀12——表示梁的两个侧面共配置 6 根直径为 12 的 HRB400 级钢筋，每侧各配置 3 根。

程序是按默认的参数进行的施工图输出，也可以对其参数进行修改，本例【配筋参数】调整如下：选择【主筋直径不宜超过柱尺寸的 1/20】选项；其他不变，取默认值。单击【确定】按钮后，弹出如图 7.72 所示的提示框，单击【是】按钮，则程序重新归并并选筋。

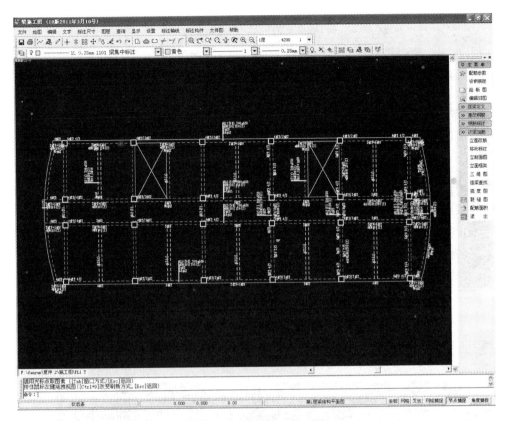

图 7.70 首层梁平法表示图

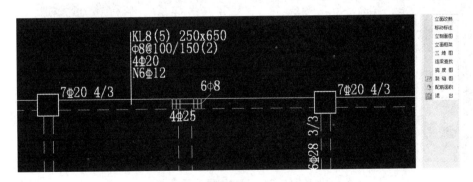

图 7.71 局部梁平法表示示例图

通过屏幕主菜单【裂缝图】、【挠度图】可以查看本实例中楼层梁正常使用极限状态的挠度,如图 7.73 所示;裂缝,如图 7.74 所示。从图 7.73 和图 7.74 中可以看出,本实例满足规范对正常使用极限状态的要求。若不满足要求,则在绘图区会有红色显示。

单击屏幕主菜单【配筋面积】,弹出梁配筋面积显示窗口,如图 7.75 所示。将鼠标放在某一根梁上,

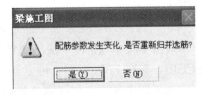

图 7.72 【配筋参数】提示框

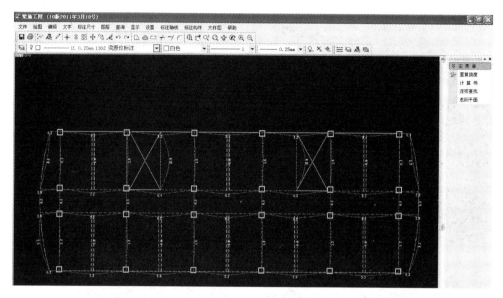

图 7.73 挠度图屏幕显示

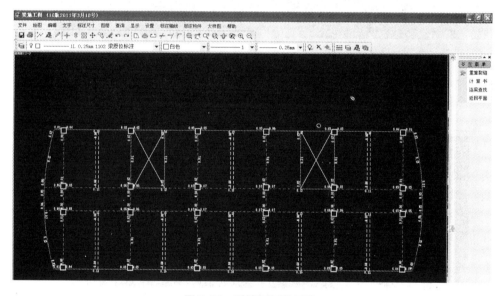

图 7.74 裂缝图屏幕显示

会显示该梁的一些基本信息,如图 7.75 所示,内容包括梁的编号、截面尺寸、配筋等信息。

2. 柱平法施工图

双击主菜单【3 柱平法施工图】,进入柱施工图界面,程序按默认参数给出各层柱的施工图,如图 7.76 所示,可以通过上部的下拉箭头选择任一楼层。

为了便于理解,截取该办公楼的框架【柱平法施工图】局部,如图 7.77 所示,解释如下。

6Φ25——表示截面 h 边侧面中部配置 6 根直径为 25 的 HRB400 级钢筋。对于采用对称配筋的矩形柱，只在一侧注写，对称边省略不注。

3Φ25——表示截面 b 边侧面中部配置 3 根直径为 25 的 HRB400 级钢筋。对于采用对称配筋的矩形柱，只在一侧注写，对称边省略不注。

KZ-1——表示框架柱，其编号为 1。

550×550——表示框架柱截面尺寸为 550mm×550mm。

4Φ25——表示角部各配置 1 根直径为 25 的 HRB400 级钢筋，共 4 根。

Φ8@100——表示箍筋为直径为 8 的 HPB300 级钢筋，间距为 100mm，沿柱全高加密。

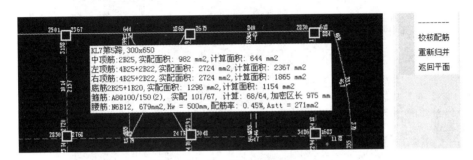

图 7.75　某根梁的配筋屏幕显示

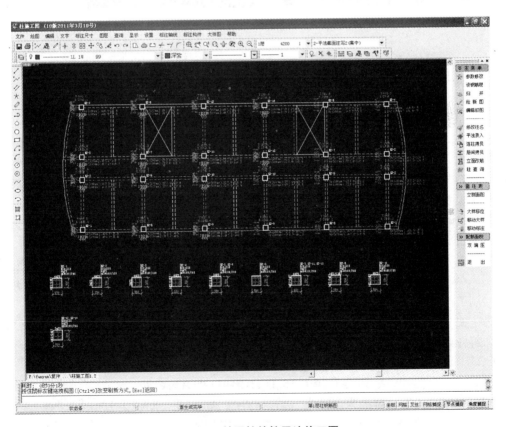

图 7.76　某层柱的柱平法施工图

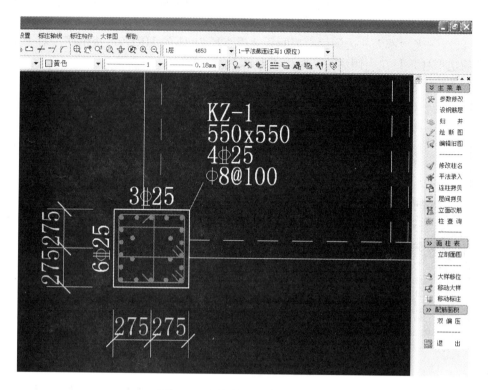

图 7.77 局部柱平法表示示例图

7.5.2 高层建筑剪力墙结构施工图绘制

采用第 4.5 节的 28 层高层剪力墙为例,进行剪力墙施工图的绘制。

双击主菜单【7 剪力墙施工图】,进入 PKPM【剪力墙施工图】界面,同时屏幕显示楼层的平面布置,如图 7.78 所示。

单击图 7.78 中的屏幕菜单【工程设置】,弹出【工程选项】对话框,对参数修改如下。绘图设置:调整详图比例为 1∶30;选筋设置:调整钢筋级别为三级钢(HRB400),代号为 C;钢筋的规格不变,构件名称中不选择【在名称中加注 G 或 Y 以区分构造边缘构件和约束边缘构件】复选框。其他参数取默认,单击【确定】按钮即完成参数的设置。

对于墙筋标准层:取程序默认;选【依据 SATWE 配筋结果】作为计算依据,完成后单击图 7.78 中的屏幕菜单【自动配筋】,程序将按用户设置的各项参数来完成剪力墙施工图的绘制工作。

为了便于理解,截取该剪力墙平法施工图中的柱截面注写方式的局部图,如图 7.79 所示,解释如下。

GAZ-13——表示构造边缘暗柱,其编号为 13。

10Φ16——表示配置 10 根直径为 16 的 HRB400 级纵向钢筋。

Φ10@150——表示箍筋为直径为 10 的 HPB300 级钢筋,间距为 100mm。

图 7.80 所示为墙截面注写方式的局部图,解释如下。

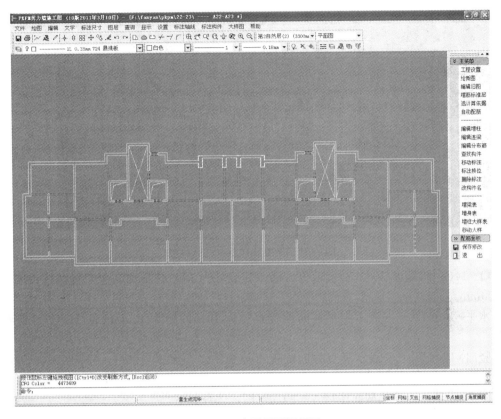

图 7.78 底层平面图显示

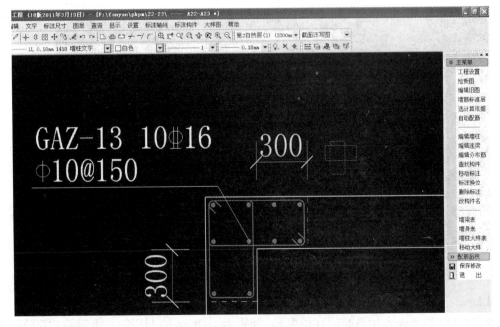

图 7.79 柱截面注写方式示意图

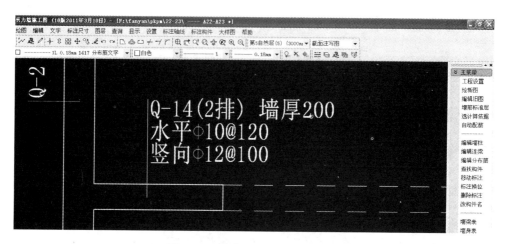

图 7.80　墙截面注写方式示意图

Q-14(2排)墙厚200——表示剪力墙,其编号为14,分布钢筋应配置两排;墙厚度为200mm。

水平ϕ10@120——表示水平方向配置直径为10,间距为120mm的HPB300级纵向钢筋。

竖向ϕ12@100——表示竖直方向配置直径为12,间距为100mm的HPB300级纵向钢筋。

图7.81所示为连梁截面注写方式的局部图,解释如下。

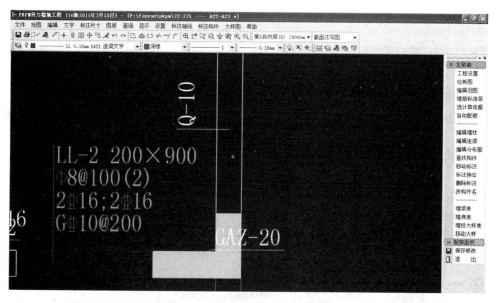

图 7.81　连梁截面注写方式示意图

LL-2　200×900——表示连梁,其编号为2,连梁截面尺寸为200mm×900mm。
ϕ8@100(2)——表示箍筋的直径为8,间距为100mm的HPB300级钢筋,双肢箍筋。
2Φ16;2Φ16——表示梁上部和下部纵筋为两根直径为16的HRB400级钢筋。

G⏀10@200——表示梁侧面配置直径为10,间距为200mm 的 HRB400 级纵向钢筋。

思考题与习题

1. 施工图模块的基本功能是什么?
2. 执行施工图模块前,必须进行哪些分析运算?
3. 为什么要进行钢筋归并,它可以带来哪些好处?
4. 对于非矩形的凸形不规则板块和非矩形的凹形不规则板块,程序分别采用何种方法计算?
5. 如何划分梁钢筋标准层?它与 PMCAD 建模时定义的结构标准层有何不同?
6. 不同标准层的自然层可以划分为一个钢筋标准层吗?
7. 钢筋层是如何命名的?钢筋层名称有何作用?
8. 两根相交梁高度不同时,高度大的梁一定作为高度小的梁的支座吗?
9. 为什么现浇板混凝土强度等级提高后,板的计算配筋面积反而会变大?
10. 两侧板跨、板厚不同,没有楼板错层时,中间支座实配钢筋是如何确定的?
11. 楼层中有各种跨度的板,且跨度大小不一,板厚相同,但计算弯矩不相同,为什么配筋面积相同?
12. 剪力墙上的连梁应该如何处理?为何前缀不是 LL 而是 KL?
13. 梁的实际配筋面积有时会比计算面积大很多,为什么?
14. 柱施工图的绘制表示方法有哪些?它们的优缺点是什么?

附录
工程设计题

1. 某行政办公楼，建设地点在陕西铜川市区，采用框架结构，层数为6层，建筑平面布置如附图1.1和附图1.2所示，建筑层高：首层为3.9m，其余楼层均为3.6m；设计资料如下。

墙身做法：采用混凝土空心砌块，内墙双面粉刷，外墙内侧粉刷，外侧陶瓷锦砖贴面。

楼面做法：楼板顶面为20厚水泥砂浆找平，5mm厚1:2水泥砂浆加107胶水着色粉。

板底粉刷层：楼板底面为15厚纸石灰抹底，涂料两道。

屋面做法：膨胀珍珠岩保温层，最薄处100厚，1:2水泥砂浆找平层厚20mm，APP改性油毡防水层。

门窗做法：塑钢门窗。

试设计此楼：

(1) 用PMCAD建立模型，并采用PK完成某一榀框架的计算与施工图绘制工作。

(2) 用PMCAD进行第3层楼板的计算与分析，完成该层结构平面图的绘制。

(3) 采用JCCAD设计此楼的基础(地基承载力为150MPa)，并绘制基础施工图。

2. 某综合商住楼，建设地点在西安市高新区，采用框架剪力墙结构，地下一层为库房和设备用房，地上为18层，其中，1~3层为商业用房，4~18层为住宅，顶部设有电梯机房，建筑平面如附图2.1至附图2.3所示，建筑层高：地下室层高为4.5m，1层为4.5m，2、3层均为4.2m，4~18层层高均为3.6m。Ⅱ类场地。

试设计此楼：

(1) 用PMCAD建立模型，并用SATWE进行结构空间有限元分析计算。

(2) 采用PMSAP进行结构空间有限元分析。

(3) 对比上述两种分析程序的计算结果，对结构的性能进行评价。

(4) 采用JCCAD设计此楼的基础，并绘制基础施工图。

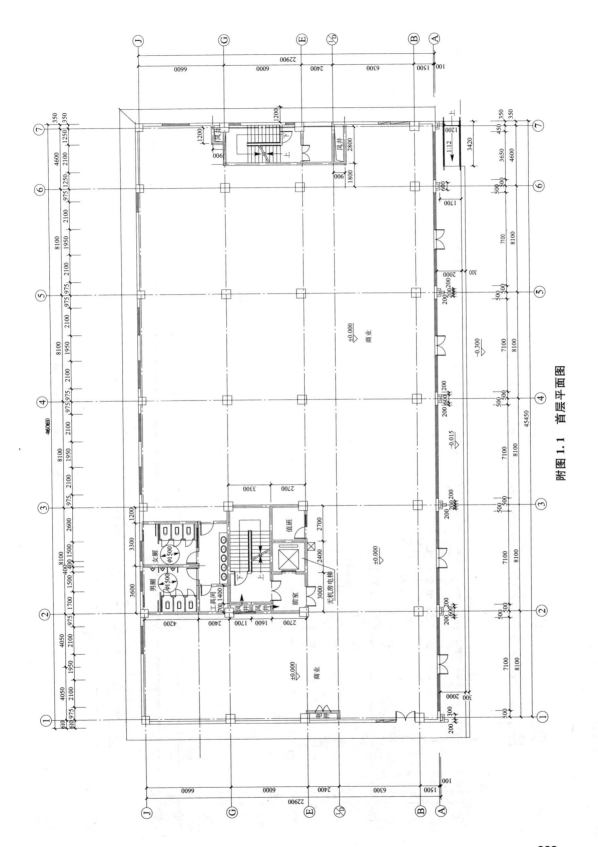

附图 1.1 首层平面图

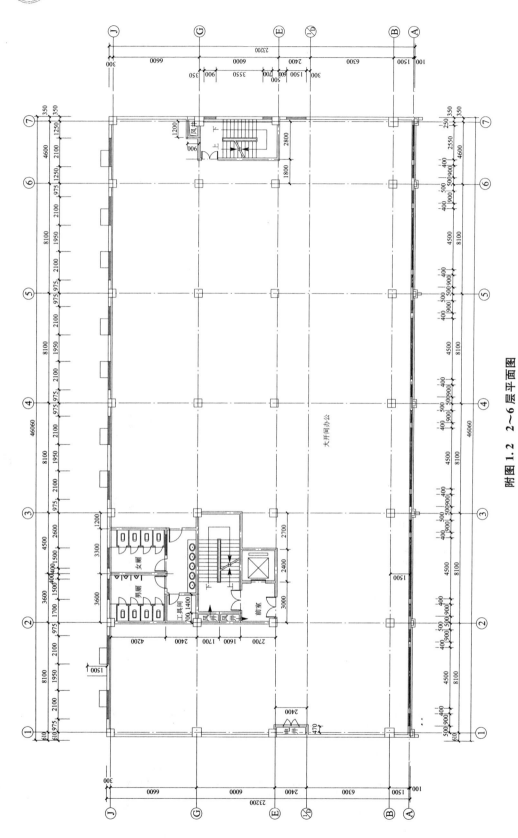

附图1.2 2~6层平面图

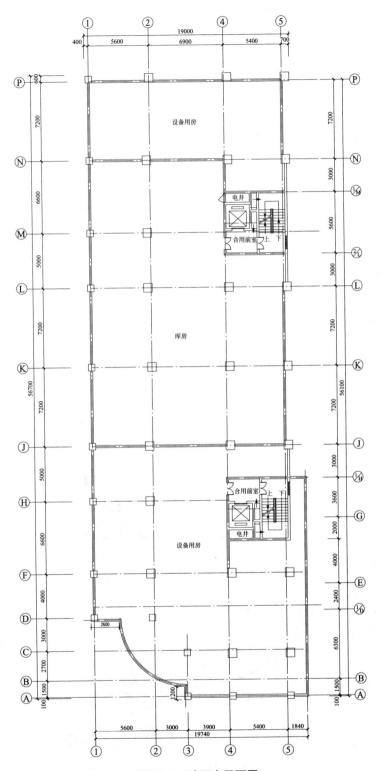

附图 2.1 地下室平面图

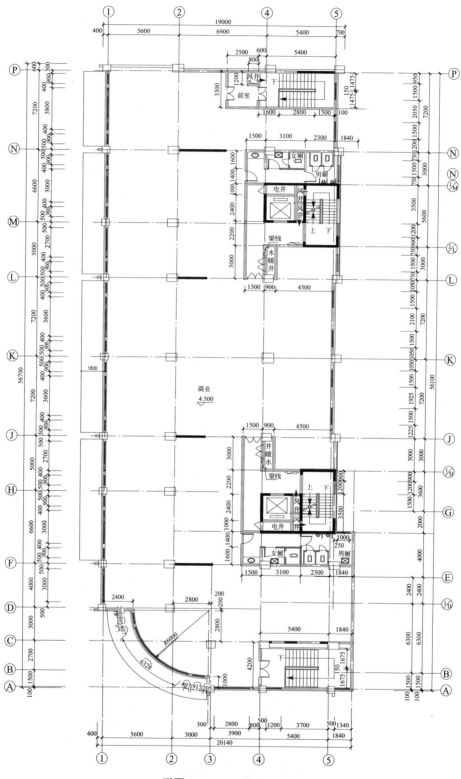

附图 2.2　1~3层平面图

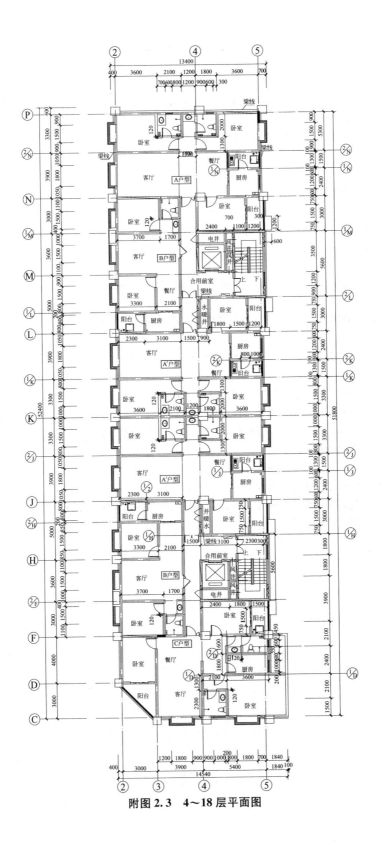

附图2.3 4~18层平面图

参 考 文 献

[1] 中华人民共和国国家标准.《混凝土结构设计规范》(GB 50010—2010)[S]. 北京：中国建筑工业出版社，2010.
[2] 中华人民共和国国家标准.《建筑抗震设计规范》(GB 50011—2010)[S]. 北京：中国建筑工业出版社，2010.
[3] 中华人民共和国国家标准.《建筑结构荷载规范》(GB 50009—2001)(2006 年版)[S]. 北京：中国建筑工业出版社，2006.
[4] 中华人民共和国国家标准.《建筑工程抗震设防分类标准》(GB 50223—2008)[S]. 北京：中国建筑工业出版社，2008.
[5] 中华人民共和国国家标准.《高层建筑混凝土结构技术规程》(JGJ 3—2010)[S]. 北京：中国建筑工业出版社，2010.
[6] 中华人民共和国国家标准.《地基处理规范》(JGJ 79—2002)[S]. 北京：中国建筑工业出版社，2010.
[7] 中华人民共和国国家标准.《建筑桩基技术规范》(JGJ 94—2008)[S]. 北京：中国建筑工业出版社，2010.
[8] 中华人民共和国国家标准.《建筑地基基础设计规范》(GB 50007—2002)[S]. 北京：中国建筑工业出版社，2002.
[9] 孙香红，李红. 实用混凝土结构设计[M]. 西安：西北工业大学出版社，2008.
[10] 霍达，何益斌. 高层建筑结构设计[M]. 北京：高等教育出版社，2004.
[11] 中国建筑科学研究院建筑工程软件研究所. PKPM 结构软件施工图设计详解[M]. 北京：中国建筑工业出版社，2009.
[12] 李国强，等. 建筑结构抗震设计[M]. 3 版. 北京：中国建筑工业出版社，2009.
[13] 顾祥林. 混凝土结构基本原理[M]. 上海：同济大学出版社，2011.
[14] 顾祥林. 建筑混凝土结构设计[M]. 上海：同济大学出版社，2011.
[15] 袁聚云. 高层建筑基础分析与设计[M]. 北京：机械工业出版社，2011.

北京大学出版社土木建筑系列教材(已出版)

序号	书名	主编	定价	序号	书名	主编	定价
1	建筑设备(第2版)	刘源全 张国军	46.00	47	工程地质	倪宏革 时向东	25.00
2	土木工程测量(第2版)	陈久强 刘文生	40.00	48	工程经济学	张厚钧	36.00
3	土木工程材料	柯国军	35.00	49	工程财务管理	张学英	38.00
4	土木工程计算机绘图	袁果 张渝生	28.00	50	土木工程施工	石海均 马哲	40.00
5	工程地质(第2版)	何培玲 张婷	26.00	51	土木工程制图	张会平	34.00
6	建设工程监理概论(第2版)	巩天真 张泽平	30.00	52	土木工程制图习题集	张会平	22.00
7	工程经济学(第2版)	冯为民 付晓灵	42.00	53	土木工程材料	王春阳 裴锐	40.00
8	工程项目管理(第2版)	仲景冰 王红兵	(待估)	54	结构抗震设计	祝英杰	30.00
9	工程造价管理	车春鹏 杜春艳	24.00	55	土木工程专业英语	霍俊芳 姜丽云	35.00
10	工程招标投标管理(第2版)	刘昌明 宋会莲	30.00	56	混凝土结构设计原理	邵永健	40.00
11	工程合同管理	方俊 胡向真	23.00	57	土木工程计量与计价	王翠琴 李春燕	35.00
12	建筑工程施工组织与管理(第2版)	余群舟	31.00	58	房地产开发与管理	刘薇	38.00
13	建设法规	胡向真 肖铭	20.00	59	土力学	高向阳	32.00
14	建设项目评估	王华	35.00	60	建筑表现技法	冯柯	42.00
15	工程量清单的编制与投标报价	刘富勤 陈德方	25.00	61	工程招投标与合同管理	吴芳 冯宁	39.00
16	土木工程概预算与投标报价	叶良 刘薇	28.00	62	工程施工组织	周国恩	28.00
17	室内装饰工程预算	陈祖建	30.00	63	建筑力学	邹建奇	34.00
18	力学与结构	徐吉恩 唐小弟	42.00	64	土力学学习指导与考题精解	高向阳	26.00
19	理论力学(第2版)	张俊彦 黄宁宁	40.00	65	建筑概论	钱坤	28.00
20	材料力学	金康宁 谢群丹	27.00	66	岩石力学	高玮	35.00
21	结构力学简明教程	张系斌	20.00	67	交通工程学	李杰 王富	39.00
22	流体力学	刘建军 章宝华	20.00	68	房地产策划	王直民	42.00
23	弹性力学	薛强	22.00	69	中国传统建筑构造	李合群	35.00
24	工程力学	罗迎社 喻小明	30.00	70	房地产开发	石海均 王宏	34.00
25	土力学	肖仁成 俞晓	18.00	71	室内设计原理	冯柯	28.00
26	基础工程	王协群 章宝华	32.00	72	建筑结构优化及应用	朱杰江	30.00
27	有限单元法	丁科 陈月顺	17.00	73	高层与大跨建筑结构施工	王绍君	45.00
28	土木工程施工	邓寿昌 李晓目	42.00	74	工程造价管理	周国恩	42.00
29	房屋建筑学	聂洪达 郄恩田	36.00	75	土建工程制图	张黎骅	29.00
30	混凝土结构设计原理	许成祥 何培玲	28.00	76	土建工程制图习题集	张黎骅	26.00
31	混凝土结构设计	彭刚 蔡江勇	28.00	77	材料力学	章宝华	36.00
32	钢结构设计原理	石建军 姜袁	32.00	78	土力学教程	孟祥波	30.00
33	结构抗震设计	马成松 苏原	25.00	79	土力学	曹卫平	34.00
34	高层建筑施工	张厚先 陈德方	32.00	80	土木工程项目管理	郑文新	41.00
35	高层建筑结构设计	张仲先 王海波	23.00	81	工程力学	王明斌 庞永平	37.00
36	工程事故分析与工程安全	谢征勋 罗章	22.00	82	建筑工程造价	郑文新	38.00
37	砌体结构	何培玲	20.00	83	土力学(中英双语)	郎煜华	38.00
38	荷载与结构设计方法	许成祥 何培玲	20.00	84	土木建筑CAD实用教程	王文达	30.00
39	工程结构检测	周详 刘益虹	20.00	85	工程管理概论	郑文新 李献涛	26.00
40	土木工程课程设计指南	许明 孟茁超	25.00	86	景观设计	陈玲玲	49.00
41	桥梁工程	周先雁 王解军	52.00	87	色彩景观基础教程	阮正仪	42.00
42	房屋建筑学(上:民用建筑)	钱坤 王若竹	32.00	88	工程力学	杨云芳	42.00
43	房屋建筑学(下:工业建筑)	钱坤 吴歌	26.00	89	工程设计软件应用	孙香红	39.00
44	工程管理专业英语	王竹芳	24.00	90	城市轨道交通工程建设风险与保险	吴宏建 刘宽亮	68.00
45	建筑结构CAD教程	崔钦淑	36.00	91	混凝土结构设计原理	熊丹安	32.00
46	建设工程招投标与合同管理实务	崔东红	38.00	92	城市详细规划原理与设计方法	姜云	36.00

请登陆 www.pup6.cn 免费下载本系列教材的电子书(PDF版)、电子课件和相关教学资源。
欢迎免费索取样书,并欢迎到北大出版社来出版您的大作,可在 www.pup6.cn 在线申请样书和进行选题登记,也可下载相关表格填写后发到我们的邮箱,我们将及时与您取得联系并做好全方位的服务。
联系方式:010-62750667、donglu2004@163.com、linzhangbo@126.com,欢迎来电来信咨询。